重大建筑工程施工技术与管理丛书

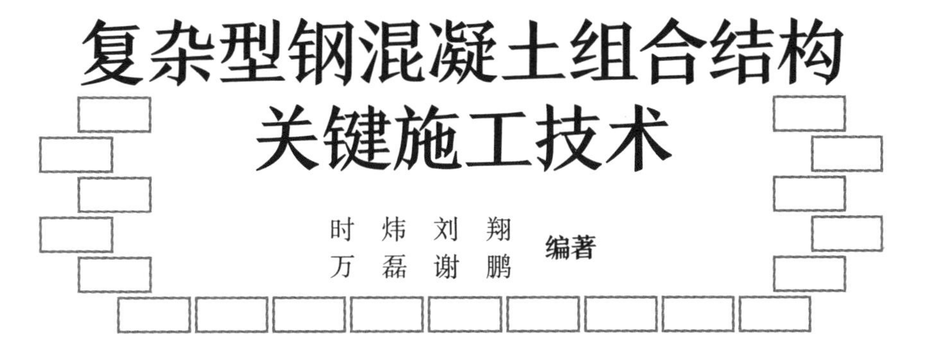

复杂型钢混凝土组合结构关键施工技术

时 炜 刘 翔
万 磊 谢 鹏 编著

中国建筑工业出版社

图书在版编目（CIP）数据

复杂型钢混凝土组合结构关键施工技术/时炜等编著. —北京：中国建筑工业出版社，2019. 5
（重大建筑工程施工技术与管理丛书）
ISBN 978-7-112-23545-2

Ⅰ. ①复… Ⅱ. ①时… Ⅲ. ①型钢混凝土-混凝土结构-工程施工 Ⅳ. ①TU528.571

中国版本图书馆CIP数据核字（2019）第057198号

本书以法门寺合十舍利塔工程建设施工科技创新一系列研究成果为基础，总结了复杂型钢混凝土组合结构关键施工技术，内容主要包括：①型钢混凝土组合结构技术综述；②法门寺合十舍利塔工程概况；③施工测量监控技术；④桩基础和地基处理施工技术；⑤复杂型钢结构加工制作及安装技术；⑥高性能混凝土施工技术；⑦倾斜结构模架工程施工技术；⑧复杂型钢混凝土组合结构钢筋工程施工技术；⑨施工过程结构稳定性及施工预变形分析；⑩施工实录；⑪法门寺合十舍利塔工程建设大事记。读者可以较为全面系统地了解复杂型钢混凝土组合结构关键施工技术，对类似工程建设具有参考借鉴意义。

本书可供从事建筑设计、施工和监理等方面的工程技术人员参考，也可供大专院校相关专业的师生阅读和参考。

责任编辑：赵晓菲　朱晓瑜
责任校对：王　瑞

重大建筑工程施工技术与管理丛书
复杂型钢混凝土组合结构关键施工技术
时　炜　刘　翔　万　磊　谢　鹏　编著
*
中国建筑工业出版社出版、发行（北京海淀三里河路9号）
各地新华书店、建筑书店经销
北京锋尚制版有限公司制版
北京中科印刷有限公司印刷
*
开本：787×1092毫米　1/16　印张：16½　字数：359千字
2019年8月第一版　2019年8月第一次印刷
定价：65.00元
ISBN 978-7-112-23545-2
（33846）

缘起

法门寺合十舍利塔工程规模宏大，施工难度堪比“鸟巢”。工程前期的技术准备，尔后的现场指挥，作为一位工程建设的参与者，使我和这一非凡的项目团队融为一体。

回想起法门寺建设的日日夜夜、风风雨雨，我更多地不是想到艰难险阻，而是想到项目团队每一位同志那种忘我工作的热情、那种舍我其谁的勇气、那种不计得失的情怀。项目团队克服了极其恶劣的条件，在非常短时间里，攻克了8m超厚大体积混凝土底板施工技术、C60高性能混凝土施工技术、复杂型钢混凝土组合结构钢筋制作绑扎工艺、超厚超高倾斜结构模板及支撑架体系等多项技术难题。

在罕见的“5・12”汶川大地震和极端雨雪天气等自然灾害的影响下，项目团队披荆斩棘，栉风沐雨，夜以继日，克服了常人难以想到的困难，保证了主塔结构封顶和后续施工。

2009年5月9日，法门寺合十舍利塔工程落成开放。

工程分别荣获中国土木工程“詹天佑”奖、国家优质工程银质奖、百年百项杰出工程、全国建筑业新技术应用示范工程，“法门寺合十舍利塔工程结构施工关键技术研究与应用”科技成果荣获2010年度陕西省科学技术二等奖。

前言

型钢混凝土组合结构，是将型钢设置在钢筋混凝土中的一种特殊的结构形式。大量工程实践表明，型钢混凝土组合结构不仅受力性能良好，也延承了钢结构和混凝土结构各自在施工性能、耐久性、经济性等方面的诸多优势，有着较好的综合效益。

2009年5月9日落成开放的法门寺合十舍利塔，是一个典型的复杂型钢混凝土组合结构。其建筑匠心别具，构思奇妙，设计新颖，简洁明快，符号性、象征性、现代感异常突出，富有创意，十分简洁地将佛教、传统和现代建筑艺术完美融合。

法门寺合十舍利塔工程总高度148m，24m标高以下为256m×256m的裙楼结构，在54m标高处设置拉结桁架和观景平台，平台上方坐落35m高唐塔。主塔上部采用折线造型，从44m标高开始双向外倾36°，从74m标高向上双向36°内倾；在109m标高合龙之前，主体结构处于两个独立的大悬臂不稳定状态，在109～117m标高处设置空间桁架将两塔连成一体；127m标高处，双手捧直径为12m的摩尼珠。工程施工过程始终存在结构内力的复杂变化和施工过程中的悬臂结构安全性等诸多问题，施工工况复杂，特殊的钢结构和模板脚手架体系等设计与施工在国内外没有可借鉴的经验，施工难度巨大。

由于法门寺合十舍利塔建筑造型特殊，设计和施工都尚无先例可循。其施工全过程结构受力动态变化复杂，给施工带来巨大的挑战，因此从设计到施工需要攻克诸多技术难题，可谓一次全新的建造探索。

本书以法门寺合十舍利塔工程建设施工、科技创新等一系列主要核心技术研究成果为基础，总结了类似复杂型钢混凝土组合结构关键施工技术，内容主要包括：①型钢混凝土组合结构技术综述；②法门寺合十舍利塔工程概况；③施工测量监控技术；④桩基础和地基处理施工技术；⑤复杂型钢结构加工制作及安装技术；⑥高性能混凝土施工技术；⑦倾斜结构模架工程施工技术；⑧复杂型钢混凝土组合结构钢筋工程施工技术；⑨施工过程结构稳定性及施工预变形分析；⑩施工实录；⑪法门寺合十舍利塔工程建设大事记。读者可以较为全面系统地了解复杂型钢混凝土组合结构关键施工技术，对类似工程建设具有参考借鉴意义。

本书编撰过程中得到诸多专家与同行的大力帮助与支持，尤其是法门寺合十舍利塔工程各兄弟单位无私地提供工程技术资料。同时，本书得以出版，也离不开中国建筑工业出版社赵晓菲、朱晓瑜编辑自始至终的鼓励，在此一并致谢。

由于作者水平与编撰时间所限，书中定存诸多纰漏之处。在此，恳切希冀同行专家与广大读者给予批评指正。

目录

第1章

型钢混凝土组合结构技术综述

1.1 型钢混凝土组合结构概况

混凝土和钢材是常用的建筑材料，混凝土与钢材既具备良好的力学性能、适宜的施工性能和耐久性，同时也具有较为低廉的价格，能够适应现代社会发展的需求。而型钢混凝土组合结构则可以将这两种材料或构件通过某种方式结合起来，以更为有效的组合方式发挥各种材料及构件的优势，从而获得更好的结构性能和综合效益。

混凝土内配置型钢（轧制或焊接成型）和钢筋的结构称为型钢混凝土组合结构，是将型钢设置在钢筋混凝土中的一种独特的结构形式。其缩写符号是SRC（Steel Reinforced Concrete Composite Structures），它的特征是在型钢结构的外面有一层混凝土构造。型钢混凝土组合结构构件，应由混凝土、型钢、纵向钢筋和箍筋组成。型钢混凝土中的型钢，除采用轧制型钢外，还广泛使用焊接型钢。此外，还配合使用钢筋。

型钢混凝土组合结构在各国有不同的名称，英美等西方国家将这种结构叫作混凝土包钢结构（Steel encased Concrete Structures），日本则称为钢骨混凝土，苏联称为劲性钢筋混凝土。我国过去也曾采用劲性钢筋混凝土这个名称。《组合结构设计规范》JGJ 138—2016中，将这种结构称之为型钢混凝土组合结构。

由于在钢筋混凝土中增加了型钢，型钢以其固有的强度和延性，以及型钢、钢筋、混凝土三位一体地工作，使型钢混凝土组合结构具备比传统的钢筋混凝土结构承载力大、刚度大、抗震性能好的优点。与钢结构相比，具有防火性能好、结构局部和整体稳定性好、节约钢材的优点。有针对性地推广应用此类结构，对优化和改善多高层建筑的结构抗震性能都具有极其重要的意义。

大量的工程实例表明，型钢混凝土组合结构不仅受力性能良好，也延承了钢结构和混凝土结构各自在施工性能、耐久性、经济性等方面的优点，可以说在综合效益上具有较大的竞争力。随着地球资源的日益枯竭和人口压力的不断增大，绿色环保、可持续发展的理念也日益深入工程建设领域，型钢混凝土组合结构所使用的钢结构部分由工厂预制，施工现场清洁、安全，维护成本较传统建筑更低，这都是对环境的保护和资源的节约。因此，型钢混凝土组合结构也是符合可持续发展的要求。

型钢混凝土组合结构是在钢结构和混凝土结构基础上发展起来的一种新型结构形式，有效地结合了这两种结构的优点，使得综合性能进一步的提升。同钢结构相比，型钢混凝土组合结构用钢量减小、刚度增大、结构的稳定性和整体性增加、结构的抗火性和耐久性也有显著提高；而相比于混凝土结构，型钢混凝土组合结构构件截面尺寸明显减小，结构自重减轻，地震作用减弱，有效使用空间增加，基础造价降低，施工周期缩短。经过几十年的研究及工程实践，型钢混凝土组合结构已经发展成为既区别于传统的钢筋混凝土结构和钢结构，又与之密切相关和交叉的一门结构形式，应用领域十分广泛。

试验研究表明，通过合理的构造措施将型钢与外包的钢筋混凝土形成整体共同受力，其受力性能优于型钢与钢筋混凝土的简单叠加。型钢混凝土中需要配置一定数量的箍筋，一方面是约束外包混凝土，避免混凝土过早剥落而导致承载力迅速丧失；另一方面，箍筋也能有效防止型钢与混凝土界面的粘结破坏，增强组合作用。相比于钢筋混凝土结构，型钢混凝土由于配置型钢结构使得含钢率大幅度提高，构件的承载力和延性有效增强，改善了结构的抗震性能。另外，在施工阶段型钢结构本身可作为支撑使用，有效加快施工速度。而相比于纯钢结构，外包的钢筋混凝土既能解决钢结构防火性能差的问题，又可以约束型钢防止其发生局部屈曲，从而提高构件的刚度及整体承载力，节省用钢量。

随着我国国民经济的快速发展和基础建设规模的不断扩大，对各种能够满足超高、大跨以及其他特殊要求的结构形式提出了越来越高的要求。同时，新材料、新技术的出现，也为结构体系的创新与发展创造了条件。

经过几十年的科学研究及工程实践的积累，型钢混凝土组合结构的发展十分迅速，其结构类型和适用范围涵盖了结构工程应用的多个领域，在建筑、桥梁领域均有大量的工程应用实例。

1.1.1　型钢混凝土组合结构的发展历史

由于型钢混凝土组合结构优越的经济性及良好的力学性能，型钢混凝土组合结构已经日趋广泛地在世界范围内采用。尤其是一些多地震国家，对型钢混凝土组合结构更为广泛应用。

型钢混凝土组合结构在欧美的研究和发展远不及日本广泛，但最早的型钢混凝土组合结构却出现在欧洲，后传入日本，并在日本迅速发展。

1894年，美国匹兹堡一栋建筑出于防火的需要在钢梁外面包上了混凝土，但并未考虑混凝土与钢的共同受力，这个可以说是型钢混凝土组合结构的雏形。而在20世纪20年代才出现具有现代意义的钢–混凝土组合梁，并在20世纪30年代中期出现了钢梁和混凝土翼板之间的多种抗剪连接构造方法。1904年，英国工程师为了提高钢结构的抗火性，将其埋入混凝土中，这便产生了世界上最早的型钢混凝土组合结构。1908年，美国哥伦比亚大学首先对外包混凝土的钢柱进行试验，并通过研究证明混凝土的存在可以提高柱的承载力。1918年，日本工程师内田祥三在旧东京海上大楼中用混凝土外包型钢代替柱和大梁型钢外围的砖石，建成了现代意义上第一座型钢混凝土组合结构建筑。早期的型钢混凝土组合结构主要采用混凝土和钢材两种材料，将混凝土板、钢梁、钢管、钢骨等不同构件单元组合起来一同工作。

美国达拉斯第一国际大厦采用型钢混凝土框架结构，中部设置空间格构承台，72层，总高达276m。休斯敦第一城市大楼，共49层，高207m。休斯敦得克斯商业中心大厦，79层，高305m，采用型钢混凝土外框架、型钢混凝土内筒结构。休斯敦海湾大楼，52层，高221m，采用型钢混凝土柱–钢梁框筒结构。悉尼况款特斯中心高198m，采用钢筋混凝土内筒和型钢混凝土外柱。新加坡财政部大楼，55层，高242m采用型钢混凝土核心筒。雅加达中心大厦，23层，高84m，采用型钢混凝土柱、钢筋混凝土梁及钢梁。表1–1列出国外典型型钢混凝土组合结构建筑的结构情况。

国外典型型钢混凝土组合结构建筑 表1–1

建筑物名称	地点	高度（m）	层数（层）	SRC采用情况
休斯顿得克斯商业中心大厦	美国休斯敦	305	79	采用SRC外框架，SRC内筒结构
休斯顿海湾大楼	美国休斯敦	221	52	SRC柱–钢梁框筒结构
新加坡财政大楼	新加坡	242	55	SRC核心筒
雅加达中心大厦	雅加达	84	23	SRC柱钢筋混凝土梁及钢梁
日本北海饭店	日本	121	36	SRC和RC组合内筒、钢框架结构

20世纪初，日本和美国为了改善纯钢结构的抗火性和耐久性、增加钢结构房屋的侧向刚度，在钢构件外用砌体简单包围，取得了不错的效果。但在1923年发生的关东大地震中，这种结构破坏严重。而1921年建成的日本兴业银行大厦在此次地震中几乎未受破坏，这栋由日本著名设计师内藤多仲设计的总面积约14000m^2、高约30m的建筑，采用型钢混凝土组合结构。至此，人们开始正确认识到型钢混凝土组合结构具有优良的抗震性能，并在后来的研究和震害调查中逐步发现此种结构优越的性能。

随后，型钢混凝土凭借其优越的抗震性能在日本迅速发展。20世纪60年代以前，日本的型钢混凝土组合结构以空腹式为主，随着研究的深入，实腹式型钢混凝土组合结构优越的抗震性能进一步被肯定。到20世纪70年代，实腹式型钢混凝土组合结构成为型钢混凝土组合结构的主要形式。1978年宫城县冲发生地震后，在调查的95栋型钢混凝土建筑中，只有7栋发生主体轻微破坏。这些都促进了型钢混凝土组合结构在日本的研究与应用的快速发展。据统计，1981 ~ 1985年日本建造的多高层建筑中，6层以上的建筑采用型钢混凝土组合结构的占建筑总数的45.2%，10 ~ 15层的高层建筑中，型钢混凝土组合结构占90%，16层以上的高层建筑中，型钢混凝土所占的比例也达到50%，即使以钢结构为主体的高层建筑，其底部几层也多采用型钢混凝土组合结构。在1995年的阪神大地震中倒塌和破坏严重的建筑中，型钢混凝土组合结构及其混合结构建筑仅占7%，进一步显示了其良好的抗震性能。

近几十年来，日本是研究和应用型钢混凝土组合结构最多的国家。日本经历了关东大地震、十胜冲大地震和宫城县冲大地震，诸多型钢混凝土建筑经受住了考验，充分展示了其良好的抗震性能。

在欧美国家，型钢混凝土结构的应用较早，仅为了改善钢结构的抗火性和耐久性，其在很长时间内依然采用普通钢结构计算理论进行设计。直到19世纪40年代，工程师们才意识到混凝土和型钢的组合能够提高结构强度和刚度，在计算时应考虑调整折算系数。

苏联很早就将型钢混凝土应用到建筑和土木工程中。在第二次世界大战后的恢复建设期间，大量的工业厂房及桥梁设计中采用型钢混凝土组合结构。1951年苏联电子建设部颁布了型钢混凝土组合结构相应的《设计指南》。20世纪70年代之后，型钢混凝土组合结构在苏联的发展缓慢，而外包钢结构在工业厂房的应用有了较快的发展。

1.1.2　型钢混凝土组合结构在我国的应用

我国型钢混凝土组合结构的应用始于20世纪50年代。当时，主要是根据苏联的设计方法，将其局部应用于工业厂房。如包头电厂的主厂房和鞍山钢铁公司的沉铁炉基础，都是由苏联设计、我国施工建成的型钢混凝土组合结构。后来，我国工程设计人员也按照苏联规范设计了型钢混凝土组合结构，如郑州铝厂的蒸发车间，这个时期所用的都是空腹式型钢混凝土组合结构，而且不加钢筋和钢箍，其应用限于少数工业厂房和特殊结构，没有推广到民用与公用建筑中。60年代以后，由于片面强调节约钢材，型钢混凝土组合结构就难于推广应用。

20世纪80年代以后，随着我国钢铁产量的不断提高，国家用钢政策由“节约用钢”向“合理用钢”转变，以及建筑行业的飞速发展为型钢混凝土组合结构的应用奠定了基础。自20世纪80年代以来，在高层建筑、大型桥梁、地铁站台、高耸结构等建筑和构筑物中大量应用了型钢混凝土组合结构。但总体来说，型钢混凝土组合结构在我国应用相当有限，有较为广阔的发展普及空间。

随着我国建筑业迅猛发展，在北京、上海、大连等地也相继建成了一批型钢混凝土组合结构高层建筑，如北京国际贸易中心和京广中心等超高层建筑的底部几层都是型钢混凝土组合结构。208m高的北京京广中心，地面以下采用型钢混凝土框架。北京香格里拉饭店，24层，柱采用型钢混凝土柱，梁采用组合梁。北京王府井大街的几幢型钢混凝土柱的升板建筑，使用的是空腹式型钢混凝土柱，加设缀板连接，型钢外围不设纵筋和箍筋。北京长富宫饭店地上25层，地下3层，高88m，地下部分至二层为型钢混凝土组合结构。上海瑞金大厦，地上27层，地下1层，高107m，由型钢混凝土及普通钢筋混凝土内筒、型钢混凝土框架组成，主要柱截面为600mm×600mm，次要柱截面为400mm×400mm，柱内为焊接十字形型钢。上海金茂大厦，高420.5m，主体结构采用核心筒加巨型柱，在主体核心筒外围4个立面处成对规则布置的8根巨型柱，是由宽翼H型钢、钢筋、高强混凝土复合而成，复合柱内的H型钢相隔一定高度与外伸桁架的钢梁和斜撑相连接，既能承受重力，又能抵抗横向风荷载和地震作用。香港中银大厦是一座现代化智能型超高层建筑，地上建筑高度为292m，采用型钢混凝土组成巨型桁架结构体系，它的竖杆为型钢混凝土组合结构，斜杆为钢结构，组成4个三角形空间桁架。其中，角柱截面为4000mm×4000mm。法门寺合十舍利塔呈双手合十状，总建筑面积为76690m^2，高148m，塔体竖向呈折线型双向倾斜，上部采用折线型双塔，从54m开始双向外倾36°，从74m向上双向36°内倾，在109～117m标高处设空间桁架将两塔连成一体，形成双塔连体结构。这种垂直方向有三个折点的型钢混凝土结构在国内外尚属首例。上海环球金融中心，楼高492m，地上101层，建筑面积381600m^2，采用型钢混凝土核心筒、巨型型钢混凝土柱结构。上海中心大厦，总高度632m，由地上118层主楼、5层裙楼和5层地下室组成，总建筑面积57.6万m^2，总重量约80万t，采用型钢混凝土核心筒、带状桁架结构。深圳平安国际金融中心，总建筑面积460665m^2，塔顶高度592.5m，采用型钢混凝土组合结构、外伸臂和巨型柱的混合结构。台湾长谷世贸联合国大厦，51层，244m，下部为型钢混凝土组合结构，上部为钢结构。表1-2列出国内典型型钢混凝土组合结构建筑。

在型钢混凝土组合结构推广普及之时，研究发展这种结构的施工技术，有明显的实用价值。同时，施工技术的发展提高又能促进型钢混凝土组合结构的推广普及，符合我国型钢混凝土组合结构的现状，具有十分重要的意义。

国内典型型钢混凝土组合结构建筑　表1-2

建筑物名称	地点	高度（m）	SRC采用情况
地王商业大厦	深圳	325	SRC核心筒
京广中心	北京	208	SRC框架
金茂大厦	上海	420	SRC
国贸大厦	北京	155	SRC框架
环球金融中心	上海	460	SRC
森茂大厦	上海	201	RC核心筒，SRC外框架
法门寺合十舍利塔	陕西	148	SRC
上海中心大厦	上海	632	SRC
平安国际金融中心	深圳	592.5	SRC

1.1.3 型钢混凝土组合结构的适用范围

由于型钢混凝土组合结构具有结构的稳定性和整体性增加、结构的抗火性和耐久性显著提高等特点，因此具有较为广阔的适用范围。尤其是，随着国家产业政策的推动，提倡推广建筑用钢，这就使得型钢混凝土组合结构的发展具有广阔的前景。从结构形式方面讲，型钢混凝土组合结构适用于框架结构、框架-剪力墙结构、底层大空间剪力墙结构、框架-核心筒结构、筒中筒结构等结构体系。从型钢混凝土构件应用的范围来讲，在多层、高层建筑、桥梁等构筑物中，可以为全部构件，也可以为部分构件，也可以为某几层或某局部。从抗震角度来讲，型钢混凝土组合结构适用于非地震区和抗震设防烈度为6度至9度的多层、高层建筑和一般构筑物。但对承受反复荷载作用的疲劳构件，如吊车梁等，应在有一定的试验数据和经验的基础上谨慎采用。

1.2　型钢混凝土组合结构的发展及研究现状

1.2.1　型钢混凝土组合结构在国外的发展及研究现状

型钢混凝土组合结构所采用的型钢可分为实腹式和空腹式。实腹式型钢混凝土组合结构构件具有较好的抗震性能，而空腹式型钢混凝土构件的抗震性能与普通混凝土构件基本相同。因此，目前在抗震结构中多采用实腹式型钢混凝土构件。实腹式型钢可由钢板焊接拼制而成，或直接采用轧制型钢。型钢混凝土构件的内部型钢与外包混凝土形成整体，共同受力，其受力性能优于这两种结构的简单叠加。与钢结构相比，型钢混凝土构件的外包混凝土可以防止钢构件的局部屈曲，并能提高钢构件的整体刚度，显著改善钢构件的平面扭转屈曲性能，使钢材的强度得以充分发挥。此外，外包混凝土增加了结构的抗火性和耐久性。与混凝土结构相比，由于配置了型钢，大大提高了构件的承载力。尤其是采用实腹型钢的型钢混凝土构件，其抗剪承载力有很大提高，并显著改善了受剪破坏时的脆性性质，提高了结构的抗震性能。

1. 国外型钢混凝土组合结构的应用与研究

20世纪初，欧美就开始对型钢混凝土柱进行了研究。1908年Burr进行空腹式型钢混凝土柱的试验，发现混凝土的外壳能使柱的强度和刚度明显提高。1923年，加拿大进行了空腹式配钢的型钢混凝土梁的试验。其后英国的R.P.Johnson、美国的John.P.Cook等都进行了一系列的试验研究，取得了许多研究成果。20世纪50年代欧美国家开始对型钢混凝土组合结构进行大量试验研究。

20世纪60年代初，英国Bondnal通过大量试验研究，提出了描述柱子工作性能的强度理论，改进了型钢混凝土组合柱的设计方法。20世纪70年代中期，英国学者证明了利用纯钢柱的欧洲曲线，并引入新长细比定义的方法，来计算型钢混凝土组合柱的轴向破坏荷载是有效的。英国标准BS449、BS540中编入了有关型钢混凝土梁柱的设计方法和构造要求。英国在理论分析资料的基础上，于1969年将建筑中的型钢混凝土柱列入英国《钢结构规范》BS449的第三部分，随后将桥梁中的型钢混凝土柱列入英国标准BS5400的第五部分。对型钢混凝土梁，英国钢结构设计规范按组合截面进行弹性设计，即取0.7倍型钢屈服强度采用弹性方法计算型钢，然后按组合截面进行修正，忽略混凝土抗拉强度。

欧洲统一规范中有专门组合结构规范，1985年由英、德、法及荷兰四国共同制定了《欧洲组合结构设计规范》(*European Codes, Commission of European Communities*)。

在1989年的美国《钢筋混凝土设计规范》ACI-318中收入了许多关于型钢混凝土柱的设计条款。美国钢结构规范中也列入了有关型钢混凝土梁和柱的设计规定。在美国《钢筋混凝土设计规范》ACI-318中，将型钢视为等值的钢筋，然后再以混凝土结构的设计方法进行型钢混凝土构件设计，这种方法的优点在于对型钢混凝土组合结构设计时，考虑构件的“变形协调”和“内力平衡”，但没有考虑型钢材料本身的残余应力和初始位移。在1993年的《钢结构设计规范》AISC-LRFD中，采用极限强度设计方法设计型钢混凝土组合结构，将混凝土部分转换为等值型钢，再以纯钢结构的设计方法进行组合结构设计，并考虑了残余应力和初始位移。

早在20世纪30年代，苏联就对型钢混凝土组合结构进行了很多的研究。1951年，苏联电子建设部颁布《劲性钢筋混凝土设计规范》，1978年颁布《型钢混凝土组合结构设计指南》СИ3—78，后又多次修订。

2. 日本型钢混凝土组合结构的应用与研究

在日本，型钢混凝土组合结构与钢结构、木结构和混凝土结构并列为四大结构。1923年在东京建成30m高全型钢混凝土组合结构的日本兴业银行，在关东大地震中几乎没有受到什么损坏，引起日本工程界的重视。随着工程应用实践及科学研究的深入进行，发现型钢混凝土组合结构还具有更多的优点。在经历了1923年关东大地震、1968年十胜冲地震及1995年的阪神地震后，发现在地震中其他大量房屋建筑遭受严重破坏的情况下，型钢混凝土组合结构几乎未遭破坏或仅有少量轻微破坏，这就推动形成了日本研究与应用型钢混凝土组合结构的热潮。

从1920年以后，日本即开始研究型钢混凝土组合结构，进行了大量型钢混凝土组合结构的梁、柱试验。1928年齐田时太郎进行中心受压柱试验，1929年滨田念进行偏心受压柱试验，1932年内藤多仲进行梁柱节点试验，1937年棚桥谅进行梁的试验。1951年日本建筑学会成立了型钢混凝土结构分会，进行了大量实验研究。日本从1920年以后就开始研究型钢混凝土组合结构。

从1951年起，日本开始对型钢混凝土组合结构进行全面系统的研究，并于1958年制定了《钢骨钢筋混凝土计算标准及其说明》，此标准的最大特点是在承载力计算方面采用了强度叠加理论。该标准先后进行了多次修订，最终成为《型钢混凝土结构设计规范》AIJ-

SRC，基本形成较为完整的设计理论和方法。该规范在忽略混凝土抗拉强度、遵从平截面假定及不考虑型钢与混凝土之间的粘结力等条件下，以“强度叠加法”作为理论基础。日本持续研究和发展型钢混凝土组合结构，主要是由于日本为多地震国家，型钢混凝土组合结构以其优异的抗震性能，在日本得到广泛应用。

1.2.2　型钢混凝土组合结构在国内的发展及研究现状

尽管我国自20世纪50年代已经开始应用型钢混凝土组合结构，但是我国对型钢混凝土组合结构的研究始于20世纪80年代中期。冶金部建筑研究总院进行了型钢混凝土轴压短柱、偏压长柱和型钢混凝土梁的试验研究，西安建筑科技大学组合结构研究所进行了型钢混凝土梁柱的抗剪和反复加载试验，并进行了梁柱节点的试验研究。中国建筑科学研究院、北京市建筑设计院、同济大学、西南交通大学、清华大学、武汉工业大学等20多个高等院校和科研院所进行了型钢混凝土组合结构研究。20世纪80年代后期，我国兴起了对型钢混凝土组合结构研究的第一次热潮。

经过几年的研究和工程实践，参考日本钢骨混凝土设计标准，1998年我国原冶金部颁布了我国第一部《钢骨混凝土结构设计规程》YB 9082—97。此规程基本沿用了日本标准的设计方法，包括其名称在内，将型钢作为等效钢筋，参照我国的混凝土规范及国外有关规范。2001年建设部颁布了《型钢混凝土组合结构技术规程》JGJ 138—2001，此规程中的设计方法与我国的混凝土规范相近。

型钢混凝土组合结构除应用于高层建筑结构及一些特殊结构物之外，在桥梁工程上的应用也已从局部构件发展到桥梁整体结构，而且正向大跨度、多种桥梁结构形式的方向发展，并已取得了较好的经济效益。为了适应社会生产力发展所提出的愈来愈高的要求，需要建造大量的承受更大荷载及跨越海湾、江河等跨径和总长更大的桥梁，这就推动了桥梁结构向高强、轻型和大跨度的方向发展。由此，对结构的材料及施工方法都提出了较高要求，而预应力型钢混凝土组合结构由于自身所特有的容重-强度比低、刚度大、截面利用率高、施工方便等优点，成为最具竞争力的一种结构形式。因此，尽管型钢混凝土组合结构在桥梁工程中的应用时间不是很长，但已经得到了迅速发展，比如万县长江大桥、杭州钱江四桥。

相对于国外而言，我国型钢混凝土组合结构的研究与应用起点较晚。在我国自行研究设计型钢混凝土组合结构之前，国外对型钢混凝土的研究与应用已有半个多世纪。基于这一特定的历史背景，现阶段我国型钢混凝土组合结构研究发展具有以下几个特点：

1）型钢混凝土组合结构在我国的发展还比较缓慢，应用才刚刚开始。目前，我国的建筑绝大部分还是采用钢筋混凝土结构，型钢混凝土组合结构的建筑还不到新建建筑的千分之一。而日本抗震规范规定高度在45m以上的建筑不允许采用钢筋混凝土结构，因而，日本6层以上的建筑物中采用型钢混凝土组合结构的占其总建筑面积的62.8%，可见差距之大。

2）我国有关型钢混凝土组合结构的计算理论还不够完善。关于型钢混凝土组合结构的计算理论，国际上主要有三种：①欧美的计算理论基于钢结构的计算方法，考虑混凝土的作用；②苏联关于型钢混凝土组合结构的计算理论是基于钢筋混凝土结构的计算方法，认为型钢与混凝土是共同工作的；③日本建立在叠加理论基础之上的计算方法，该方法认为型钢混凝土组合结构的承载能力是型钢和钢筋混凝土二者承载能力的叠加。实验证明，苏联的计算方法在某些方面偏于不安全，而日本的计算方法则过于保守。

20世纪50年代，我国从苏联引进了型钢混凝土组合结构，当时主要沿用苏联的设计方法。长期以来，我国基本上是沿用日本的计算理论，并参考日本标准于1997年颁发了《型钢混凝土结构设计规范》AIJ-SRC。20世纪80年代之后，我国对型钢混凝土结构进行了大量的系统研究。由西安建筑科技大学赵鸿铁教授领导的型钢混凝土研究小组经过多年研究，提出了基于试验基础并通过统计回归的型钢混凝土组合结构计算理论，该理论引起了国内外同仁的关注。根据全国各高校和研究机构的试验以及工程实践，组织编写了相应的设计规范。其中，1998年冶金部颁发了《钢骨混凝土结构设计规程》YB 9082—97。2001年，建设部颁发了《型钢混凝土组合结构技术规程》JGJ 138—2001。现在，我国关于型钢混凝土组合结构规范主要有《组合结构设计规范》JGJ 138—2016、《钢骨混凝土结构技术规程》YB 9082—2006和《钢-混凝土组合结构施工规范》GB 50901—2013，这些规程及规范的颁布和实施，都是建立在对型钢混凝土组合结构研究成果的基础上的。

1.2.3　型钢混凝土组合结构研究设计方法

型钢混凝土组合结构的特殊性及其应用目的侧重点不同，各国有关型钢混凝土组合结构的设计理论也不尽相同。主要有4种设计方法：叠加法、钢筋混凝土法、半经验半理论法、钢结构理论法。具体设计方法及内容如表1-3所示。

型钢混凝土组合结构设计方法　　表1-3

研究设计方法		内容	采用的国家或地区	说明
叠加法	一般叠加法	忽略型钢和混凝土之间的粘结作用，认为在剪力作用下型钢和钢筋混凝土各自独立工作，分别确定两部分各自承担的剪力后，按照钢结构和钢筋混凝土结构的柱抗剪承载力计算方法确定其承载力	日本的设计规范和我国《钢骨混凝土结构设计规程》YB 9082—2006采用这种方法	该方法尽管理论上较合理，结果较为准确，剪力的分配确定较难，计算复杂

续表

<table>
<tr><th colspan="2">研究设计方法</th><th>内容</th><th>采用的国家或地区</th><th>说明</th></tr>
<tr><td>叠加法</td><td>简单叠加法</td><td>将型钢混凝土柱分为钢柱和钢筋混凝土两部分分别计算其抗剪承载力，两者的叠加即为型钢混凝土的抗剪承载力</td><td>日本《型钢混凝土结构设计规范》AIJ-SRC采用叠加法</td><td>没有进行剪力的具体分配，理论上不是很合理，但计算简便，结果偏于安全</td></tr>
<tr><td colspan="2">钢筋混凝土法</td><td>认为型钢与混凝土之间具有可靠的粘结力，可将型钢与混凝土视作一个整体，忽略型钢与混凝土之间的粘结滑移，其设计方法完全套用钢筋混凝土结构的设计方法</td><td>苏联《型钢混凝土组合结构设计指南》СИ 3—78采用这种方法</td><td>没有考虑型钢和混凝土之间的粘结滑移影响，而且型钢腹板具有一定的抗剪能力，在受力过程中能直接承担较大的剪力，这与钢筋混凝土中箍筋的受力并不相同，因此该法并不能真正反映型钢混凝土柱的实际受力性能，结果偏于不安全</td></tr>
<tr><td colspan="2">半经验半理论法</td><td>此方法是将型钢混凝土看作一个整体，通过试验和理论模型分析影响其抗剪承载力的因素，然后以试验数据为基础进行回归分析，得出抗剪承载力的计算公式</td><td>《组合结构设计规范》JGJ 138—2016采用这种方法</td><td>这种方法从实际出发同时又结合了理论分析，能较好地反映构件本身的受力性能，工程应用也比较理想</td></tr>
<tr><td colspan="2">钢结构理论法</td><td>以钢结构计算方法为基础，根据型钢混凝土组合结构的试验结果，经过数值计算，引入协调参数进行调整的经验公式</td><td>此方法在欧美国家应用比较广泛。在美国《钢结构设计规范》AISC-LRFD规范中也是以钢结构计算方法为基础</td><td></td></tr>
</table>

1.3 型钢混凝土组合结构特点及优势

近年来，随着相关学科理论研究的深入以及大量的工程实践积累，型钢混凝土组合结构得到迅速的发展，在大跨结构、高层和超高层建筑以及大型桥梁结构等很多领域内得到了推广应用，组合结构也正由构件层次向结构体系方向发展。在我国已建或在建的高层建筑，特别是超高层建筑结构中，一半以上都全部或部分采用了组合结构体系；而在桥梁结构中，由于组合梁桥具有优越的力学性能、施工性能，在国内许多大型桥梁中均得到广泛应用。有研究表明，当桥梁跨度超过18m时，组合桥在综合效益上的优势是显著的。

型钢混凝土组合结构最大的特点，就是在普通钢筋混凝土结构中配置型钢，实现钢筋混凝土结构和钢结构的优化组合。在大型建筑结构中，构件配置的型钢可以根据结构的受力特点、截面尺寸、材料性质等条件，灵活采用焊接型钢或者轧制型钢。型钢与普通钢筋混凝土的优化组合，使其实现优势互补，其具有以下优点：

1. 受力合理

型钢混凝土组合结构充分发挥了混凝土自身的抗压能力和型钢优越的抗拉压性能，使结构构件具有很高的承载力。同时，构件中的型钢骨架能够有效约束混凝土，使受压区混凝土处于三向受压状态，再加上型钢自身的抗剪能力，可有效抑制混凝土斜裂缝的开展，从而使构件在受剪破坏时的受力性能有了很大改善，也可提高组合构件的耗能性能和延性，使其具有更好的抗震性能。

型钢混凝土组合结构体系具有较强的抗侧移刚度。例如，混凝土核心筒–钢框架体系以侧向刚度较大的钢筋混凝土内筒作为主要的抗侧力结构，通过伸臂桁架等措施与外框架组合后，侧向刚度大于通常的钢结构体系，可以减少风荷载作用下的侧移和*P-D*效应对结构的不利影响。同时，钢筋混凝土内筒和外钢框架可以形成多道抗震防线，提高结构的延性和抗震性能。相对于钢筋混凝土结构，型钢混凝土组合结构使用高强度钢材可以减轻自重，从而可减小地震作用和构件截面尺寸，并相应降低结构造价。

2. 抗震、抗风性能优良，整体稳定性好

多项实验表明，型钢混凝土组合结构在低周期反复荷载作用下，具有良好的耗能能力和滞回特性。尤其在配置实腹型钢的情况下，结构构件的承载能力、延性、刚度更是优于配置空腹型钢混凝土的构件，呈现良好的抗震性能。在高层建筑中，型钢混凝土组合结构构件相对于普通钢筋混凝土构件具有较小的自重，这更有利于结构的抗震和制振设计，可以通过设置消能装置，减小建筑对水平作用的反应，实现良好的抗震抗风效果。同时，型钢外包混凝土的组合方式，可以使混凝土对型钢形成约束，防止型钢发生局部屈曲，提高型钢骨架的抗扭能力和整体刚度，使结构具有更好的整体稳定性。

3. 构件尺寸相对较小，节省空间

钢结构与钢筋混凝土结构的组合，使得结构构件承载力较之普通钢筋混凝土构件有明显提高，这就意味着在荷载相同的情况下，型钢混凝土组合结构的构件截面尺寸相对普通钢筋混凝土结构构件较小，这便可更多地减少构件所占空间，有效增加建筑物实际使用面积。尤其是在高层及超高层建筑中，底层柱等纵向受力构件内力较大，要求相应普通混凝土构件截面尺寸增大时，型钢混凝土组合结构构件的使用有着重要意义。

4. 简化模板工程，缩短施工周期

施工过程中，安装到位的型钢骨架已经具有较大的承载力，形成了钢结构，因此可将型钢骨架兼做爬模、滑模的骨架，减少模板工程中人力和材料的消耗，简化支模过程，也节省工作面。同时，由于钢结构自身的承载力，在构件浇筑完混凝土后，不需要等待混凝

土达到一定强度，便可继续上层结构的施工，缩短施工周期。

5. 耐久、抗火性好

钢外包混凝土的组合方式，很好地改善了钢结构构件抗火性差、抗锈抗腐蚀能力差、维护困难的缺点。同时，相对于普通钢筋混凝土构件中钢筋与混凝土的销栓力，型钢自身的抗剪强度能够更好地抑制混凝土裂缝发育，使混凝土对钢结构形成更好的保护，提高结构构件的耐久性。

6. 综合经济效益良好

型钢混凝土组合结构的综合效益可优于钢结构及钢筋混凝土结构体系。目前，我国钢筋混凝土结构的直接造价明显低于钢结构。型钢混凝土组合结构可发挥混凝土的力学及防护性能，使得结构的总体用钢量小于相应的纯钢结构，同时可节省部分防腐、防火涂装的费用。有统计表明，高层建筑采用型钢混凝土组合结构的用钢量低于相应纯钢结构约30%。因此，从直接造价上进行比较，型钢混凝土组合结构造价基本上介于纯钢结构和钢筋混凝土结构之间。从施工角度看，型钢混凝土组合结构体系与钢结构的施工速度相当，相对于混凝土结构，则由于节省大量支模、钢筋绑扎等工序，同时钢构架又可作为施工平台使用，使得施工速度可以大大加快、工期缩短。在考虑施工时间的节省、使用面积的增加以及结构高度降低等因素后，型钢混凝土组合结构体系的综合经济指标一般可优于纯钢结构和混凝土结构。

综上所述，型钢混凝土组合结构继承钢结构和钢筋混凝土结构各自的优点，改善各自在经济性、适用性、耐久性方面的不足，实现优化组合，具有良好的抗震性能和经济效益，特别适用于高层、超高层建筑和有抗震设防的建筑。

1.4　型钢混凝土组合结构施工难点分析

由于型钢混凝土组合结构具有良好的力学性能，特别适用于有抗震设防的区域，越来越得到学术界和工程界的关注。虽然型钢混凝土组合结构相比较传统结构有许多优势，但其在我国的研究和发展还比较落后，相对于普通的钢筋混凝土结构和纯钢结构，在技术上还不成熟，在工程应用中还有很多问题有待探索。由于型钢混凝土是将型钢、钢筋和混凝土组合在一起的结构，其施工工序要比普通的钢筋混凝土结构和钢结构复杂。因此，现阶段在型钢混凝土组合结构的施工中，还存在一些缺陷和急需解决的问题：

1）施工应力应变分析。型钢混凝土组合结构施工期型钢结构存在不稳定状态，其施工应力应变分析极为关键，可能影响到结构施工安全，而且影响型钢混凝土组合结构施工期受力与变形的因素包括施工荷载、混凝土徐变、混凝土收缩、型钢与混凝土的粘结滑移等，以上多种因素对施工应力应变分析造成极大困难。

2）节点施工。型钢混凝土组合结构的节点构造十分复杂，节点处型钢、钢筋互相交错穿插，构件的连接施工难度大。在钢筋与型钢相遇时，采用焊接还是打孔穿过，需要选择既可保证质量又较为经济的施工方法。节点连接构造问题是组合结构中的关键技术，还需深入研究。

3）加工、制作及吊装施工。型钢混凝土组合结构中型钢加工制作工艺复杂，分件重量大，吊次多，垂直吊装机械的选用较为关键，对施工进度和安全生产有极大影响。

4）高性能混凝土技术。由于型钢混凝土构件中有型钢骨架，特别对于充满实腹式型钢构件，给模板支设、混凝土的浇筑和振捣施工带来了困难。特别是在梁、柱节点处，由于钢筋钢骨纵横交错，钢筋密集，型钢穿过，布置密集，给混凝土的浇筑带来很大困难，这对混凝土的耐久性能和可施工性也提出较高要求。

5）安全施工。型钢混凝土组合结构施工过程需要对型钢骨架进行吊装，钢结构构件连接处焊接工程量大，明火施工较多，用电量大，构件自重大，交叉作业多，施工中的安全隐患多，这些安全隐患给施工的安全控制增加了难度，需要有针对性的安全措施来保证安全施工。

这种结构给施工带来很多难题，尤其是解决这些问题可供参考的相关文献资料和施工经验并不多，有待于进一步探讨解决。诸多施工问题的存在，也限制了型钢混凝土组合结构的应用和发展。目前，型钢混凝土组合结构多用于高层及超高层等大型建筑中，面对施工中遇到的问题多是针对性的组织施工、攻克技术问题，相对于其他较为成熟的施工技术，缺乏具有普遍适用性的规程和相关经验。因此，加强对型钢混凝土组合结构施工技术的研究和经验总结，能够更好地促进型钢混凝土组合结构的发展和普及。

1.5 型钢混凝土组合结构施工技术国内外研究现状

1.5.1 高大模架施工技术

对作用于高大模板支架空间结构体系上荷载的研究，是高大模板支架空间结构体系设计的基础。高大模板支架空间结构体系是否稳定，在很大程度上取决于所承受的荷载。国外的Jamshid Mohammadi等人在模板支架中考虑地震和风荷载的作用影响，并通过改进的贝叶斯定理对其进行理论计算。此外，F.Yue等人借助于风洞试验对模板脚手架的体型系数以及风荷载作用下架体的震动回应进行检测分析，并通过求解震动方程得到风震系数。

国内的杜荣军等人对各类模板所受的荷载及其组合进行了诸多探讨，在考虑风荷载的前提下，给出模板及其支架的常用荷载并对各常用荷载进行组合分析，同时在对水平模板及其支架计算时，还考虑振捣混凝土对模板及其支架的作用。在参考英国规范中的“偏心诱发荷载”后，有学者建议在模板支架的设计计算时还应该考虑该荷载。

对施工过程中的荷载进行计算，是保证高大模架施工安全的重要前提，因此在这一方面进行研究至关重要。

1.5.2　基于BIM技术和仿真技术的动态控制施工技术

大型复杂构造的建筑，结构形式一般可能特别不规则。在其施工过程中，随着结构自重、活荷载、温度荷载、风荷载、混凝土受力构件的徐变和收缩等的不断变化，导致结构在不同阶段将承受不同的作用效应，从而使结构的实际变形与设计变形之间存在较大偏差。因此，使用基于仿真技术的动态控制施工技术以设置结构预调值的形式，对主体结构进行变形控制是非常有必要的。

在大型复杂结构的施工过程模拟中，必须考虑下列因素：结构分部施工的非线性问题；施工顺序对结构成型过程中力学行为的影响；复杂结构施工过程中进行的大量监测研究；施工方法的选择对模拟结果的影响；结构发生收缩和徐变对结构成型的影响；计算模型的选择对模拟结果的影响。在大型复杂结构施工模拟分析中，国外的专家学者针对上述问题已有一定研究成果，但是因其具有的特殊性和复杂性，相关研究还需具体进行。

在国内，李瑞礼和曹志远等人在1995年采用“超级有限元–有限元耦合法”对某高层结构的施工过程进行模拟，模拟施工过程对高层建筑结构分析的影响程度。方东平、祝宏毅等人于2001年通过对施工现场进行数据实测以及分析讨论，了解施工过程中的结构受力机理及荷载传递规律。郭彦林、范重等人于2007年对国家体育场等大型复杂结构进行施工模拟分析，通过选择不同的施工方案进行比较分析，得到不同施工方案下结构在施工过程中的受力机理。

1.5.3　高性能混凝土施工技术

高性能混凝土具有工作性能和耐久性优异、强度高的优点。相比普通混凝土而已，高性能混凝土的应用能够极大地提高经济效益，且适合于解决工程中的各种疑难问题，因而受到极大关注。

高性能混凝土应采用优质材料并经严格的施工工艺制成。从国外来看，法国在1986~1993年期间，包括政府研究部门、建筑公司、高等学校等20多个单位对混凝土新方法开展了研究，最终制造出高性能混凝土，并建成了示范工程。英国应用于北海油田海上平台的混凝土28d抗压强度可高达100MPa，在海水中使用年限可达100年。日本在1988年开工、1998年竣工的明石海峡大桥中，应用免振捣自密实混凝土，取得了显著的经济效益和社会效益。

近20多年来，国内在混凝土技术方面取得明显的进步，如上海东方明珠电视塔和金茂大厦等高层建筑都使用C50、C60的高性能混凝土，在预应力管桩构件中使用的混凝土已高达C80，许多超高层建筑已大量使用C80高强泵送混凝土。此外，混凝土的试验研制强度已经达到了C100。

1.6 型钢混凝土组合结构展望

型钢混凝土组合结构在我国发展和应用的历史，虽然不及欧美等发达国家，但它在我国的发展势头已显示出强劲的生命力和广阔的应用前景。在可以预见的未来几十年中，型钢混凝土组合结构在大跨桥梁和高层建筑领域，有望发展成为与钢结构和混凝土结构并驾齐驱的主要结构形式。21世纪的型钢混凝土组合结构，应当在型钢混凝土组合结构已有研究和应用成果的基础上，灵活运用组合概念在广义范围内研制和创造新的结构形式，并拓展组合结构的应用范围。随着各类结构使用功能要求的提高、设计计算手段的进步以及新材料、新技术的应用，型钢混凝土组合结构的发展表现出以下几个特征：

1.6.1 由型钢混凝土组合构件向组合结构体系方向发展

现有的研究和规范多侧重于梁、柱等组合构件，以满足工程设计的基本需求为目标。从结构体系上来说比较单一，尚未形成完善的理论体系和系统的设计方法。随着组合结构的不断发展，由多种组合构件或不同结构体系组合而形成的广义概念上的组合结构体系，将能够发挥更强的综合性能优势。

在高层和超高层结构领域，型钢混凝土组合筒体–组合框架结构体系、巨型组合结构体系、型钢混凝土组合转换层和组合加强层结构都是值得研究和发展的方向。这几种结构体系的承重及抗侧力体系均由组合构件组成，具有钢结构和钢筋混凝土结构体系所不具备的优点。

在桥梁等大跨结构领域，组合结构也可提供更多的选择。例如，大型桥梁的上部结构可以采用钢、FRP、混凝土等材料形成的组合桥面，钢管混凝土与混凝土板形成的组合梁或波形钢腹板组合梁、斜拉桥和悬索桥还可采用型钢混凝土组合桥塔，下部结构则可以采用型钢混凝土组合桥墩和基础等。

1.6.2　新材料的应用

研发工作应侧重于不同材料之间的相互作用机理，并对组合结构在复合受力状态以及高温、疲劳等作用下的性能进行试验研究。例如，在组合结构中采用薄壁钢管、高强度钢材，可以进一步大幅度降低钢材用量；采用耐高温、耐腐蚀钢材，可以提高组合结构的耐火极限和耐久性，从而降低防火费用和维护费用；采用自密实高性能混凝土，不仅可以简化混凝土振捣工序，降低混凝土施工劳动强度，而且可以减轻施工噪声污染。

1.6.3　新型组合构件的研制与创新

对已有的传统材料进行合理组合，也可以开发更高效能的组合构件，解决传统结构形式难以解决的问题。目前，型钢混凝土组合梁、钢管混凝土柱的研究和应用都日趋成熟，未来将对组合转换层、轻型大跨组合楼盖、组合节点、组合剪力墙等新型组合构件开展更多的研究和开发工作，并将为全组合结构体系的发展奠定坚实的基础。

1.6.4　设计方法更加精细化，设计过程更加系统化

运用现代计算技术，建立组合结构的精确数值模型，跟踪结构的实际反应和表现，并通过试验数据和数值模拟结果的对比，将能够更加深入、全面掌握组合结构的实际性能。通过组合结构体系在施工阶段和正常使用阶段的受力全过程的分析和模拟，可以提高结构在整个使用寿命周期内的综合性能。

1.6.5　型钢混凝土组合结构向地下工程、隧道、海洋工程和结构加固等领域推广发展

随着我国基础建设规模的扩大，隧道、深井、海洋平台等领域对结构性能提出越来越高的要求。灵活运用组合结构的组合机理，可以充分发挥组合结构的优势，以解决特殊工程中的特殊问题，获得更好的综合效益。当采用新型材料和新工艺后，组合结构不仅能够充分发挥钢与混凝土两种材料的力学性能，还可以获得更好的施工性能、抗渗防水性能、抗火性能和耐久性。除了建筑及桥梁结构外，在其他领域也能够发挥显著的经济技术效益。

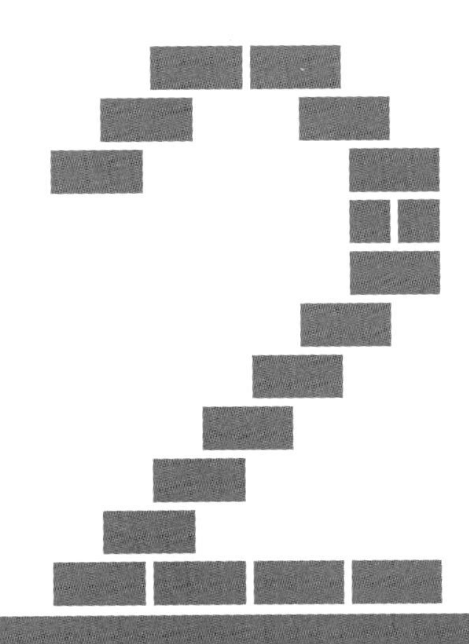

第 2 章

法门寺合十舍利塔工程概况

2.1 工程基本情况

法门寺，始建于东汉末年，距今已有1700多年的历史，以供奉释迦牟尼佛指舍利而闻名于世，是我国古代著名的佛家寺院。特别是唐代八帝六迎二送舍利，铸就了法门寺的辉煌历史。

2007年，法门寺文化景区一期工程开工建设。法门寺合十舍利塔是法门寺文化区建设规划方案中的标志性主体建筑。

法门寺合十舍利塔的造型，表达了佛教天地合一的思想，代表了佛教的仪式特点、基本理念和人类追求世界和平的基本意愿。建筑简洁明快，符号性、象征性、现代感十分突出，富有创意，十分简洁地将佛教、传统和现代建筑艺术完美融合。

2.1.1 工程概况

法门寺合十舍利塔工程位于陕西省宝鸡市扶风县城北约10km的法门镇，东距西安市约110公里，西距宝鸡市约90公里（图2-1～图2-4）。

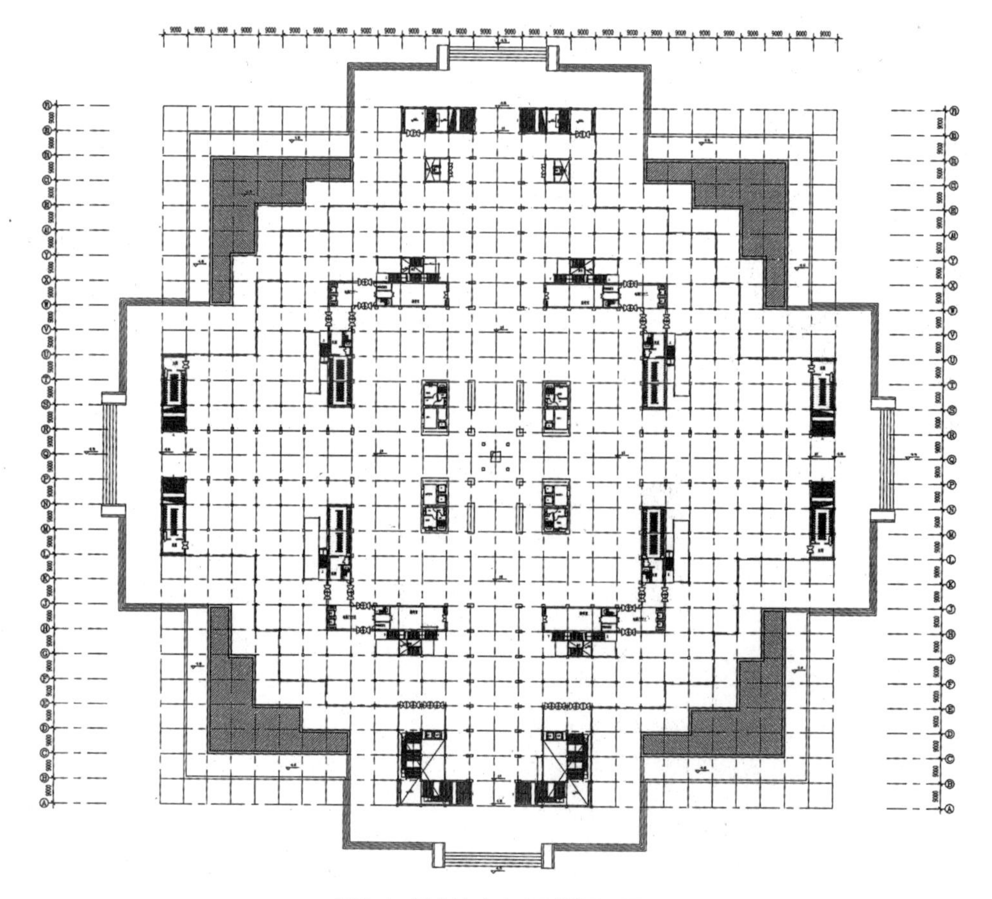

图2-1 法门寺合十舍利塔平面图

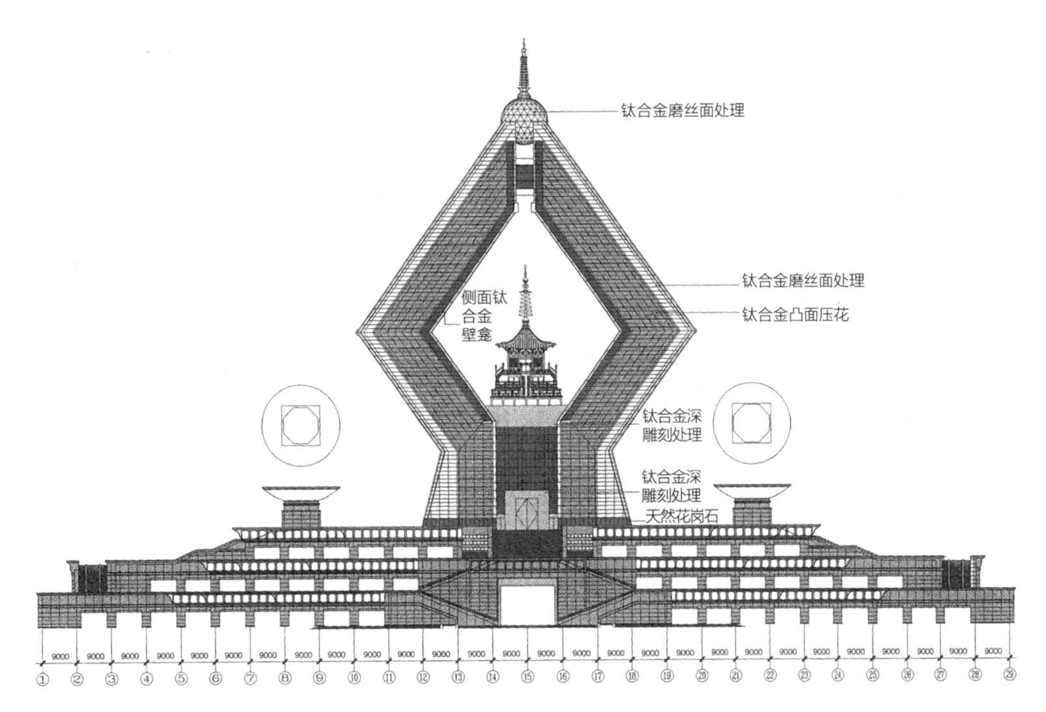

图2-2　法门寺合十舍利塔立面图

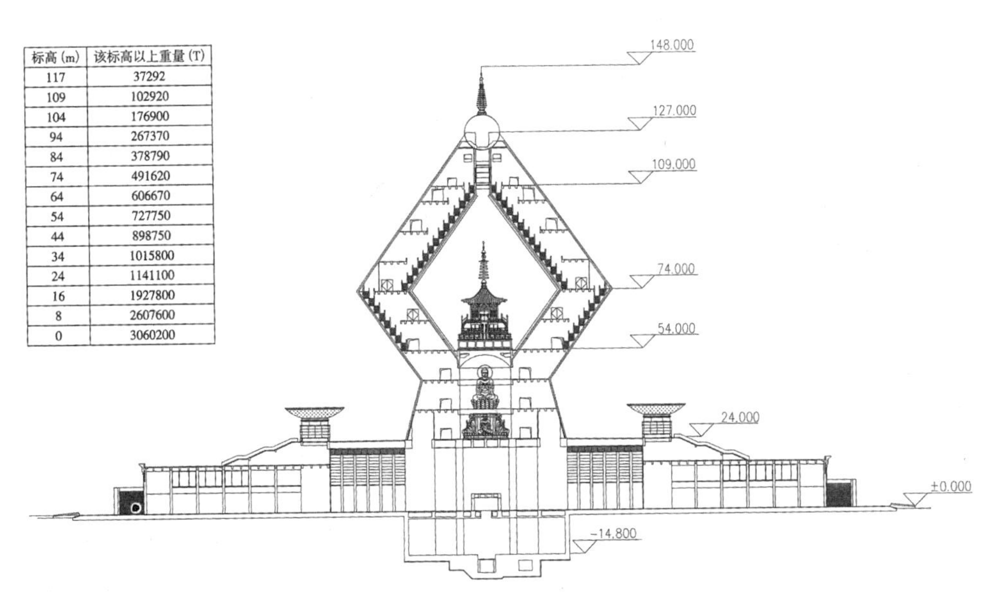

标高 (m)	该标高以上重量 (T)
117	37292
109	102920
104	176900
94	267370
84	378790
74	491620
64	606670
54	727750
44	898750
34	1015800
24	1141100
16	1927800
8	2607600
0	3060200

图2-3　法门寺合十舍利塔东西向剖面图

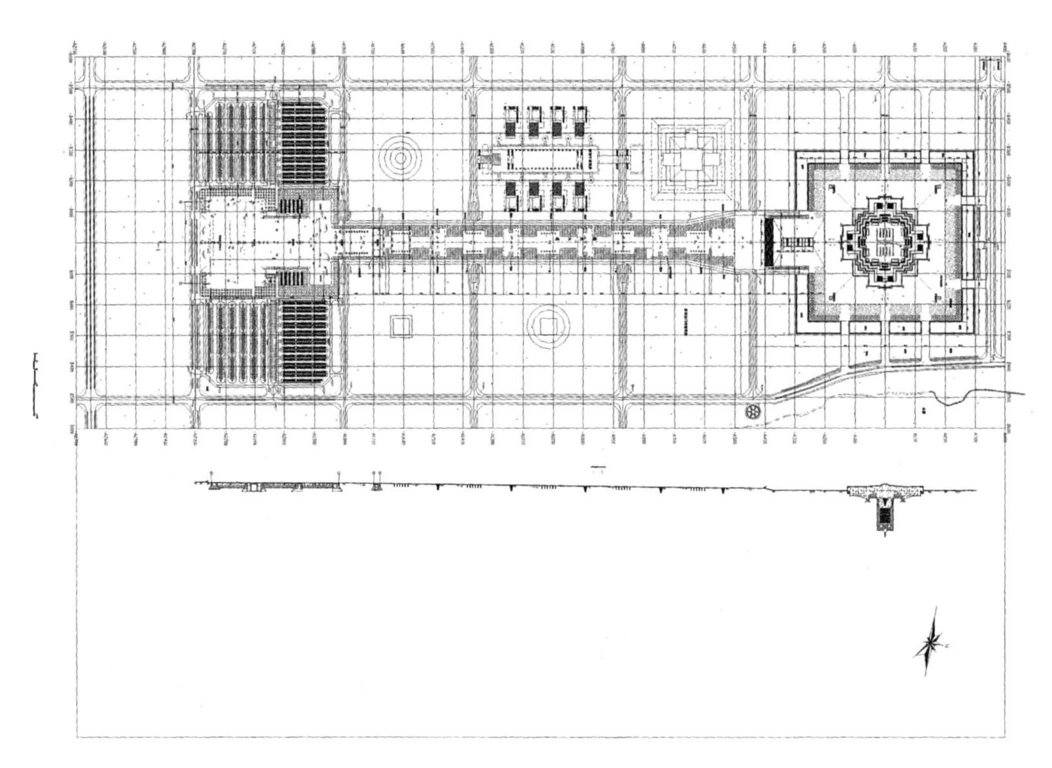

图2-4 法六寺总平面图

工程占地面积64万m^2，整个建筑由法门寺合十双塔和四周环绕的裙楼所组成，总建筑面积为106322m^2，其中主塔面积40743m^2，裙楼面积65579m^2。裙楼底盘尺寸为253m×253m，主塔54m×54m，建筑物总高148m，主塔地下1层，地上11层，裙楼地上3层，地下1层。

工程地下室为存放佛指舍利的地宫和文物展厅，地上部分由化身佛、报身佛及法身佛殿等组成，四周裙楼主要是设备间和辅助用房。

法门寺合十舍利塔工程是用于安奉供养佛指舍利、珍藏和展览法门寺地下出土文物和佛教珍贵法器的公共建筑。

2.1.2 各分部工程概况

1. 地基与基础

工程基础设计为混凝土灌注桩和钢筋混凝土筏板基础。主塔采用复式后压浆混凝土钻孔灌注桩基础，裙楼采用预应力混凝土管桩基础。主塔桩径1.2m，桩长55m，共204根，筏板厚度2～8m；裙楼桩径0.5m，桩长28m，总桩数1871根，筏板厚度0.4m。

地下防水为双重设防，筏板混凝土抗渗等级S8，筏板底部及四周做1.5mm厚自粘橡胶沥青防水卷材三层，桩头处绕桩头交圈粘贴遇水膨胀止水条，桩头部分防水采用水泥基渗透结晶型防水涂料。

地下室外墙抗渗等级为S6，2层2mm厚自粘橡胶沥青防水卷材，防水层外设一道20mm厚挤塑板保护层。

2. 主体结构

主塔主体结构为复杂型钢混凝土组合结构，裙楼为框架剪力墙结构，结构设计使用年限100年，抗震等级一级，抗震设防烈度8度，耐火等级一级。

钢结构焊缝均为一级焊缝，最大钢结构构件单件尺寸18×5m，重量27.5吨，高强螺栓采用摩擦型10.9级大六角头螺栓。

混凝土结构最大构件尺寸为梁1.4×2.7×18m，柱2.4×2.4×24m。混凝土强度等级主要为C35、C40、C60。

3. 屋面工程

裙楼为上人屋面，防水设计等级Ⅰ级，采用2mm厚JS防水涂料一道，2mm厚自粘防水卷材两道，油毡隔离层，40mm厚细石混凝土找坡，内加ϕ4@200冷拉钢筋网片，面层200mm×200mm广场砖铺贴。

4. 装饰装修工程

外墙主要为铝板幕墙、玻璃幕墙和石材幕墙；室内装饰为石材地面及墙面、硅钙板、石膏板等多种板材吊顶，铜门及铝合金门窗。

5. 给水排水及采暖工程

工程设有生活供水、消火栓、自动喷淋、消防水炮、雨水排水、污水排水、水箱间、水泵房等安装工程。二层以上由地下室生活水箱供给，一层由市政管网和地下室生活水箱双路供给。

6. 通风与空调工程

工程采用风机盘管加新风系统、通风系统，空调冷源主要由地源热泵系统供给，裙楼16m处设有7台螺杆压缩式地源热泵机组。冬季采用低温热水地板辐射采暖系统供热，热源同时由地源热泵机组供给。

7. 建筑电气工程

工程供电由附近区域变电站专线引入两路10kV电源，通过地下室引入裙楼配电室。

设配电智能管理系统，实现对电力系统的在线智能化监控和管理。备用电源采用两台1050kW柴油发电机组，保证在断电15s内自启动，提供应急备用电源。

工程防雷设计二类。屋面设避雷针，并在屋面暗敷直径12mm镀锌圆钢避雷网格作为接闪器，利用结构内主筋作为引下线，与桩基、承台及地梁内的钢筋形成接地体相连。

8. 电梯工程

工程共设置有24部，其中斜向电梯4部。

9. 智能建筑工程

工程设有智能照明系统，安全监控系统，广播系统，电视、电话系统，消防联动系统等智能化系统。

2.2 工程主要特点、难点

2.2.1 工程设计、施工主要特点

工程构思奇妙、设计新颖。工程底部24m以下为一大底盘，在54m标高处设拉结桁架及平台，平台上方35m高唐塔。上部采用折线型双塔，从44m标高开始双向外倾36°，从74m标高向上双向36°内倾，在109～117m标高处设空间桁架将两塔连成一体；127m标高处双手捧直径12m摩尼珠，总高度148m。

由于外形特殊，施工全过程结构受力动态变化，给施工带来极大的挑战。

2.2.2 工程设计、施工主要难点

1. 造型奇特、施工过程中结构体系不稳定

工程规模宏大、结构复杂、造型特殊、工程设计标准超限、质量验收标准超常。工程是国内第一次采用型钢混凝土组合结构的高塔式建筑，从设计到施工都是一次新探索。

由于从44m标高开始双向外倾36°，从74m标高向上双向内倾36°，在109m标高合龙以前结构处于两个独立的大悬臂结构状态，施工过程始终存在结构内力的复杂性以及施工过程中的结构安全性问题；施工模架体系复杂，施工难度大。

2. 焊缝设计标准、验收标准高，焊接作业量大

工程的型钢混凝土组合结构属于大型复杂全焊结构，工程各层均有约160根型钢柱的

对接，焊缝设计等级为一级，评定等级为Ⅰ级。有上千根型钢墙肢和桁架梁需要焊接，每层一级全熔透焊缝达1000～1500m。

3. 立体交叉施工，安全施工难度大

钢结构安装和土建钢筋、模板、混凝土施工垂直交叉作业，钢结构超前20m。现场12台塔吊同时吊装施工，塔臂互相交错，相互影响。垂直作业面多达5、6层，需要多层设防，安全施工技术和管理难度大。

4. 技术调研量大，科研攻关项目多

设计上特殊的造型，尚无施工先例，给施工带来很多新的技术课题。大空间高架支模技术、倾斜结构爬模施工技术、大体积混凝土墙柱施工技术、高性能大流态混凝土施工技术、倾斜结构预变形施工技术、结构应力检测技术、超厚钢板焊接工艺技术、大悬臂钢结构安装工艺技术、高性能混凝土结构耐久性能研究等，均进行科研攻关，投入大量人力物力进行技术创新。

2.3　技术创新与应用

工程应用国家推广的“建筑业10项新技术”中10大项36子项（表2-1），研发创新技术9项。

建筑业10项新技术应用情况一览表　　表2-1

序号	项目名称	项目内容	使用部位
1	地基基础和地下空间工程技术	灌注桩后注浆技术	主塔桩基
		复合土钉墙技术	主塔、裙楼基坑支护
2	高性能混凝土技术	混凝土裂缝防治技术	基础、柱、墙、梁、板
		大流态、自密实混凝土技术	箱形柱、唐塔管柱
		混凝土耐久性技术	基础、主体结构
3	高效钢筋与预应力技术	HRB400级钢筋的应用技术	梁、柱
		焊接箍筋笼	桩基础
		粗直螺纹钢筋螺纹连接技术	基础、主体柱竖向筋、梁纵向筋、箍筋
4	新型模板及脚手架应用技术	清水混凝土模板技术	主塔、裙楼柱、墙、梁、板模板
		模块式脚手架应用技术	主塔、裙楼模板支撑架

续表

序号	项目名称	项目内容	使用部位
5	钢结构技术	钢结构CAD设计与CAM制造技术	裙楼柱、桁架、主塔结构
		钢结构安装施工仿真技术	主塔、裙楼
		钢与混凝土组合结构技术	地下室、主体结构
		高强度钢材的应用技术	裙楼、桁架、主塔主体结构
		钢结构的防腐与防火技术	塔刹、摩尼珠
		金属矩形风管薄钢板法兰连接技术	空调送、回风系统、排风系统
6	安装工程应用技术	给水管道卡压连接技术	给水管道
		管线布置综合平衡技术	主塔、裙楼
		热缩电缆头制作技术	所有电缆接头
		建筑智能化系统	计算机网络、监控系统、火灾报警等
		轻钢龙骨石膏板内墙岩棉	主塔、裙楼内隔墙
		节能型门窗应用技术	主塔、裙楼外墙外窗采用中空玻璃
7	建筑节能和环保应用技术	地源热泵供暖空调技术	采暖系统
		低温地板辐射式采暖	主塔1层、2层楼面
		预拌砂浆技术	混凝土内墙
		自粘型橡胶沥青防水卷材	屋面，地下室底板，外墙
8	建筑防水新技术	合成高分子防水卷材	多水房间，地下室
		建筑防水涂料	丙烯酸类、聚氨酯系列防水涂料
		水泥基渗透结晶型防水涂料	屋面、地下室外墙、卫生间墙面
9	施工过程检测和控制技术	缓膨型遇水膨胀止水带	地下室外墙施工缝
		刚性防水砂浆	主塔、裙楼地下室
		施工控制网建立技术	Ⅰ级控制网10个，Ⅱ级控制网22个
		特殊施工过程监测	大体积混凝土温度监测和控制， 型钢混凝土组合施工应力实时监测
10	建筑企业管理信息化技术	建筑企业管理工具类技术	资料整编、计量控制、位形控制
		管理信息化技术	ＩP视频监控、计算机OA办公管理等

2.3.1 创新技术

1. 首次采用了倾斜结构爬模施工技术

利用钢结构自身搭设可调式悬空脚手架，研发倾斜结构模架施工技术，充分发挥和利用型钢结构的承载能力，传递承受施工荷载。

2. 基于仿真技术的倾斜型钢混凝土结构安装及实时控制技术

对施工变形及应力时变进行实时监控分析，增设4榀临时加强连接桁架，研发成功“加热放张水平卸载法”平稳拆除水平连接桁架，建立完善的三维空间施工测量控制体系。

3. 拓展耐久性混凝土裂缝控制施工技术

依托课题攻关，优化混凝土配合比，完成超厚大体积混凝土筏板防裂缝施工技术、高性能混凝土超厚墙柱抗裂施工技术等成果。

4. 研发CO_2气体保护焊在高空低温环境中的应用

在安装焊接中，不仅有平焊、立焊、横焊，还有斜坡焊和仰焊，焊接施工时间跨越冬期。为保证施工质量，施工过程中采取了多项严密的保证措施，80%焊缝采用CO_2气体保护焊。经对焊缝100%进行超声波探伤，全部达到了焊缝等级一级、评定等级为Ⅰ级的标准。

5. 穹顶壳体无外模施工技术

6. 54m标高及以上高空不同型号塔吊组合抬吊技术

2.3.2 推广应用新技术

《法门寺合十舍利塔工程结构施工关键技术研究及应用》的课题研究，2008年11月通过陕西省科技厅组织的由多名国内著名专家组成的鉴定委员会鉴定，该成果的综合技术达到国际先进水平。

工程钢结构施工中所应用的型钢混凝土组合结构的施工应力测试和加热放张水平卸载连接桁架技术，在我国大型复杂结构施工中的率先应用，具有独到的创新性。

2.4 技术质量管理

2.4.1 技术管理

1）在工程课题攻关领导小组的统一领导下，形成了设计与施工相结合、科研与项目实践相结合、专家与工程技术人员相结合，以型钢结构加工制作和吊装施工为关键工序的技术路线。把施工的难题作为技术攻关的课题，并在此基础上编制施工技术方案，在实践的基础上形成相应的施工工艺，最终形成企业独有的施工工法。

2）组织编写施工组织总设计和138项专项施工方案，先后邀请院士、知名专家多次进行技术研讨和方案论证。

3）贯彻设计施工一体化思想，主动与设计院进行沟通，配合做好结构设计优化。完成一系列关键部位和关键工序的施工技术方案。

4）为解决施工工艺难题，验证方案的可行性和试验效果，在施工现场对钢筋连接、54m标高穹顶模板、大流态高强混凝土等进行了足尺试验，实施了6组型钢柱外绑扎钢筋的方案对比，浇筑混凝土检验模板支撑、加固效果等。

2.4.2 质量管理

按照《建筑工程质量验收统一标准》GB 50300中的划分，工程共10个分部、37个子分部、102分项工程、7788检验批，均验收合格。

1. 地基与基础

1）主塔复式后压浆钻孔灌注桩：桩身直径1.2m，共204根，桩长55m；静载试验3根，极限承载力25600kN，满足设计承载力要求；低应变动力检测204根，抽检率100%，Ⅰ类桩203根，为抽检的99.5%，Ⅱ类桩1根，为抽检的0.5%，无Ⅲ类桩。

2）南裙楼预应力管桩：24m桩201根，28m桩496根；静载试验24m桩3组，28m桩3组，极限承载力24m桩2720kN，28m桩3000kN，满足设计承载力要求；低应变动力检测89根，抽检率21.7%，均为Ⅰ类桩。

3）北裙楼预应力管桩：24m桩226根，28m桩216根；静载试验24m桩3组，28m桩3组，极限承载力24m桩2830kN，28m桩3660kN，满足设计承载力要求；低应变动力检测92根，抽检率20.4%，均为Ⅰ类桩。

4）东西裙楼预应力管桩：24m桩556根，28m桩496根；静载试验24m桩5根，28m桩3根，极限承载力24m桩3400kN，28m桩3950kN，满足设计承载力要求；低应变动力检测303根，抽检率为28.8%，均为Ⅰ类桩。

5）地基基础钢筋工程钢筋用量11016t，进场216批，复试216组，复试结果合格。

6）地基基础混凝土用量52481m^3，标养试块412组、同条件试块176组，试验结果合格。

7）回填土经环刀取样检测，压实系数、最小干密度、含水率等均满足设计要求。

8）沉降观测：

主楼沉降观测36次，最大沉降量值为41.88mm，最大沉降差为11.5mm，竣工后沉降速率-0.006mm/日，沉降均匀并趋于稳定。

2. 主体结构工程

1）主体结构工程钢筋用量19448.8t，进场527批，复试527组，复试结果合格。

2）高强螺栓连接节点数量3400个，高强螺栓连接副抗滑移系数检测全部合格，高强螺栓轴力检测全部合格，终拧扭矩节点检测数量680个，各节点抽检螺栓数量3个，比例为37.5%。

3）主体结构工程混凝土总用量98274m^3，标准养护试块1074组、同条件试块248组，试验结果合格。

4）各类钢筋接头数量260238个，接头试验393组，试验结果合格。

5）混凝土保护层检测数量249个，检测结果合格。

6）结构构件几何尺寸正确，观感好。

2.4.3　工程质量效果

1）综合运用施工过程的监测和控制技术，保证结构形体的几何尺寸。主体总高垂直度偏差4mm；施工实际总高度比设计值大17mm；设计倾斜角54°，施工倾斜角度实测值53° 55′。

2）工程钢构件由4183个构件组成，总用钢量约16300t，型钢结构制作和安装焊缝总长度约20万m，焊缝设计等级一级，经100%超声波检测，探伤抽检数量38256条焊缝，全部达到设计要求。

3）箱形柱内大流态C60混凝土，经超声波检测，密实度全部达到设计要求。

4）通过对高性能混凝土超厚墙柱抗裂施工技术进行科技攻关，实施一系列控制方法，最终达到混凝土表面光滑密实，无可见有害裂缝的效果。经耐久性试验检测，各项试验结论均满足设计要求。

2.5　工程成果

2009年4月17日工程完工，5月9日成功举行盛大的法门寺合十舍利塔落成仪式及佛骨舍利安奉大典。其博大精深的佛教文化和现代化的时代风貌得以充分展现和融合，引起世人的广泛关注（图2-5、图2-6）。

工程荣获中国土木工程“詹天佑”奖、国家优质工程银质奖、百年百项杰出工程、中国建筑钢结构金奖、全国建筑业新技术应用示范工程，“法门寺合十舍利塔工程结构施工关键技术研究与应用”科研成果荣获2010年度陕西省科学技术二等奖，大角度倾斜钢骨结构安装施工工法、闪光对焊封闭箍筋施工工法、型钢混凝土结构倾斜提升大模板施工工法等3项工法荣获国家级工法，2项发明专利，2项实用新型专利，10项省级工法，4项省级科学技术成果。

工程竣工以后，从2009年5月9日正式对外开放，世界各地的朝拜者和游客络绎不绝，得到了社会各界的好评。

图2-5　法门寺合十舍利塔外景

图2-6　法门寺合十舍利塔内景

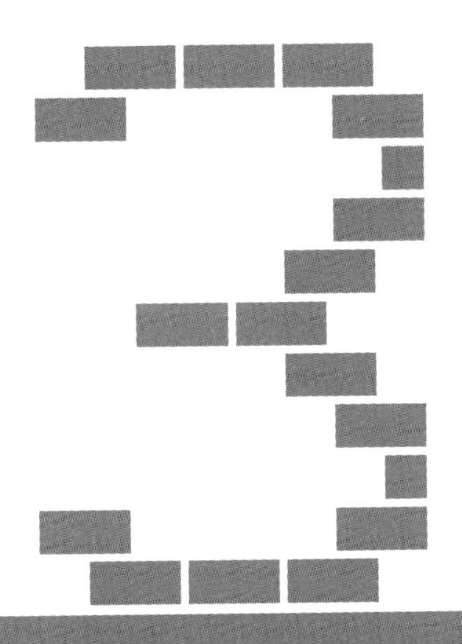

第3章

施工测量监控技术

3.1 概况

法门寺合十舍利塔为超高双折倾斜结构建筑，结构复杂，造型奇特。整个施工过程中，倾斜构件的测量控制和放样是施工重点和难点。同时，施工过程中对建筑物进行变形监测是顺利施工的保障。

对于法门寺合十舍利塔的双向折线倾斜塔体，由于结构内力和位形处于动态变化状态，随着建筑物高度的增加，还应考虑沉降和荷载变形的影响，施工测量难度加大，尤其是54m标高以上倾斜构件的控制和放样。

在整个施工测量的过程中，运用高精度的测量仪器，建立高精度的建筑施工控制网，采用GPS定位技术、全站仪三维坐标测量技术、全站仪反光贴片和无棱镜测量技术等，使整个施工过程进展顺利，定位精度准确。

3.2 高精度建筑施工控制网的建立

根据工程的特殊结构和施工难度，首先应建立高精度的施工控制网，施工控制网分为平面控制网和高程控制网两部分。

3.2.1 平面施工控制网

首先用GPS卫星定位系统在整个施工区域布设4个控制点，建立D级GPS首级控制网用于控制整个施工区。然后，围绕主塔建立一级闭合导线网，再建立主轴线和施工方格网（图3-1）。

图3-1中G1、K3为GPS卫星定位点，K3、K4、北门、K5、K6、K7、K8、K9为一级闭合导线网，*X*、*Y*为建筑物主轴线，其坐标原点就是主塔的中心，其余为建筑方格网控制轴线。首先，根据设计单位提供的主塔中心大地坐标，施工坐标轴线（*X*，*Y*）与大地坐标轴线之间的夹角350.67°，根据主塔中心坐标（*X*=3813112.023，*Y*=36490338.391）将大地坐标系转换为施工坐标系。由于主塔的主要轴线均平行于施工坐标轴线（*X*，*Y*），所以各轴线点的坐标计算可换算获得。为了保证测量的精度，配置徕卡1203全站仪，仪器测角中误差为1″，测距中误差为±1+1ppm，免棱镜测距300m，其测距中误差为±3+3ppm，符合规范中一级导线的各项规定数值，如表3-1所示。

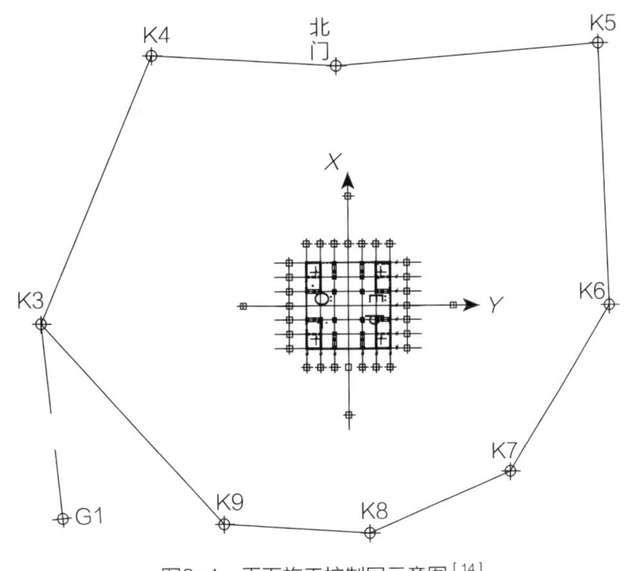

图3-1　平面施工控制网示意图[14]

一级导线规定误差值[14]　　表3-1

边 长	平均边长	测角中误差	允许闭合差	最大周长	边长中误差	$K_{允许}$
100～300m	200m	±4″	$\pm 10\sqrt{n}$	2400m	1：40000	1：35000

表中$K_{允许}$为导线精度的允许值。测角中误差按下式计算：

$$m_\beta = \pm\sqrt{\frac{f_\beta^2}{n}}$$

式中：m_β为测角中误差；f_β为导线的角度闭合差；n为导线的角数。

一级导线各项技术指标均达到规范要求，其中测角中误差为3.4″，角度闭合差为10″，导线精度为1：84000。

一级平面控制建立起来以后，即可建立主轴线和施工方格网，用于对建筑物的精确放样。

3.2.2　高程施工控制网

为建立高精度的高程施工控制网，选用Trimble Dini12电子水准仪进行高程控制测量，该仪器每公里往返测量的高程观测中误差为±0.3mm。为了方便，将高程控制点和平面控制点合一，其控制点构造见图3-2。按二等水准测量的精度对水准点进行实测，各项技术指标均达到规范的要求。各项技术指标规范见表3-2。

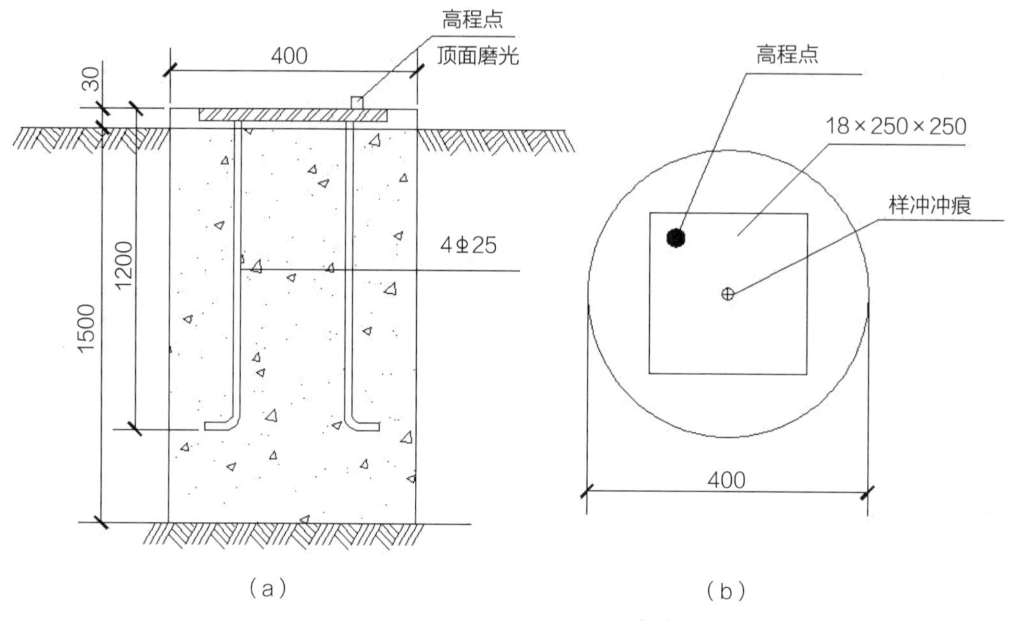

图3-2 高程施工控制点示意图[14]

高程控制网测量结果为闭合差0.32mm，每公里高程观测中误差为0.29mm。

二级水准测量误差[14] 表3-2

等级	每公里中误差（mm）	仪器型号	水准尺	观测次数	闭合差（mm）
二等	2	DS1	铟瓦尺	往返测各一次	$4\sqrt{L}$

3.3 施工过程中轴线和标高的控制

法门寺合十舍利塔为双折异形结构，所以工程的轴线放样和标高传递是工程的重点和难点。主楼为型钢混凝土组合结构形式，即型钢梁、型钢柱为骨架，外包钢筋混凝土。因此，型钢结构的放样、倾斜型钢柱的测量控制和放样精度控制就成为法门寺合十舍利塔主塔测量控制的重点。

施工轴线放样测量主要采用内控法和外控法两种方法。

3.3.1 内控法

内控法是指在建筑物内±0.000m平面设置轴线控制点，并预埋标志，用于楼位轴线的控制和传递。图3-3所示1、2、3、4点为内控点。

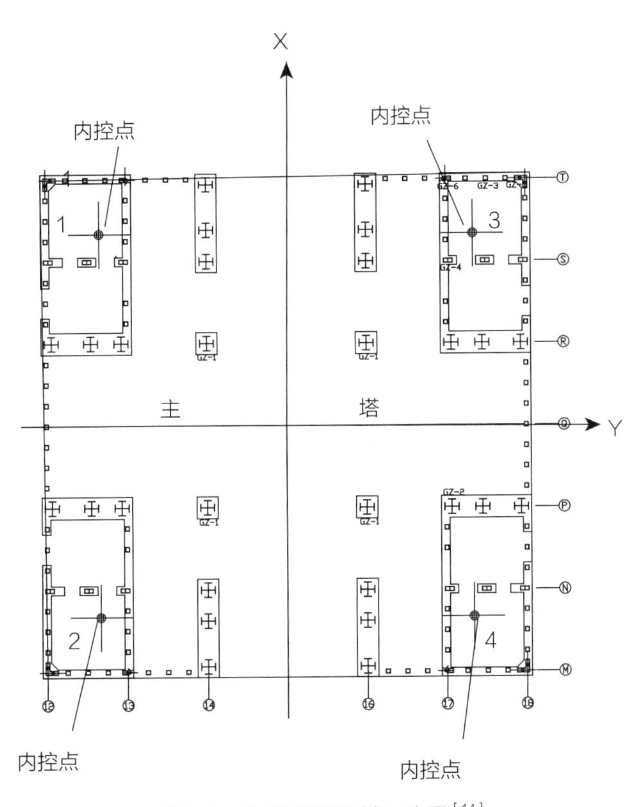

图3-3 平面轴线控制点示意图[14]

轴线控制一般采用吊线坠法或激光铅垂仪法，通过预留孔将其点位垂直投测到任一楼层，工程采用激光铅垂仪法。

为了将主塔轴线投测到各层楼面上，根据梁、柱的结构尺寸，投测点距轴线1000～1500mm为宜。

每条轴线至少需要设置两个投测点，其连线应严格平行于原轴线。控制点投测上去后，应对投测点距离和角度进行复核，无误后方可使用。工程内控点的设置应避开顶板双层钢梁的影响，以便内控点顺利向上投递。

3.3.2 外控法

外控法是指利用引测在建筑物外围的控制点，直接在东西两侧放样临时控制点，将东西侧放样的控制点进行复测闭合无误后，放样出施工所需的轴线或控制线。

法门寺合十舍利塔工程施工工期要求非常紧迫，由于钢结构施工在整个施工过程中最先进行，所以钢结构构件安装的正确性是整个工程施工质量的前提。首先，采用统一的坐标系预先计算出各型钢柱顶中心的三维坐标值，再通过型钢柱中心的坐标和型钢柱的截面几何尺寸，计算出型钢柱面向全站仪的反光片的三维坐标值。依据事先计算好的并经过检查的各反光片的三维坐标数据，通过在控制点架设全站仪测量正在吊装的型钢柱反光片的三维坐标，与事先计算的该型钢柱的理论坐标进行对比，计算出偏差值，指导正在吊装的型钢梁、柱到达正确的位置。因为54m标高以上主塔分为倾斜的东西两部分，内控法已无法满足轴线控制精度，所以54m标高以上钢梁型钢柱的安装均采用外控为主、内控复核为辅的控制方法。

由于法门寺合十舍利塔结构独特，造型复杂，经过专家的反复论证和测量人员的精心准备，在施工过程中钢结构构件的测量控制和放样大量应用全站仪的反光片技术及无棱镜测距技术。

全站仪测距（或者是三维坐标测量）的应用模式有三个：一是利用全站仪发出的红外光和安置在测点上的反光镜进行测距，简称IR模式；二是利用激光和反光片测距；三是不用棱镜和反光片，而是利用全站仪发出的红色激光直接瞄准型钢梁、柱的特征点测距，后两者称为LR模式。在法门寺合十舍利塔工程中，免棱镜和反光片技术显得更为重要。LR模式同IR模式比较，有如下优点：①棱镜测距应专人架立棱镜，而免棱镜和反光片不需要专人去架设棱镜。型钢梁、柱上立棱镜不可行，即使能架设，架设的位置也没有设置反光片准确；②反光片的棱镜高为零，避免了量取棱镜高而产生的误差。

利用全站仪、反光片，对型钢柱进行测量控制如下：

1）利用建立的主塔空间三维模型，可以计算出型钢柱上任意一点的三维坐标设计值。

（1）型钢柱中心坐标计算

按照结构图纸，计算出每个型钢柱的中心坐标值。

例如，74m标高四角型钢柱GGZ3（图3-4）中心理论空间坐标计算为（±26.075，±43.496，74.000）。

（2）柱侧控点坐标计算

根据每个型钢柱的中心坐标值，结合构件的截面几何尺寸，计算出每个基准柱的柱侧控点坐标。

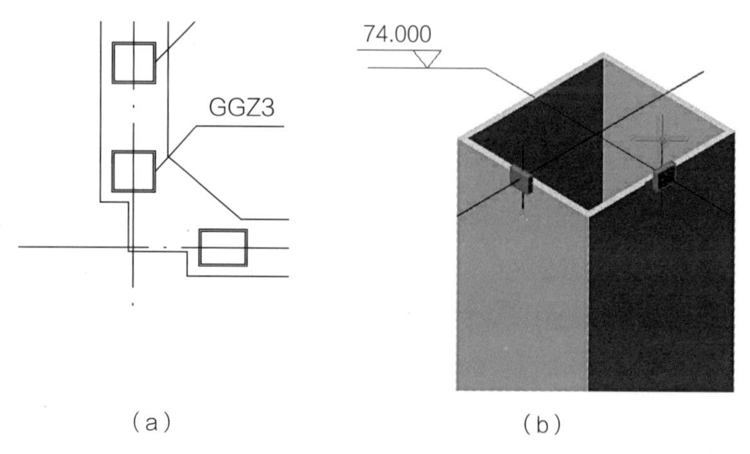

图3-4　74m标高四角型钢柱[14]

例如，74m标高四角型钢柱GGZ3柱侧理论空间坐标计算为（±26.075±0.278，±43.496±0.250，74.000）。

（3）考虑预变形值的坐标计算

采用“设计尺寸＋预变形值”的方法对主体结构进行放样控制。采用有限元分析软件对各施工段的多种工况进行详细分析计算，得出结构预调整值，确定结构初始预调整方案。

每个基准柱的空间控制点的坐标由三向坐标（X，Y，Z）组成，即理论计算坐标＋施工变形预调值。

$X=x+\Delta x$

$Y=y+\Delta y$

$Z=z+\Delta z$

X、Y、Z为实际控制放样坐标；

x、y、z为理论计算坐标；

Δx、Δy、Δz为施工变形预调取值。

2）如图3-5所示，74m标高以下，在型钢柱上贴反光片，反光片与全站仪视线基本是正交，瞄准、测量方便。但是74m标高以上，全站仪视线与型钢柱上的反光片不正交，反光片反射的光线全站仪接收不全，没有办法进行测量。在74m标高以上型钢柱上焊接角钢，将反光片贴在角钢的立面上，这样反光片与全站仪视线即可正交。

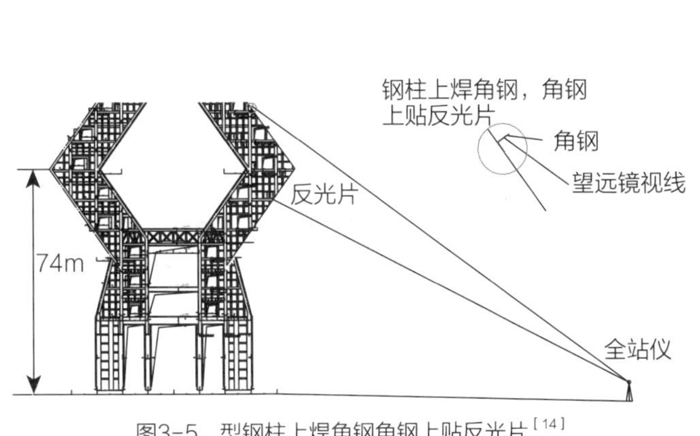

图3-5　型钢柱上焊角钢角钢上贴反光片[14]

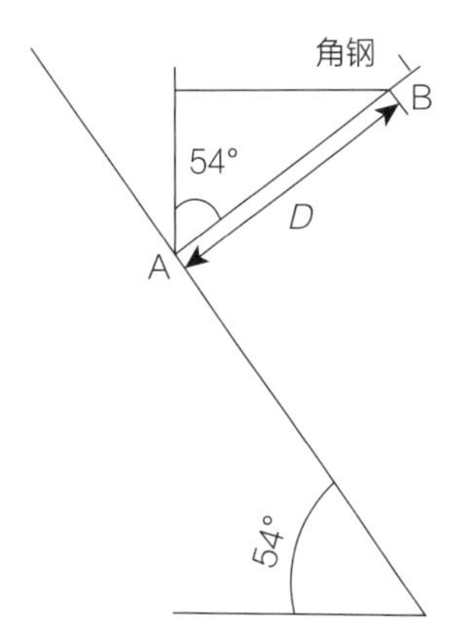

图3-6　贴反光片处的三维坐标示意[14]

图3-6所示，贴反光片处三维理论坐标的计算如下：

$X_B=X_A+0$

$Z_B=Z_A+D\cos54°$

图中，B点为贴反光片处，D为B点到型钢柱的距离。

3）设站，即在控制点安置全站仪，对中、整平，量取仪器高度，输入测站名、仪器高度、测站点的X、Y、Z三维坐标。

4）定向，输入定向点的点名及X、Y坐标，瞄准定向点，确定后定向结束。先测量定向点或其他控制点的三维坐标，用以检查设站、定向的正确性。

5）测量，用望远镜瞄准正在吊装的型钢柱反光片，测出其三维坐标值，并算出坐标偏差值。

6）对于结构四角的角柱，称为定位柱。定位柱的位置非常重要，应在型钢柱互相垂直的两面贴反光片，用两台全站仪在不同的控制点进行测量。

7）利用对讲机指导安装人员，微调型钢柱，再测量，再微调，直到达到正确位置为止。

8）高程控制和传递，由于工程钢结构施工超前土建施工20m高度，所以高程的控制和精度显得尤为重要。利用高程控制点将水准点标高引到柱面和墙面50线上，然后用经过鉴定的钢尺垂直向上传递标高。为了消除向上量测的累计误差，每层标高不应分段量测，应由底层基准点向上整尺通长累计测量。高程向上传递过程中，应充分考虑建筑物自身荷载、温差、风力变化的影响，每层标高传递应将各种影响监测值相加后再进行传递。每层标高待型钢柱安装好后，用钢尺量测到控制标高处，用红三角标记清楚，在外围控制点处架设全站仪，利用全站仪复测型钢柱控制标高，确保各层标高的正确性。

3.4 施工过程变形监测

为了保证结构的位形和内力在规定的误差范围之内，预设调整值和精确测控在整体施工中至关重要，也是保证结构最终状态的关键。在施工阶段包括主塔钢结构、楼面混凝土、幕墙、内装饰、机电设备等工程施工，随着结构自重、活荷载、温度荷载、风荷载、柱的变形和收缩及基础相对沉降等不断变化，将对塔楼产生不同的作用效应，特别是在悬臂部分施工的各个阶段。同时，还应考虑施工中实际存在的钢构件制作误差和安装偏差，以及非常复杂又不断变化的焊接变形。建立完善的三维空间施工测量体系，精确地测量控制构件安装定位，对成型结构追踪监控，将数据处理及信息及时反馈用于指导施工。

法门寺合十舍利塔荷载超大，仅型钢梁柱总重量达1.63万t，总荷载达320万t。另外，施工期经过春、夏、秋、冬四个季节，温差变化大，随着建筑物高度的增加，构件受力状态也发生变化。因此，施工的变形监测工作是整个施工的保证。

根据工程实际情况，首先在主塔±0.000m位置以15轴和Q轴交点为坐标原点，建立空间三维模型。型钢梁柱安装好以后，每天坚持在主塔东西两侧的观测台上用全站仪测量型钢柱及混凝土上反光片的三维坐标，分析其变化规律。待型钢柱被钢筋混凝土包裹后，再将反光片贴在钢筋混凝土柱上，进行观测。

在变形观测中，主要从以下几方面进行变形监测工作：

1. 沉降观测

在主塔一层分别布设了32个沉降观测点。利用在主塔外围的一级控制网点的高程，对各点进行沉降观测工作。主塔高度每上升一层，进行一次沉降观测，用以指导施工过程和科学研究。

每次沉降观测结束后，应及时对观测资料进行计算和分析，计算出每期沉降量和累计沉降量，计算出相邻点间基础倾斜值，绘出每次沉降曲线图和沉降等曲线图，并对当次沉降观测结果进行分析，计算出各点的平均沉降量和平均沉降速率。

2. 水平位移观测

主塔结构混凝土施工完后，在事先设计好的位置44m、74m以及127m标高的东西两侧分别设置水平位移监测点，定期对位移监测点进行监测，及时将各个部位的水平位移量进行整理，绘制水平位移曲线图，并将实际测量结果和设计单位计算的理论位移量进行比较。

“5·12”汶川大地震期间，对法门寺合十舍利塔进行不间断的跟踪监测，并对监测结果进行分析和研究。同时，对法门寺合十舍利塔关键部位进行变形监测，比对分析关键部位理论施工预调值和实测值。

3. 温差变化和风力观测对施工过程的影响

首先，了解工程所在地往年的温差和风力的变化，根据往年变化情况制定出相关的变形监测计划，选取温度和风力变化较大的时间段进行变形测量。

1）在温度和风力变化较大的时间段，每天将全站仪架设在东西两侧观测台上，从上午7：00开始到下午7：00，每隔1h对变形监测点进行测量，记录下每次的温度和风力的大小，对每个时间段的变形监测值进行比较和分析。根据变形监测结果显示，每次监测值变化都在很小的范围内变化，最大值和最小值之差未超过1mm。可以说温度和风力变化对施工过程的影响很小。

2）2007年年底，陕西省宝鸡市扶风县工程所在地连降大到暴雪，法门寺地区的降雪量和最低温度都创当地有气象记录以来之最，在低温天气下进行连续工程变形监测。通过监测数据显示，温差对工程变形监测的影响很小。

4. 轴线和标高控制

法门寺合十舍利塔塔体在54m标高以上分为东西两部分，且为倾斜结构，只能用东西两边的控制点进行定位。所以，随着建筑物高度的增加，测量误差也随着累积，因此127.2m标高合龙部分是误差累积最大的地方。再加上工程工期紧，要求高，结构复杂，所以工程的轴线和标高控制显得非常重要。经过最后复测，轴线控制每层偏差在3mm以内。每层高程引测±2mm，完全满足施工和规范要求。经测量127.2m标高混凝土结构封顶处，平面位置的轴线偏差仅为5mm，东西两侧高程差为7mm，完全达到了预先设计的要求。

第4章

桩基础和地基处理施工技术

4.1 概况

法门寺合十舍利塔工程属乙类建筑，设计使用年限100年，抗震设防烈度为7度，基本地震加速度值为0.15g，安全等级为一级，工程勘察等级为甲级，抗震场地类别为Ⅱ类，地基基础设计等级为甲级，结构抗震等级为一级，关键部位、转换构件为特一级。主塔采用桩径为1200mm的钢筋混凝土钻孔灌注桩基础，裙楼采用桩径为500mm的预应力混凝土管桩基础。

4.2 工程地质条件

工程场地地貌单元属于渭河以北黄土塬，工程场地在勘探深度内地层岩性主要为第四系松散堆积物，自上而下依次为全新统耕植土（填土）、冲洪积黄土状土和黑垆土及上、中、下更新统风积黄土和残积古土壤等，依其时代成因及岩性，将其自上而下分为32个工程地质层（表4-1）。

工程地质剖面　　表4-1

地层	名称	层厚（m）	状态
1	耕植土	0.20～3.30	可塑且自重湿陷
2	黄土状土	0.70～5.60	可塑且自重湿陷
3	黑垆土	0.30～5.40	可塑且自重湿陷
4	黄土	2.50～6.70	可塑且自重湿陷
5	古土壤	1.20～3.60	可塑且自重湿陷
6	黄土	3.30～5.60	可塑且自重湿陷
7	古土壤	0.40～3.10	可塑且自重湿陷
8	黄土	0.80～2.90	可塑且自重湿陷
9	古土壤	0.80～3.30	硬塑
10	黄土	3.50～6.40	可塑
11	古土壤	1.20～2.50	硬塑
12	黄土	2.20～3.70	可塑
13	古土壤	1.80～3.50	硬塑
14	黄土	2.30～4.00	可塑
15	古土壤	3.20～4.80	硬塑

续表

地层	名称	层厚（m）	状态
16	黄土	1.60～2.50	可塑
17	古土壤	2.20～2.80	硬塑
18	黄土	6.40～7.70	可塑
19	古土壤	1.90～2.80	硬塑
20	黄土	2.20～3.00	可塑
21	古土壤	1.10～2.10	硬塑
22	黄土	6.30～7.60	可塑
23	古土壤	1.20～2.40	硬塑
24	黄土	1.90～4.20	可塑
25	古土壤	2.20～3.90	硬塑
26	黄土	4.00～5.60	可塑
27	古土壤	1.80～2.40	硬塑
28	黄土	9.80	可塑
29	古土壤	1.70	硬塑
30	黄土	2.90	可塑
31	古土壤	2.20	硬塑
32	黄土	揭露厚度5.30	可塑

主塔100m深度以下地层情况为：100～120m为第四系下更新纪黄土夹古土壤，120～200m为第四系下更新纪粉质黏土夹含砾砂土。

地下水类型为潜水，埋深16.00～19.20m，工程场地地下水位年变化幅度为1.5m，可不考虑地基液化问题。建筑场地湿陷性土层的分布深度一般为11.2～16.5m，最大可达17m。场地自重湿陷性土层的分布深度为6.5～17m。根据《湿陷性黄土地区建筑规范》GB 50025—2004规定，判定工程场地为自重湿陷性黄土场地。主体塔基下无湿陷性土层，地基湿陷量计算值为0，裙楼地基湿陷量计算值为233～1112mm，地基湿陷性等级为Ⅲ级（严重）。

4.3 桩基础施工

工程全高为148m，但竖向荷载相当于70层左右的超高层建筑物。由于上部荷载较大，所需桩承载力较大，采用桩端和桩侧后注浆即复式后压浆技术是一种较好的选择。根据设计方案优化，最终确定桩基方案为主塔选用钢筋混凝土钻孔灌注桩基础，采用桩端和桩侧后注浆即复式后压浆技术，裙楼基础选用预应力混凝土管桩。主塔桩径1200mm，桩长55m，共204根，桩身混凝土强度等级C45（水下），现场搅拌，旋挖钻成孔，共计220根，计算沉降最大值66mm，底板厚度2～8m。裙楼桩径500mm，桩长28m，总桩数1871根，筏板厚度0.4m。在先期完成试桩的基础上，再行工程桩施工。

4.4 复式后压浆技术

主塔应用桩端和桩侧后注浆即复式后压浆技术提高桩承载力，采用旋挖式钻机成孔，桩端及桩侧全长（分5段，每段11m）后注浆。按桩侧范围内250mm注浆，总注浆量按以下公式：

$$Q=A\times n\times a$$

式中 Q——总注浆量（m^3）；

A——注浆有效范围（m^3）；

n——土的孔隙率（%）；

a——通过试验获得的充填率（%）。

据此算得注浆总量不小于7.5t/根桩（水泥≥P.O32.5，水灰比0.6～0.65），设计单桩极限承载力等于25600kN。要求桩侧全长后注浆和桩端后注浆，注浆管采用内径大于等于ϕ38，桩端设一根，桩侧设五根，桩端的一根直通底部，桩侧的五根分别距桩端5m、15m、25m、35m、45m，每根注浆管端部连接环形注浆管，注浆管设于钢筋笼内侧，并与主筋绑牢或焊接。注浆管采用套管丝接。注浆时间如下：混凝土浇筑后24h，先用3～5MPa的压力冲孔，再过24～36h即应正式注浆；先注底部，再从下而上逐段灌注。注浆压力控制在0.7～1.5MPa范围，下部采用大压力，上部压力视注浆情况逐渐递减。正常注浆压力每根注浆管应维持压力降不超过0.1MPa/3min，并记录注浆量。当压力降超过0.1MPa/3min，暂停15min，然后以0.7～1.5MPa的压力再注3min，并记录注浆量，整个注浆过程结束。

4.5 试桩和桩基检测

4.5.1 试桩检测

根据多方论证，确定试桩方案为3根试桩桩长55m，12根锚桩桩长60m，桩径

1200mm，桩身混凝土强度等级C45，现场搅拌，旋挖钻成孔，桩顶标高-17.200m。采用桩侧5段及桩底复合压浆技术，每桩压浆量7.5t。

通过对3根试桩的检测，检测结果表明单桩竖向极限承载力可按25600kN取用。

4.5.2　桩基检测

1）主塔钢筋混凝土钻孔灌注桩：桩身直径1200mm，共204根，桩长55m；静载试验3根，极限承载力25600kN，满足设计承载力要求；低应变动力检测204根，抽检率100%，Ⅰ类桩203根，为抽检的99.5%，Ⅱ类桩1根，为抽检的0.5%，无Ⅲ类桩。

2）南裙楼预应力管桩：24m桩201根，28m桩496根；静载试验24m桩3组，28m桩3组，极限承载力24m桩2720kN，28m桩3000kN，满足设计承载力要求；低应变动力检测89根，抽检率21.7%，均为Ⅰ类桩。

3）北裙楼预应力管桩：24m桩226根，28m桩216根；静载试验24m桩3组，28m桩3组，极限承载力24m桩2830kN，28m桩3660kN，满足设计承载力要求；低应变动力检测92根，抽检率20.4%，均为Ⅰ类桩。

4）东西裙楼预应力管桩：24m桩556根，28m桩496根；静载试验24m桩5根，28m桩3根，极限承载力24m桩3400kN，28m桩3950kN，满足设计承载力要求；低应变动力检测303根，抽检率28.8%，均为Ⅰ类桩。

4.6　沉降观测

在结构施工过程中，根据施工顺序对建筑沉降情况进行观测。主塔沉降观测36次，最大沉降量值为41.88mm，最大沉降差为11.5mm，竣工后沉降速率-0.006mm/d，沉降均匀并趋于稳定。

裙楼沉降观测43次，最大沉降量为165.05mm，最大沉降差为155.83mm，竣工后南北裙楼沉降速率-0.013mm/d，东西裙楼沉降速率-0.006mm/d，沉降均匀并趋于稳定。

4.7　自重湿陷性黄土地基处理

工程地基处理主要为裙楼部分自重湿陷性黄土，场地地基湿陷性等级为Ⅲ级（严重）。此外，还包含墓坑、冲沟、古井、井处理。钻探共发现143个问题坑，其中墓坑76个、冲沟3个、水渠1个，墓坑深度均不超过3m。

4.7.1 问题坑处理

问题坑具体的处理方案如下：

1）墓坑应先于挤密桩以前进行处理，先将墓坑中砖块、棺木遗骸、虚土挖出，直至老土，然后分层碾压回填夯实。一般虚铺厚度不超过250mm，压实系数$\lambda_c \geq 0.97$。

2）冲沟、淤泥池、夯土坑，在位于地下室或地下通道部分可不做处理，其余部分均应将虚土挖出，分层碾压回填夯实，压实系数$\lambda_c \geq 0.97$。此部分可在挤密桩完成后进行，此时挤土桩回填夯实至沟底、池底或坑底。桩孔上部300mm未夯实部分应填入虚土，以防人员坠入，发生人身伤亡事故。

3）古井、井、探坑应结合挤密桩一并处理。

4.7.2 素土挤密桩施工

湿陷性黄土处理方案为素土挤密桩，采用沉管法成孔，夯实采用偏心轮夹杆式夯实机。处理范围为建筑物基础外边线外6m均属处理区域，处理深度为自然地坪下13m。桩径及桩孔布置分别为桩径ϕ380，桩孔呈等边三角形，等边三角形边长1000mm。夯实要求为桩孔压实系数$\lambda_c \geq 0.97$，桩间土压实系数$\lambda_c \geq 0.93$。夯实用土含水量应在最佳含水量17.8%±5%范围，素土分层夯实。抽检3%桩，孔内每深1～1.5m取土样一次，桩间土每300m^2取一次土样，深度同桩孔。根据试桩区的测试，要求成孔时应从外向里进行以增加挤土效应。场地总处理面积43075m^2，总桩数49740根，孔内填土69525m^3（理论值），经检测地基处理达到规范和设计的要求。

第 5 章

复杂型钢结构加工制作及安装技术

5.1 概况

法门寺合十舍利塔型钢混凝土组合结构主要由型钢柱、型钢梁、型钢拉杆组成，型钢柱有十字柱、矩形柱、日字柱、L柱、折线柱；型钢梁有箱形梁、工字梁、桁架梁；总用钢量共1.63万t，见图5-1～图5-3。型钢柱、型钢梁构件钢材选用Q345GJ-C低合金钢，要求热轧或正火状态交货，其碳当量C_{eq}≤0.42，焊接裂纹敏感系数P_{cm}≤0.29。地脚螺栓、柱基、底板、钢管柱底板、[32a、[40a、[20、连接角钢和钢板，均采用Q345低合金钢。

法门寺合十舍利塔结构造型倾斜36°，其倾斜角度之大，国内外罕见，比萨斜塔倾斜13°，比利时马德里的欧洲之门倾斜15°，中国中央电视台新台址倾斜6°。对于法门寺合十舍利塔这种特殊结构，在施工中需要保证结构的整体稳定和结构施工完成后满足设计状态，其本身就是一项技术难题。主塔结构在施工过程中经历复杂的力学变化过程，同时结构体系也将发生较大转变。结构体系合龙前，两“手掌”结构单独工作；合龙后，形成连体结构，共同受力。

法门寺合十舍利塔倾斜结构施工过程中，结构在自重、施工荷载共同作用下，内力和变形的变化非常复杂，极难掌控。根据结构特点，设计单位最初提出采用“外顶内撑”的安装方案，采用传统型钢支撑体系高空原位安装，在74m标高以下倾斜构件采用外部型钢支撑体系，74m标高以上结构安装采用内顶型钢体系支撑。主塔结构施工完毕、混凝土达到设计强度后，拆除整个支撑体系。根据现场实际情况，施工单位采用预调值控制位形预调、安装、测控、校正的施工方法，通过模拟计算分析，在79～84m标高处加设临时钢管

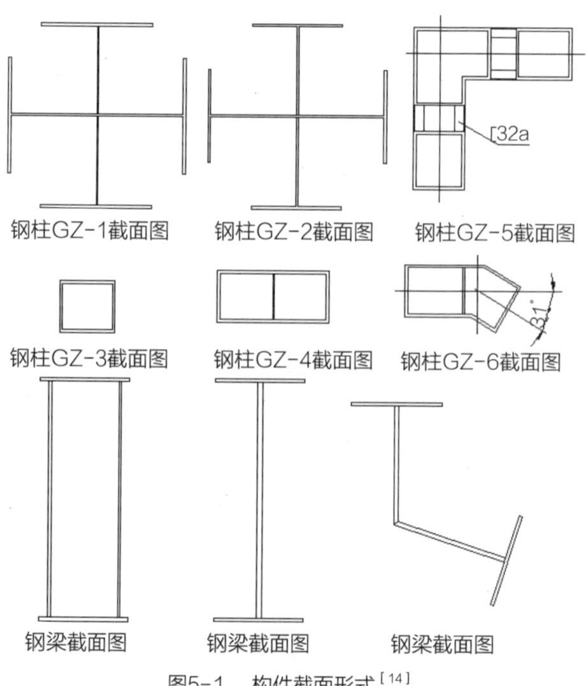

图5-1　构件截面形式[14]

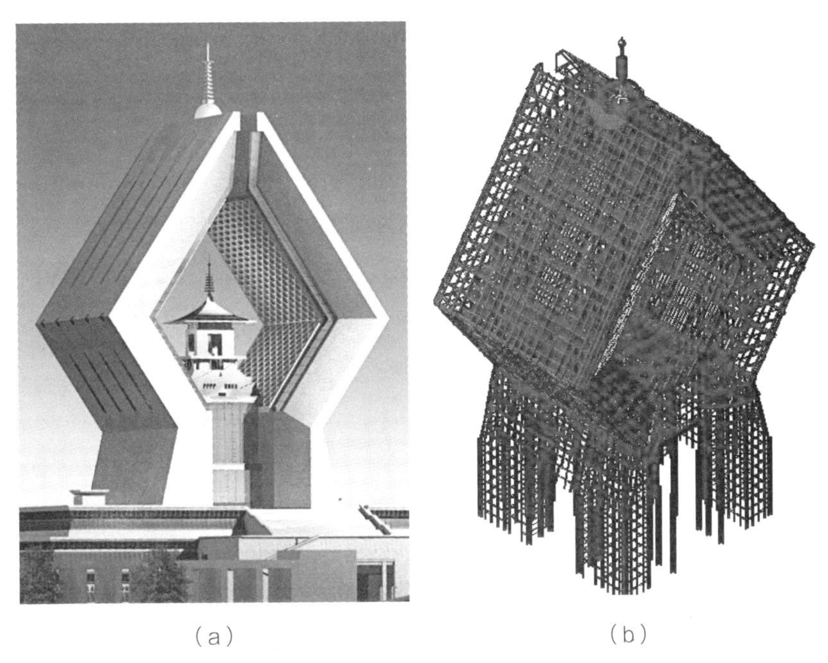

（a）　（b）

图5-2　主塔立体模型和型钢结构体系分布图[14]

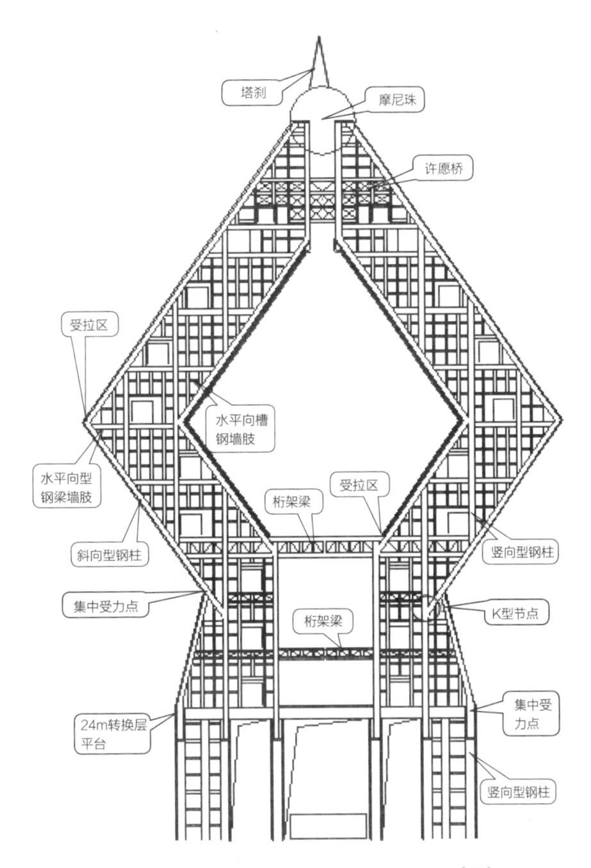

图5-3　主塔型钢结构体系剖面示意图[14]

桁架，将结构体系中各种内力由型钢体系支撑转换为桁架受力。

在79～84m标高处，增设4道钢管桁架，是施工过程中对结构必须采取的有效稳定措施。在结构施工结束以后，将其卸载拆除，恢复结构的设计状态。对临时补强措施进行拆除，将其所受荷载平稳缓慢地转移到结构体系自身受力体系，这在以往的工程实践中是没有先例的。主塔结构的安装、测控、水平加强桁架的卸载原则和步骤，主要是依据对主塔结构施工的仿真模拟分析和演算结论为基础，结合结构特点和现场施工条件而确立的。经过法门寺合十舍利塔工程全过程的施工实践，对于这种特殊造型的型钢混凝土组合结构，依据理论分析计算，并结合结构特点、施工条件、施工环境，采取安装预调值预调、空间三维测控体系测控安装的方法。特别是置换热熔水平卸载施工技术，因其操作过程简便、可操作性强、技术含量高、效果明显等优点，是对我国建筑结构水平卸载施工技术的一项创新。

法门寺合十舍利塔型钢结构总重量为1.63万t，安装体量大，工期紧，建设单位要求安装工期8个月。主塔和裙楼同时施工，钢结构安装和混凝土施工垂直交叉作业，要求型钢结构超前钢筋混凝土施工20m，垂直交叉作业面多达5、6层，施工场地狭小，钢结构构件堆放困难，对安装工期压力极大。采用预调值控制位形和加设临时型钢桁架的安装方案，相对于“外撑内顶”这种传统的施工方案，用钢量小，费用低，搭设拆除周期短，不占用施工场地，不影响其他工序的进行，这也体现了采用预调值控制位形预调、安装、测控、校正的方法安装倾斜结构的优越性。

5.2 型钢结构施工难点和特点

1. 造型奇特、结构复杂

法门寺合十舍利塔外形呈双手合十状，竖向结构为往复悬挑，不规则结构。结构体系沿高度方向平面变化大，转换节点多，层面高度大，型钢柱长度变化多，双向往复悬挑的结构形式，使施工安装难度加大。

2. 结构体系的不稳定性

工程结构体系，54m标高是最重要的转换层，54m标高以上东西两“手掌”开始独立工作承受荷载。“手背”侧从44m标高，“手心”侧从54m标高开始双向外倾36°，在109～117m标高处合龙成连体结构。竖向呈倒立的棱形状态。施工过程中结构在自重、施工荷载和共同作用下，内力的发展和变形的变化非常复杂。因此，在结构安装过程中，随施工过程其安装位形值应不断进行预调，确保结构成型后与设计位形相符合。型钢结构超前混凝土施工20m安装，必须采取预变形值来调整（图5–4）。同时，应采取加强结构刚度的措施。

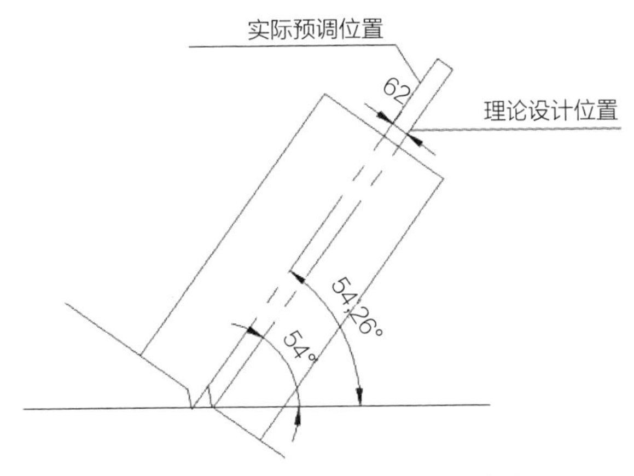

图5-4　斜型钢柱安装预调值示意图[14]

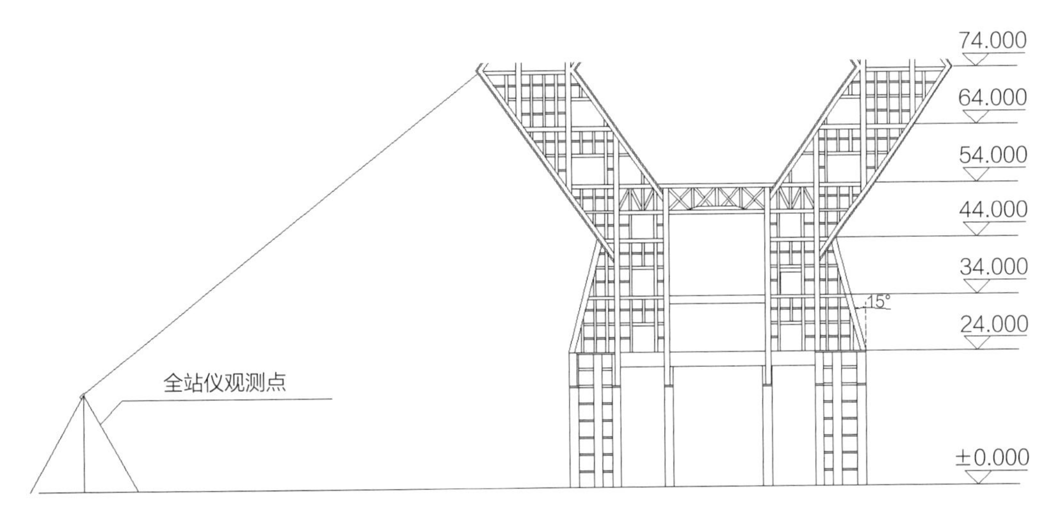

图5-5　测量监控示意图[14]

3. 安装精度控制难、施工质量要求高

工程由于倾斜角度大，型钢柱在自重和施工荷载的作用下，内力发展和变形的变化极难掌控。箱形截面的柱子，位置和方向性均极强，安装精度受现场环境和温度变化等多方面的影响，安装精度极难控制。施工时应采取必要措施，提前考虑好如何对安装误差进行调整和消除，如何进行测量和控制（图5–5），使变形在受控状态下完成，以保证每个构件在空中的三维定位准确。

4. 倾斜结构设计位形控制难度大

法门寺合十舍利塔外形呈双手合十状，特殊的结构形式给安装施工带来了极大的困难和风险。

对于法门寺合十舍利塔主塔结构往复倾斜36°可能产生的位形变化，其因素是多方面的：①结构自重产生的挠度值；②结构的整体沉降；③施工安装和焊接产生的应力变形；④温度变形；⑤风荷载变形；⑥施工附加荷载。

这些都可能造成结构变形位移，如何保证结构施工位形达到设计位形值的要求，始终是工程结构安装的第一大难点。

根据主塔结构造型的特殊形式，对主塔施工过程结构稳定性及施工预变形进行详细分析，提出了每一施工段的变形预调值。并对每一施工段的工况进行了验算，采取相应的补强加固措施，使每一施工层都建立在严格科学计算的数据控制之中，每层安装结束以后利用全站仪对结构x、y、z三方向位形值进行一次复测，确保满足设计位形值。

5. 焊接作业量大、焊接要求高

工程各层均有约160根型钢柱对接，对焊接缝等级为一级，检验等级为B级，评定等级为Ⅰ级；有上千根槽钢、型钢墙肢、10～20根H型钢梁和桁架梁需要焊接，每层一级全熔透对焊接缝达1000～1500m，加之土建工序参差不齐，焊接量大，作业时间短。工程焊接质量等级要求高，控制焊接变形、消除残余应力、消氢和防风措施是工程钢结构焊接控制的重点内容。

6. 立体施工、交叉作业难度大

在不到3000m^{2}的操作面上，型钢结构安装分为4个工作面、4台塔吊同时安装，塔臂互相交错，相互影响。钢结构安装和混凝土施工垂直作业，垂直作业面多达5、6层。钢结构安装、操作架搭设、钢结构焊接、钢筋绑扎、模板支护、混凝土浇筑，下边还有设施料清理，上下约有20m距离，施工人员立体交叉作业，安全防护尤为重要，预防高空坠落坠物、焊渣飞溅伤人就成为施工现场安全管理的重中之重，成为整个施工管理最棘手的问题。

5.3 复杂钢结构深化设计和加工制作

法门寺合十舍利塔型钢体系分主塔、摩尼珠、塔刹、唐塔四部分（图5-6），材质为Q345GJ-C低合金钢，总用钢1.63万t。工程造型奇特，结构复杂，钢结构节点形式多样，深化设计、制作难度大。通过强化深化设计、加工制作过程质量控制，采用先进的加工技术和焊接控制措施，有效保证了钢构件的加工质量。通过工程构件加工实践证明，异形钢柱同一截面两边无法同时电渣焊时，采取“一面焊接、一面加热”技术，有效控制异形型钢柱焊接的旁弯变形。

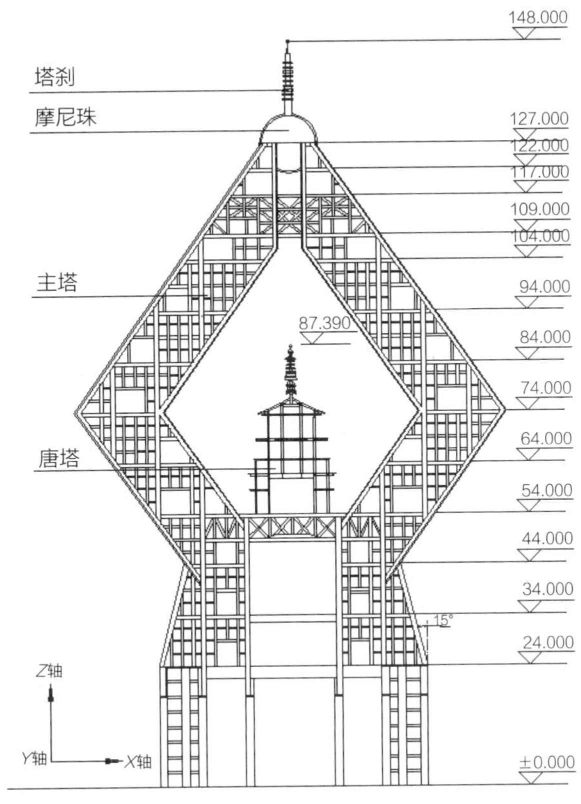

图5-6　法门寺合十舍利塔型钢结构体系[14]

5.3.1　型钢结构特点

1）法门寺合十舍利塔独特的双折造型主要由钢结构来体现其建筑效果，工程结构复杂，用钢量大，加工制作时间非常紧。

2）型钢截面复杂多样，节点形式多样，有十字形柱、箱形柱、日字及折弯日字形柱、K形梁柱、箱形桁架梁、双向扭曲H形梁、十字柱转换箱形柱及仿古建筑钢构件等（图5-7）。

3）复杂节点多，钢结构构件加工精度要求高，部分指标严于国家标准，深化设计、加工制作难度大。

（1）主塔地下层墙角转弯处采用焊接折弯日字形钢柱过渡，大截面折弯钢柱组装、焊接难度大。

（2）十字形钢柱在24m标高层全部转换为日字形型钢柱，节点变化大，焊接可操作空间小，焊缝等级要求高，组合拼装应严格按照顺序进行，组装、焊接难度大。

（3）主楼穹顶钢梁、摩尼珠钢梁、蒙皮板、唐塔屋盖等多为双向扭曲构件，造型复杂，设计放样、加工制作难度大。

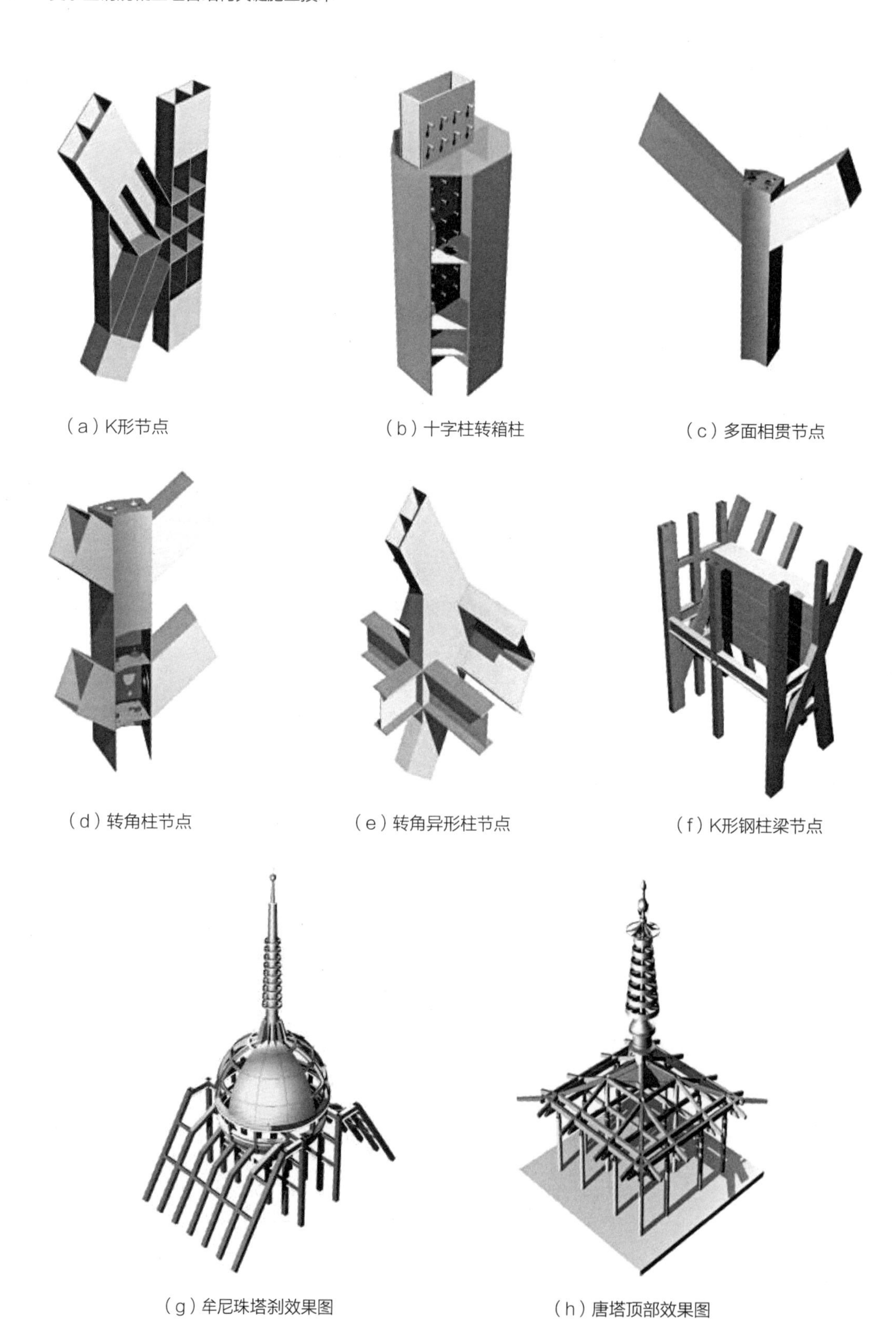

（a）K形节点　（b）十字柱转箱柱　（c）多面相贯节点

（d）转角柱节点　（e）转角异形柱节点　（f）K形钢柱梁节点

（g）牟尼珠塔刹效果图　（h）唐塔顶部效果图

图5-7　部分典型节点及效果图[34]

（4）主楼手心手背转角处为建筑受力关键部位，柱节点外形尺寸大，精度要求非常高，制作、运输难度大。

5.3.2　型钢结构构件加工制作管理措施

1. 强化控制深化设计

1）选派技术代表长驻加工制作厂家，与设计单位、深化设计人员随时沟通协调，解决设计、制作、安装三者间的技术问题，利用先进的X-Steel、Solidworks钢结构设计软件结合Autocad软件，对型钢结构进行深化设计，并需经设计、总包单位等确认。

2）深化设计应采取数字化空间三维实体建模，保证各个环节的精度。对摩尼珠、唐塔等全钢结构，采取全三维模拟设计并予以深化，较好地实现了建筑效果。

3）根据便于施工的原则，确定各连接节点的构造形式，并考虑运输和安装的要求确定构件的分段，将大量的焊接工作解决在加工车间，为现场安装创造良好条件。

2. 加强钢结构构件制作监督检查

派遣质量检查人员和探伤人员长驻制作厂家，严格监督钢结构构件加工流程、制作工艺、拼装、安装顺序等，随时抽查钢结构构件加工质量。出厂前全面检查，确保其符合设计要求，尤其是焊接质量和几何尺寸，为现场安装奠定良好基础。

5.3.3　型钢结构构件制作质量控制要点

钢结构构件制作中，严格控制零部件尺寸，确保常规钢结构构件的加工精度要求，重点控制异形钢结构构件的加工制作质量，主要有以下几点：

1）钢板下料切割一律采取数控切割，减少下料时的塌边现象，提高钢板的下料精度，同时降低钢板因下料切割受热导致退火的可能性。

2）钢板折弯全部采取数控折弯成型技术，弯扭板采取三辊卷板机卷压，并配以油压机整形技术。

3）利用自动组立、自动焊接、校正机等高精度加工设备进行组焊，对主要钢结构构件进行工厂预拼装，出厂前进行严格的检验，确保加工制作质量。

4）折弯日字形钢结构构件电渣焊采取“一面焊接、一面加热”，有效控制钢柱单面焊接时的旁弯变形。

5）十字形钢柱采取“工艺桥搭接”制作方法，有效控制翼板和腹板的焊接变形，保证T形钢焊接质量。

6）钢柱组焊均在生产线上或专用胎架上进行，主焊缝的打底焊采取CO_2气体保护焊，填充和盖面焊采取全自动埋弧焊施焊，保证焊接质量。

5.3.4 异形折弯日字形钢柱加工制作技术

主塔地下层墙角转弯处设计为焊接折弯日字形钢柱（翼板弯曲角度150°，弯曲半径80mm）；钢柱分段长度12m，截面尺寸1034mm×450mm（图5-8）。

1. 上、下翼板的折弯加工

折弯钢柱翼板厚度大部分为25mm，折弯夹角150°，折弯采用1500t全自动数控液压机配以专用模具，采取逐步机械冷压成型。

2. 异形折弯钢柱组装

折弯日字形钢柱由翼板、腹板、纵向加劲板和隔板组成，其中隔板被纵向加劲板（为通长板）分为左右独立两块。为确保钢柱的制作精度满足设计要求，采取由内至外的组装原则，具体组装工艺流程如下（图5-9）：

下翼板定位并划线→组装纵向加劲板→组装隔板及工艺板→组装上翼板→内部焊缝焊接→装配腹板→隔板电渣焊及主焊缝焊接→质量检验。

3. 异形折弯钢柱的焊接

1）加劲板、隔板组装时，应及时进行定位焊接。定位焊接主要采用手工电弧焊或CO_2气体保护焊，间距500～600mm，焊缝长度40～50mm。焊缝厚度不超过设计焊缝2/3，且不大于8mm。

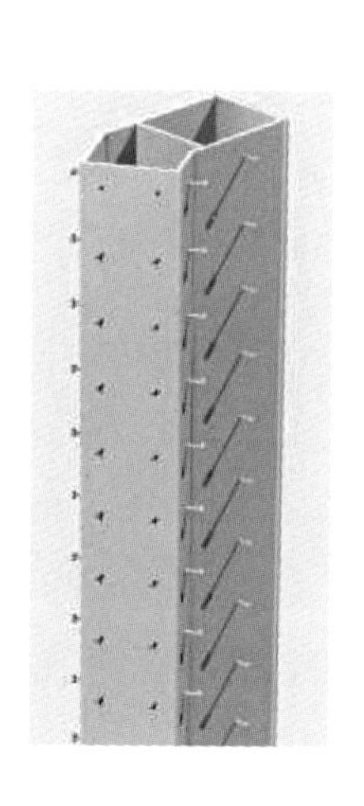

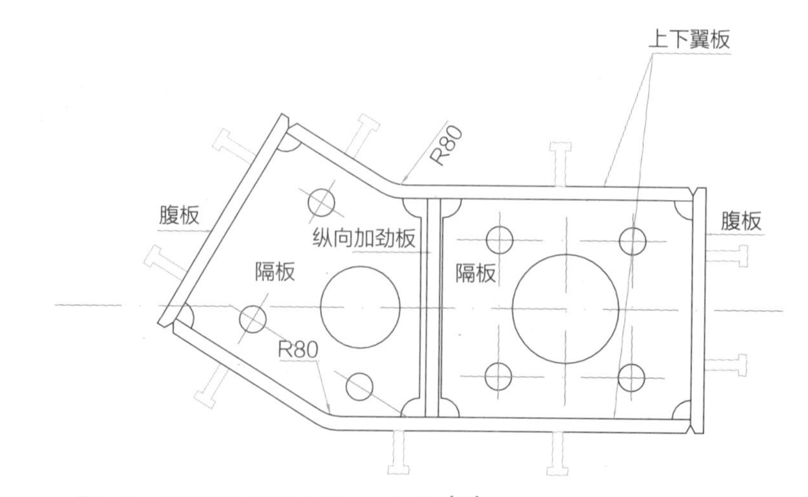

图5-8 折弯日字形钢柱轴侧图、截面图[34]

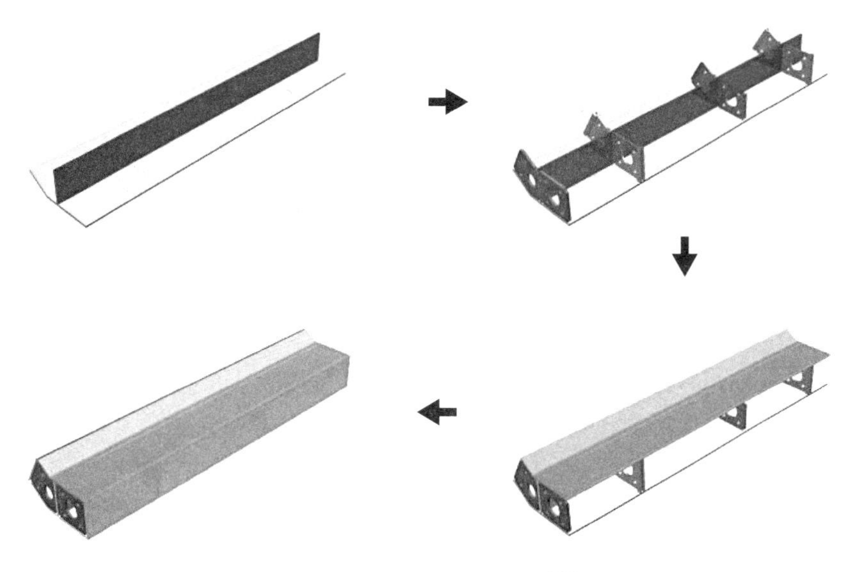

图5-9　折弯钢柱组装流程[34]

2）内部焊缝焊接包括隔板与加劲板、翼板的三面焊接和上下翼板与纵向加劲板的四条主焊缝的角接焊接，主要采取CO_2气体保护焊施焊。焊接时，先进行隔板与加劲板的焊接，然后是隔板与翼板的焊接，最后是翼板与加劲板四条主焊缝的焊接。

3）隔板电渣焊采用非熔嘴丝极电渣焊。由于钢柱外形呈折弯，同一横截面上两条电渣焊缝不平行，无法同时施焊，只能采取单面焊。为控制单面电渣焊时的旁弯变形，采取“一面焊接、一面加热”的方法，即进行电渣焊时，同一横截面上另一侧采用火焰加热钢柱（图5-10），使钢柱两面受热近似，从而有效控制其旁弯变形。

4）主焊缝的焊接方法可采取CO_2打底和填充、埋弧焊盖面，或CO_2打底、埋弧焊接填充和盖面。焊接尽量采取对称施焊法，采取多层多道焊的焊接方法，控制焊接层间

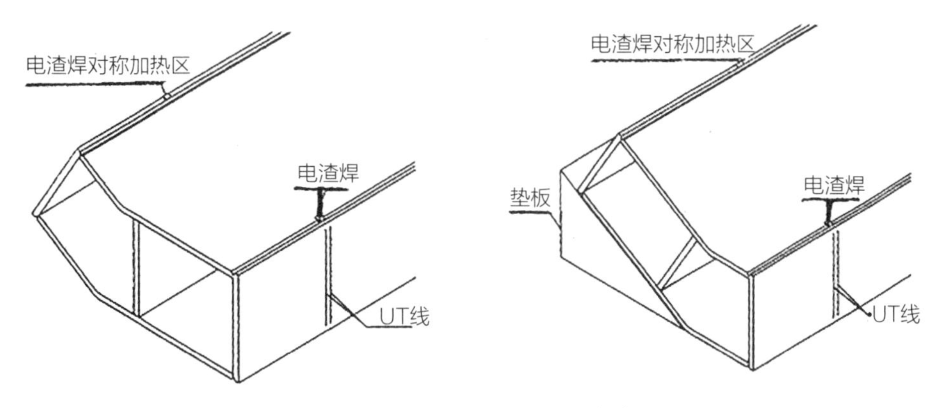

图5-10　异形钢柱隔板电渣焊[34]

温度小于230℃。

5）在同等焊接量的条件下，通过尽可能的不预热或适当降低预热、层间温度；优先采用热输入量较小的焊接方法进行焊接。

5.3.5 焊接扭曲钢梁加工技术

主塔49～54m标高穹顶及塔顶摩尼珠处设计有大量的焊接扭曲钢梁，摩尼珠蒙皮板为直径11644mm的双曲圆球面壳体（图5-11），加工制作的难度很大，尤其是扭曲钢板和蒙皮板的放样、加工。

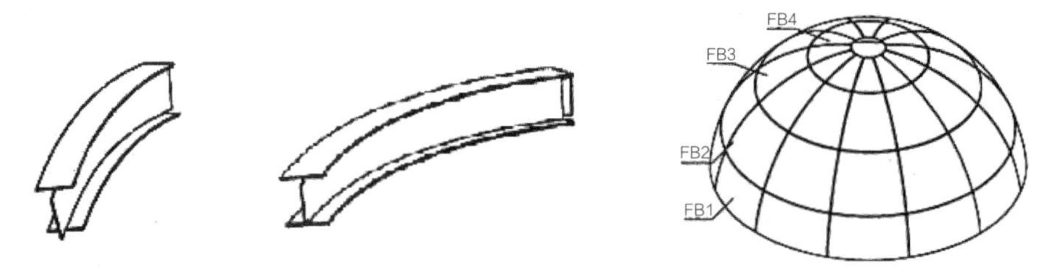

图5-11 扭曲弧梁、蒙皮板轴侧图[34]

1）采取数字化全三维模拟手段，建立穹顶及摩尼珠的模型。在给出扭曲钢板的展开图的同时，给出其定位成型图和各点的三维相对坐标，并给定构件现场组装坐标、方位及安装顺序，有效保证了构件的加工质量，为现场安装奠定良好基础。

2）扭曲钢板的加工，采取三辊卷板机卷压并配以全自动数控液压机整形技术，采用全站仪测量控制点坐标法对其加工质量进行检验，确保扭曲钢板的加工质量符合深化设计的要求。

3）弯扭钢梁的组装、焊接在专用拼装胎架上进行，其加工技术、控制措施与常规H型钢梁组焊要求基本一致。

5.4 复杂钢结构安装技术

法门寺合十舍利塔总工期两年多，其中基础和结构施工时间仅一年时间。主塔型钢结构总重量约1.63万t，按照工期要求每月型钢结构安装进度必须达到高度20m，重量2000t以上，才能满足工期进度要求。工程属复杂型钢混凝土组合结构，主塔为双手合十状，四个角为相对独立的筒体结构。主塔结构高度148m，混凝土浇筑高度127.2m，属高耸倾斜异形结构，竖向结构特点：东西为悬挑变截面，南北为相对垂直面。

5.4.1　技术准备

法门寺合十舍利塔工程结构造型复杂，施工安装技术难度极高。钢结构专家组对型钢结构的安装施工组织设计进行反复论证和研讨，对型钢结构超前土建施工20m的结构稳定性和结构预变形进行分析，确保施工方案稳妥可行和结构在施工过程中的安全稳定，使整个结构的每一步安装过程都在可控的范围之内。

5.4.2　结构施工工况验算和施工误差调整分析

对于法门寺合十舍利塔这种特殊异形结构，如何保证施工的安装位形值符合设计位形值，是此工程施工中最关键的技术措施之一。因此，对结构的施工工况验算必须做到准确无误，确保在施工过程中结构的整体安全稳定。安装过程是一个渐进过程，先柱后梁逐步安装，对于倾斜36° 的型钢柱定位措施是极难掌握的施工技术。每根倾斜柱的安装位形值变化情况都不尽相同，其控制调整措施也各有区别，必须把理论预调值和安装位置标高误差相结合，确保型钢柱空中三维定位值达到设计位形值的要求。其采取的控制和调整措施应确保安全，切实可行，并具有可操作性。

5.4.3　结构合理分段

法门寺合十舍利塔主塔第一层24m层高，型钢柱分为两节对接，其余层高10m，型钢柱均为10m一节，型钢柱对接节点选择在结构层标高1.3m处。这样便于操作，筒体内直柱断柱不断梁，利用水平钢梁和拉杆保证结构体系的相对稳定性。

型钢柱对接在工厂预拼装，将连接板焊好，定好位置，以利于现场对接安装。

5.4.4　结构施工测量控制

由于工程结构造型特殊，悬挑角度大，测量控制是工程质量控制的重点之一。以结构15轴和Q轴汇交点，建立独立的建筑坐标体系（图5–12），以此为基准计算各控制点三维坐标和其他构件坐标。采用建筑坐标系分级测放控制，外控基准，随层内控构件的总体测控方案。建立平面控制测量系统，依据现场9个控制点作为一级平面控制点：

建立高程控制测量系统，利用Ⅰ级施工平面控制点布设成为闭合环线。

测量顺序为：Ⅰ级控制点→Ⅱ级控制点→基准型钢柱→其他型钢柱。

主要测量仪器为高精度全站仪、反射片、棱镜组、激光垂准仪等。

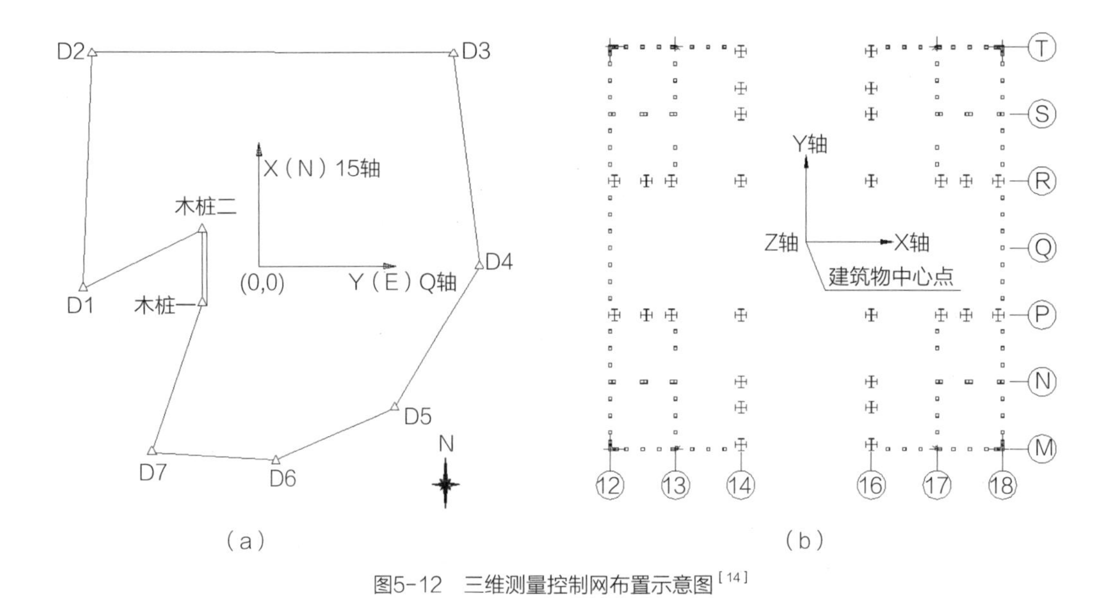

图5-12　三维测量控制网布置示意图[14]

5.4.5　型钢结构安装流程与顺序

1. 型钢结构安装流程

具体如图5-13所示。

2. 结构层安装顺序

每层结构安装顺序为先内角筒后外角筒，先直柱后斜柱，先安装内角筒两个墙体的直柱和横梁，使其形成结构刚度后安装内斜柱，再安装外斜柱（图5-14）；74m标高以下先安装“手心”斜柱后安装手背斜柱，74m标高以上先安装“手背”斜柱，后安装“手心”斜柱；外角筒先安装外墙斜柱，后安装“手心”“手背”斜柱，梁随着柱子的安装而安装。尽可能在安装期间形成刚度，逐段安装。四个角筒形成结构后，再安装角筒之间的斜柱和钢梁。

5.4.6　结构吊装及设备选择

钢结构安装（吊装）设备的选型和布置，对于工程来说至关重要。基于工程的特点和难点，准确合理地选择吊装设备就成为顺利按时完成工程的关键。结合工程的难点和特点，作为决策的依据，应最大限度地考虑工程结构特性、现场客观条件、工作面设置，准确选择钢结构安装（吊装）设备，合理进行安排和布置，可以为工程快速施工创造必要条件。

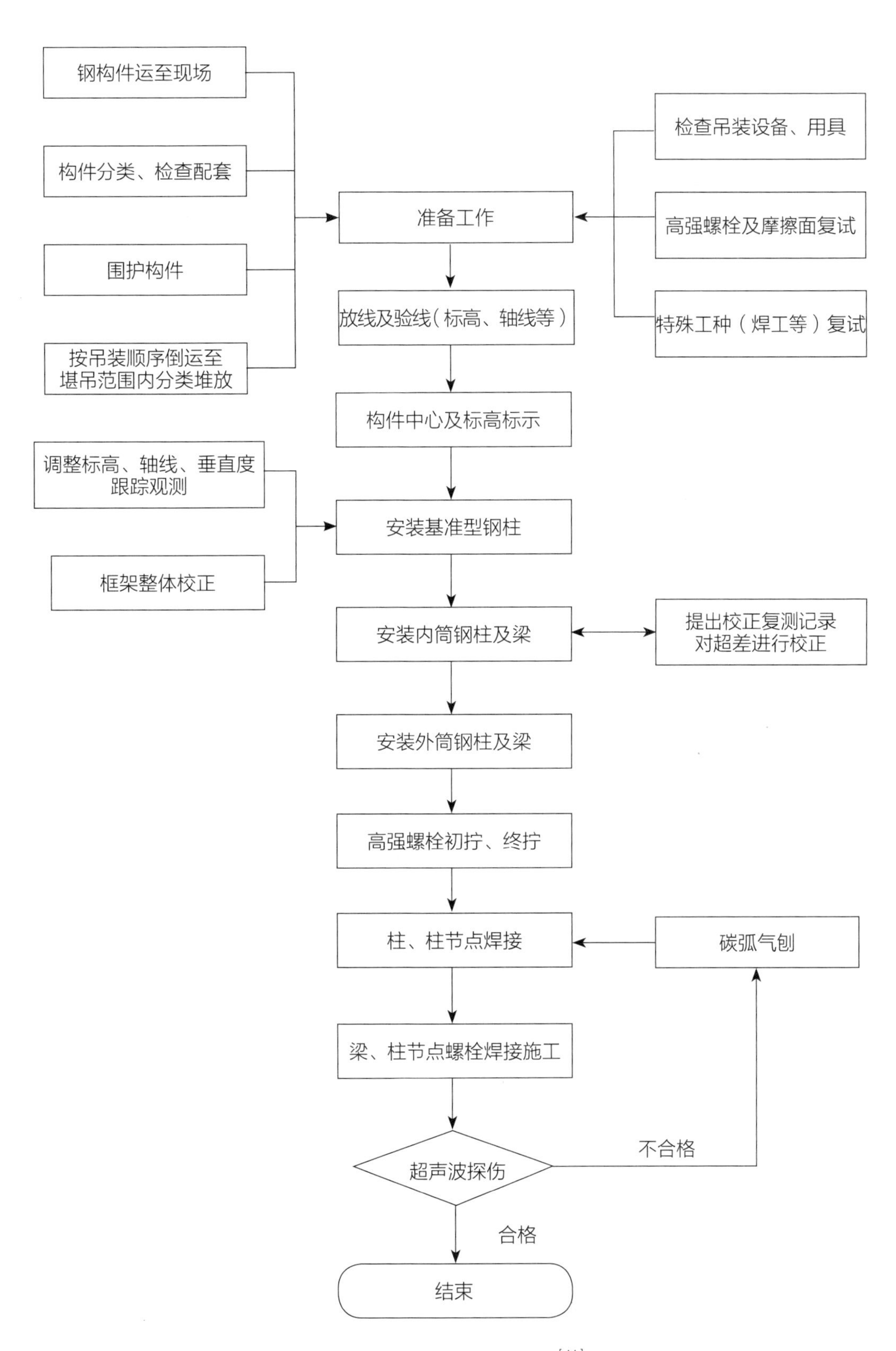

图5-13　型钢结构安装流程图[14]

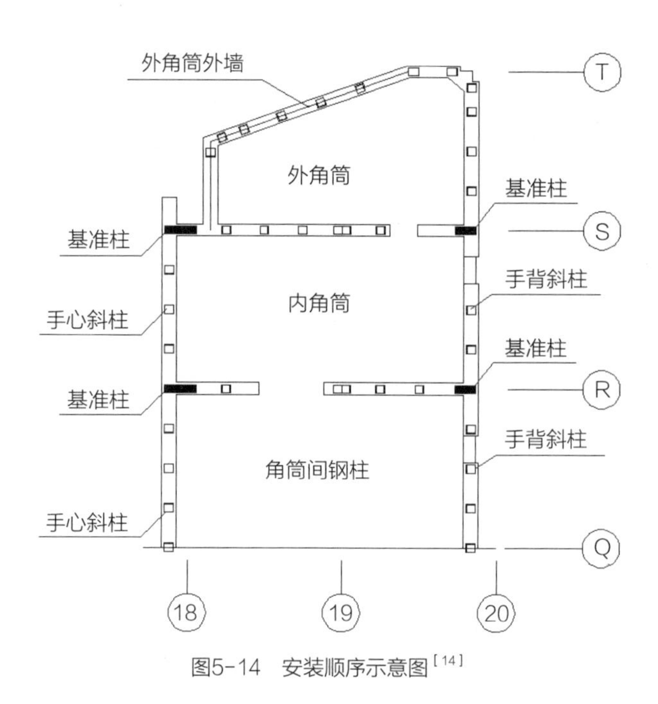

图5-14 安装顺序示意图[14]

根据工程实际情况，吊装设备按-19.9～24m、24m标高以上两个阶段分别选配，特别应考虑44～54m标高大桁架的吊装需要。

1. 各层最重构件分布

具体如表5-1所示。

各层最重构件分布一览表（不含-19.9～±0.000m、44～54m大桁架）[14] 表5-1

标高	构件编号	构件重量（kg）	轴线（位置）
0～24m	GGZ1	18728	P～R/（14）～（16）
24～34m	GGL-34-2	13424	（13）-4.5m～（14）/P～R，（16）～（17）+4.5m/P～R，（14）～（16）/R～S+1.7m，（14）～（16）/R-1.4m～P
34～44m	GGL-44-2	14130	（13）-2.25m～（14）/P～R，（16）～（17）+2.25m/P～R，（14）～（16）/R～S+1.7m
44～54m	GGL-54-1	6393	（12）～（13）+4.5m/P～R，（17）-4.5m～（18）/P～R
54～64m	GGL-64-1	6393	（12）+6.75m/P～R，（18）-6.75m/P～R
64～74m	GGL-74-1	6394	（11）～（12）/P～R，（18）～（19）/P～R
74～84m	GGL-84-2	6924	（12）-6.75m/P～R，（18）+6.75m/P～R

续表

标高	构件编号	构件重量(kg)	轴线(位置)
84~94m	GGL-94-1	6394	(12)+6.75m/P~R,(18)-6.75m/P~R
94~104m	GGL-104-1	6394	(13)-2.5m+4.5m/P~R,(17)-4.5m+2.5m/P~R
104~109m	GGL-109-1	6394	(14)-6.75m+2.3m/P~R,(16)-2.3m+6.75m/P~R
109~117m	GGZ4	4195	N、P、R、S
117~127m	GGZ4	5245	N、P、R、S

2. 44~54m标高大桁架分布

具体如表5-2所示。

44~54m大桁架分布一览表[14]　　表5-2

编号	数量	重量(t)	轴线(位置)
HJ-54-2	2	24.4	(P-4.5m)~(R+4.5m)/(14)~(16)
HJ-54-3	2	20.3	(14)~(16)/N~S
HJ-54-4	2	25.1	N~S/(14)~(16)

3. 24m标高以下型钢结构的安装

法门寺合十舍利塔地下室位于-19.9m标高，主塔基座为54m×54m正方形筏板基础，原方案准备在筏板基础Q~15轴交会点设置一台塔吊。后因工期原因不能满足进度要求而被取消，改为在基坑边沿用大吨位吊车跨外吊装钢结构构件，基坑宽度54m，深19m，加上放坡距离，使钢结构构件安装回转半径增大，最远半径达到43m以上。依据现场的施工环境、最大钢结构构件重量、钢结构安装的回转半径，在东西两侧各配备一台400t和100t履带吊；另一边配备一台300t和150t履带吊满足地下室和24m标高以下钢结构构件的安装需求（图5-15、图5-16），两台50t汽车吊负责倒运。

先立四角筒体再搭设操作平台，由内向外安装，逐层积累。因该部分无倾斜，所以安装工艺与普通高层钢结构接近。

4. 24~44m标高的安装

按每10m一层安装，顺序为型钢柱→墙肢型钢→槽钢墙肢→型钢梁。每个型钢柱均整根吊装，先竖向型钢柱，再斜向型钢柱。先筒内后筒外，先型钢柱后型钢梁（墙肢），先竖向型钢柱后斜向型钢柱，最后安装筒体间水平型钢梁（图5-17）。

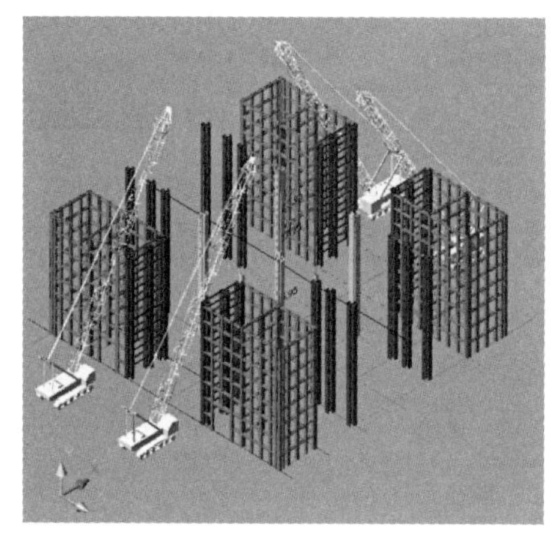

图5-15 -19~24m结构吊装示意

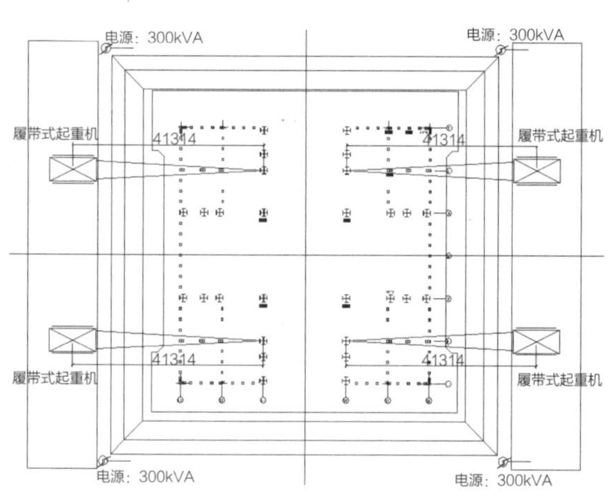

图5-16 24m以下钢结构安装吊车示意图[14]

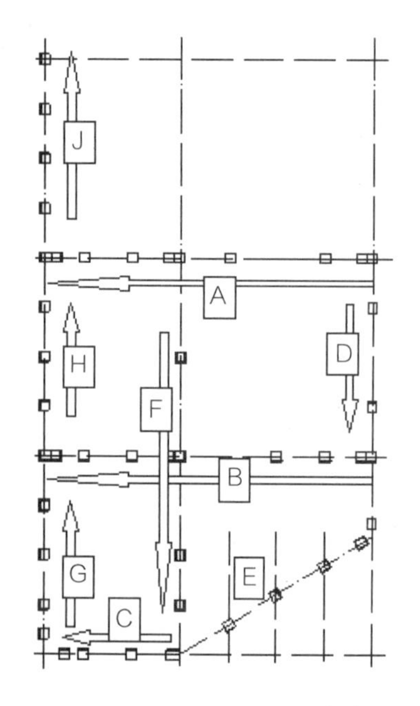

图5-17 吊装顺序示意图[14]

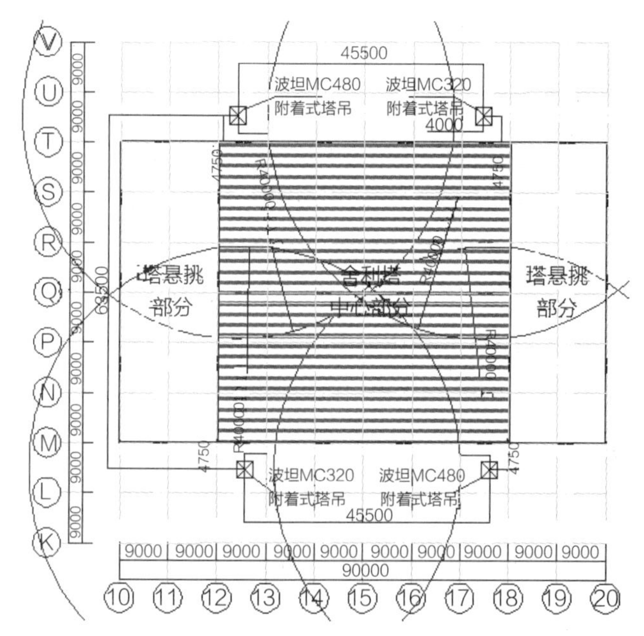

图5-18 塔式起重机平面布置图[14]

依据以上条件并结合现场施工环境、设计结构造型、工期进度、最大构件重量，确定在结构体的南北T轴、M轴外侧靠近4个筒仓体部位布置4台塔吊，分别为波坦MC480、MC320各2台外附式塔吊（图5-18）。4台塔吊吊臂均为40m，MC480最大吊重25t，40m臂端头吊重11.9t；MC320最大吊重12t，40m臂端头吊重6.7t。每台塔吊各承担一个筒体结构钢构件的吊装工作，配备一个安装作业班组负责钢结构构件的安装和焊接施工（表5-3）。型钢结构安装分4个工作面，4台塔机同时安装，塔臂互相交错，通过塔身高差避免相互影响。

24m标高以上钢结构由4台塔吊分别实施完成吊装工作。54m标高以下构件重量最大超过30t，54m标高以上构件重量最大达到12t。

塔吊性能一览表[14]　　表5-3

塔吊型号		技术参数									
MC480	回转半径（m）	19.9	20	22	25	27	30	32	35.6	38.4	40
	起重重量（t）	25	24.8	22.2	19.1	17.5	15.4	14.3	12.5	12.5	11.9
MC320	回转半径（m）	24.7	25	27	30	35	37	40			
	起重重量（t）	12	11.8	10.8	9.5	7.9	7.4	6.7			

5. 44～54m标高的安装

该段最为复杂，由以下部分构成：①四个角部筒体；②筒体之间的钢梁及墙肢柱；③筒体之间的桁架及桁架之间的联结构件；④中部的穹顶；⑤穹顶上部的钢梁，其节点复杂，用钢量大，最重的钢结构构件38t。

本层作为整个结构的主要转换层之一，在整个结构上起着承前启后的作用，所以决定了此部分结构构件的特殊性、构件在结构布置上的复杂性。尤其是其中的桁架与穹顶，给吊装均带来一定的难度。基于对结构的分析及吊装过程保证结构稳定的分析，吊装顺序为先四个角筒体构件，后桁架，再穹顶，最后安装横梁。

其中桁架的吊装是本层安装的难点与重点，桁架的顺利安装是保证工期及钢结构不影响后续混凝土施工的先决条件，对8榀重型桁架采用双机抬吊进行安装。主要安装措施为：①塔吊负荷不大于允许起重量的80%；②起升和回转力求同步；③吊车司机和指挥必须有抬吊经验；④抬吊过程中加强观测。具体参见图5-19、图5-20。

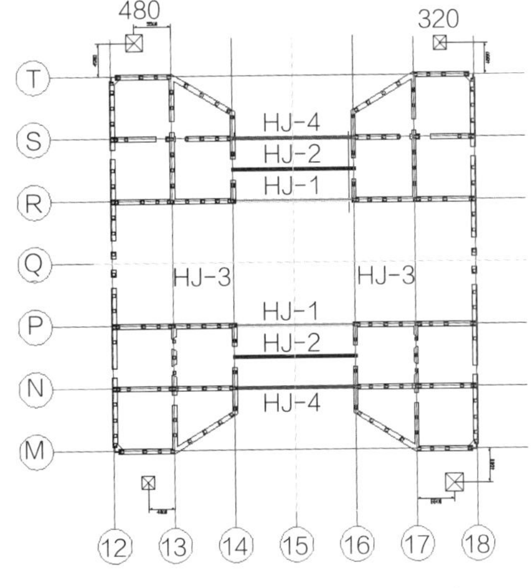

图5-19　44～54m大桁架布置[14]

图5-20　44～54m大桁架双塔抬吊[14]

6. 群塔作业安排

因相邻塔吊塔臂平面有交叉，为了避免相碰，各塔吊采用垂直立体分布。应综合考虑各相关因素，确定型钢结构施工面、混凝土施工面、塔吊上升高度及附着设施之间的相对关系，见表5-4和图5-21。

型钢结构施工面、混凝土施工面、塔吊上升高度及附着设施之间的相对关系一览表[14]

表5-4

项目 施工阶段	塔机MC480	吊钩高度最大值（m）		塔机MC320	吊钩高度最大值（m）	混凝土施工平面标高（m）	型钢施工顶面标高（m）
	附着标高（m）	1号塔机	3号塔机	附着标高（m）	2号塔机、4号塔机		
首次安装	—	61.90	56.10	—	39.40	—	—
第一道附着	—	61.90	56.10	15.65（临时）	51.65	29	44
第二道附着	27.60（临时）	93.60	87.82	27.65（正式）	63.65	44	54
第三道附着	—	93.60	87.92	39.65（临时）	75.65	59	74
第四道附着	47.84（正式）	110.95	105.17	51.65（正式）	87.65	69	84
第五道附着	—	110.95	105.17	63.65（临时）	99.65	84	94
第六道附着	79.63（正式）	139.85	134.07	72.65（正式）	108.65	89	104
第七道附着	—	139.85	134.07	84.65（临时）	120.65	109	117
第八道附着	—	139.85	134.07	93.65（正式）	129.65	117	127
第九道附着	—	139.85	134.07	102.65（正式）	138.65	—	—
第十道附着	塔机拆除			114.65（特殊）	150.65	—	—

7. 安装方法

所有型钢柱的安装，必须在下部型钢柱对接焊接完毕后安装。

对于首根型钢柱的安装，采用4个方向ϕ16mm缆风绳配2t捯链固定，缆风拉结在构件上。

其余型钢柱安装采用顶部钢横撑与已固定的型钢柱拉结固定，然后顺序安装钢横撑。

操作架随型钢柱结构施工而搭设，主要采用抱柱特制操作架和临边外挑悬臂作业架，做到临边全封闭，垂直全封闭作业。型钢柱对接全部采用特制操作平台。特制操作平台的主要作用是型钢柱焊接时为操作人员提供的作业平台，操作平台通过夹具固定到型钢柱上。操作平台根据型钢柱的规格制作，在型钢柱上的位置位于焊缝下方1.2m处。特制操作

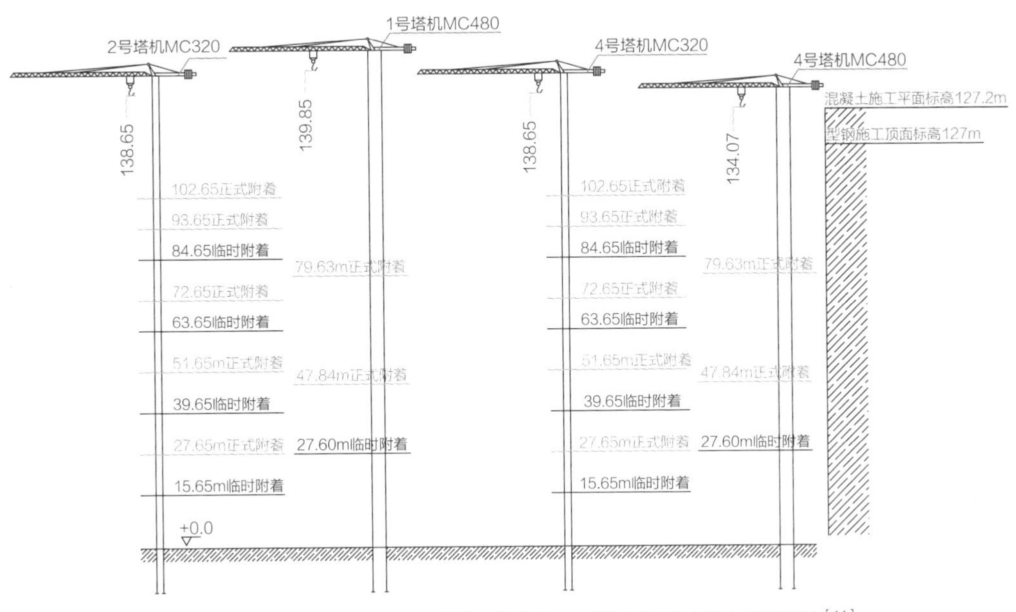

图5-21　各塔吊垂直分布、附着于结构施工面关系示意（第九道附着）[14]

平台的上下，采用附着式软爬梯供操作人员上下，配备防坠器。

操作平台材料选用□50×50×5、ϕ30钢管、ϕ18圆钢、50mm厚木脚手板（图5-22）。

图5-22　型钢柱安装操作平台示意图

5.4.7 结构吊装顺序

1. 吊装第一步：筒体一墙体间柱的安装

第一步先吊装完成结构4个角筒内4个内筒的安装，给后续构件安装提供依据（图5-23）。此步构件安装顺序为：①安装4个基准型钢柱；②安装基准型钢柱之间的型钢柱；③安装柱间横撑及横梁；④安装钢梁上立柱；⑤安装顶部型钢梁。

本步构件安装完毕，结构立体结构如图5-24所示。

2. 吊装第二步：筒体一墙体间连接构件的安装（图5-25）

在结构49m标高处，角筒内筒体之间有联系构件，其中云线内有关构件安装完成，进一步增强筒体结构的稳定性及刚度。此部分构件的安装顺序为先主要构件，后次要构件，根据图纸中构件的连接关系可以确定。

3. 筒体二墙体间基准斜型钢柱及相关构件的安装（图5-26）

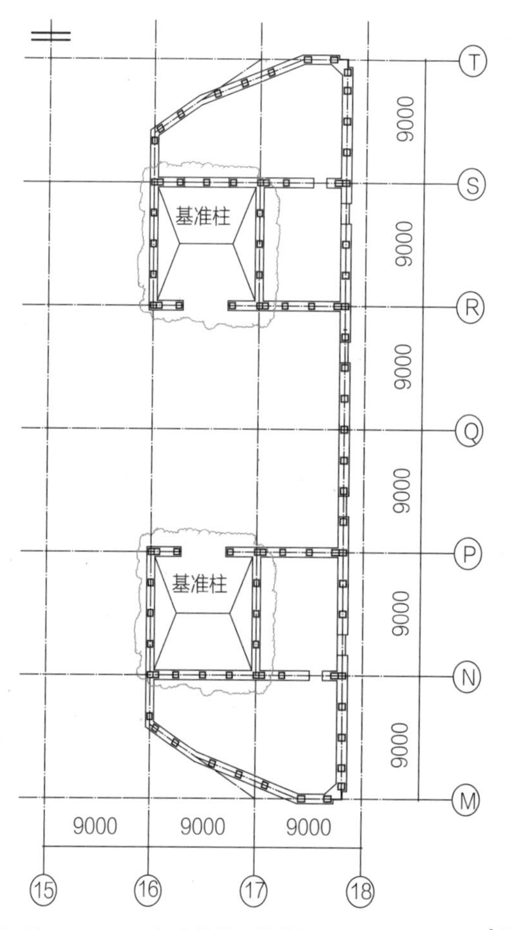

图5-23 44~54m标高筒体一墙体构件安装平面示意图[14]

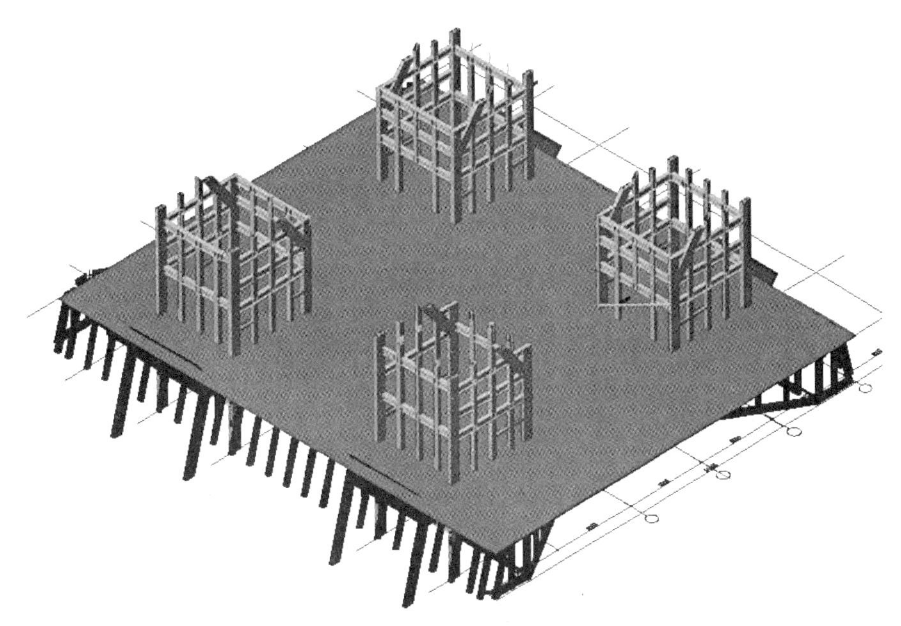

图5-24　筒体一墙体安装立体示意图[14]

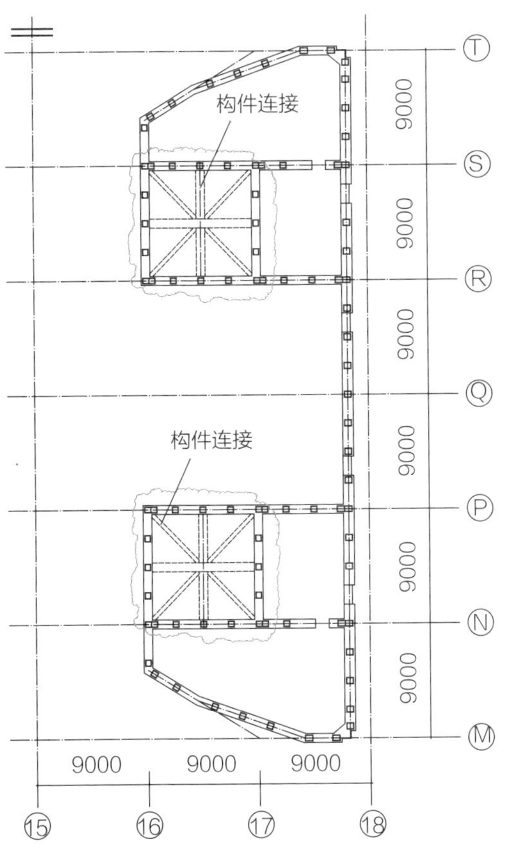

图5-25　44～54m标高筒体一墙体构件连接安装平面示意图[14]

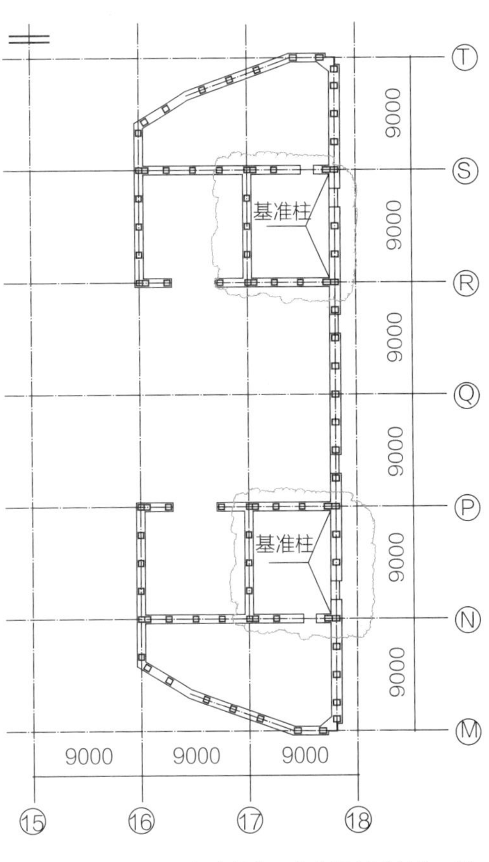

图5-26　44～54m标高筒体二墙体间基准斜柱、直柱及相关构件安装平面示意图[14]

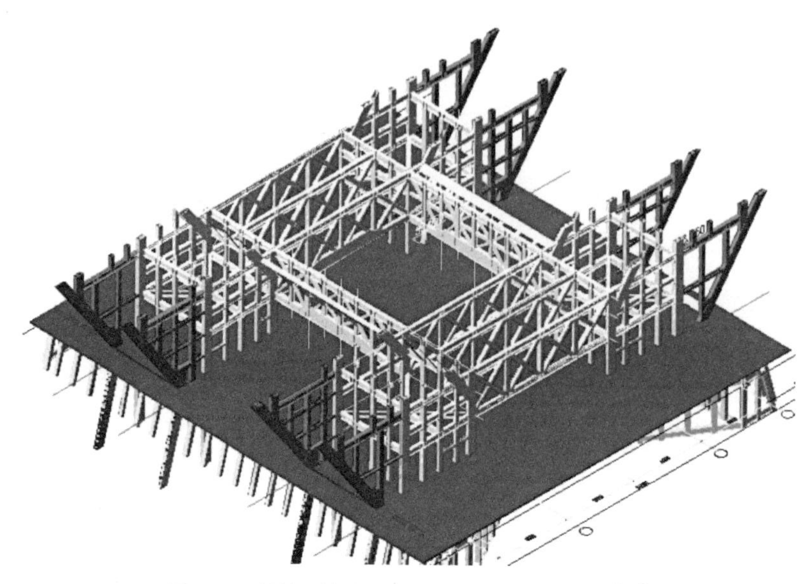

图5-27　筒体二墙体间基准斜型钢柱完成立体图[14]

筒体一内所有构件吊装完毕后，开始吊装筒体二云线内型钢柱的吊装，其吊装顺序如筒体一。本次吊装型钢柱数量为30根型钢柱，最重为斜日字形柱，为7.153t。

本步构件吊装重量用塔吊均可单根吊装。本步安装完毕，结构形成整体（图5-27）。

4. 筒体三墙体间基准斜型钢柱及相关构件的安装（图5-28）

筒体二内所有构件吊装完毕后，开始吊装第三筒体云线内型钢柱的吊装，其吊装顺序及控制注意事项如筒体一。本次吊装型钢柱数量为48根型钢，最重为4.010t，所有单根构件都在MC320塔吊和MC480塔吊的回转半径和起重量内。

本步安装完毕，结构三片墙体安装完成（图5-29）。

5. 54m标高筒体内及之间横梁的安装（图5-30）

在筒体墙梁上搭设吊架，安装筒体之间的横梁。最大规格H梁为700mm×400mm×16mm×25mm，最大重量为4.597t。筒体内范围的钢梁分别用各个角部的MC320及MC480塔吊进行安装，中部钢梁用MC480塔吊进行安装。

本步安装完毕，见图5-31。

6. 外斜墙体非基准柱及横撑横梁安装（图5-32）

安装斜向型钢柱时，利用54m标高钢梁或平台梁对斜向型钢柱进行拉结，钢梁调整至安装位置之后，与钢梁或平台梁固定，钢梁全部安装完毕后，再安装柱间的横撑或钢梁。吊装型钢柱数量为38根型钢柱，最重为3.626t，利用MC320及MC480塔吊逐根完成吊装。该层结构安装完成，见图5-33。

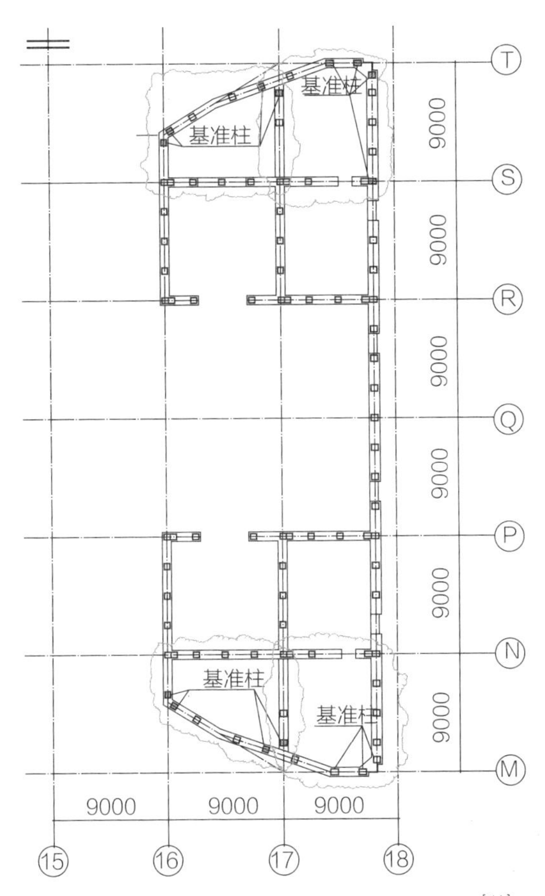

图5-28　筒体三墙体间基准斜型钢柱安装示意图[14]

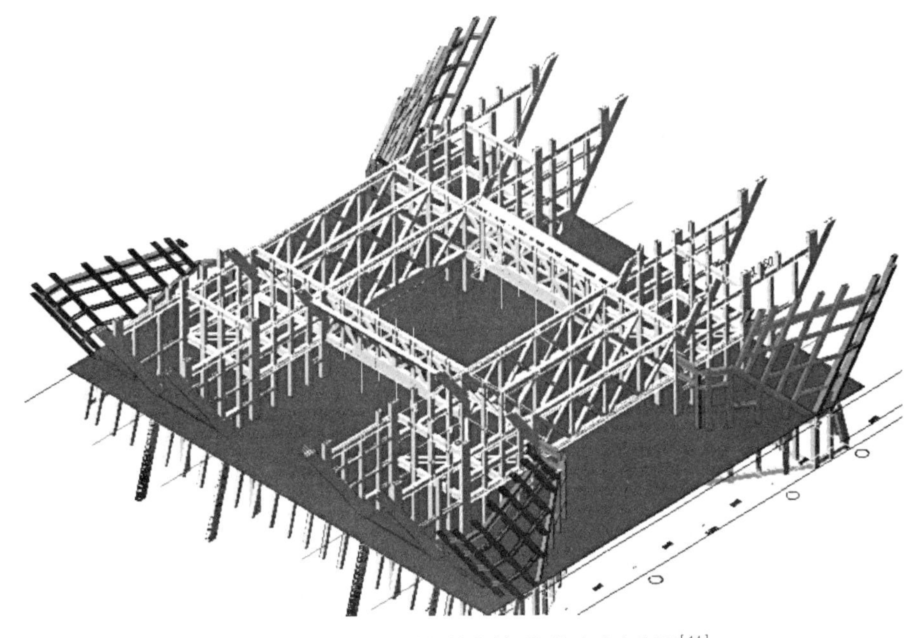

图5-29　筒体三墙体间基准斜型钢柱完成立体图[14]

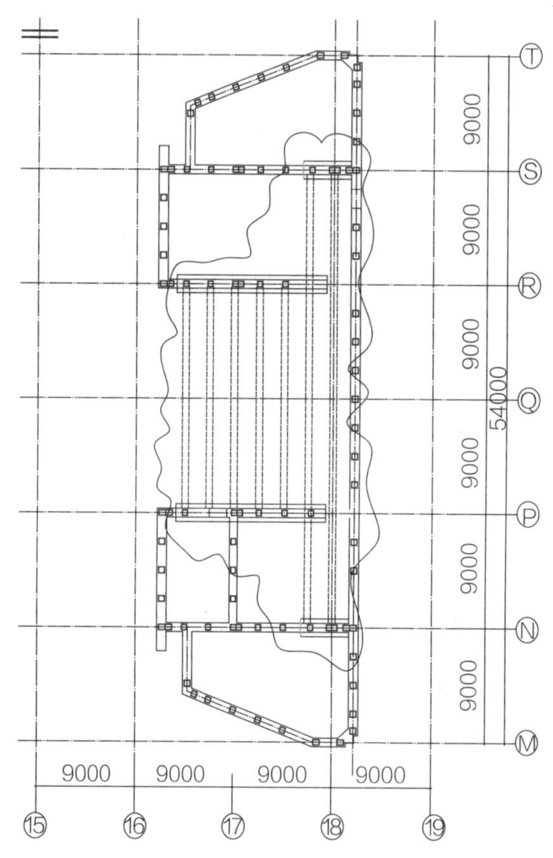

图5-30　54m标高筒体内钢梁安装顺序图[14]

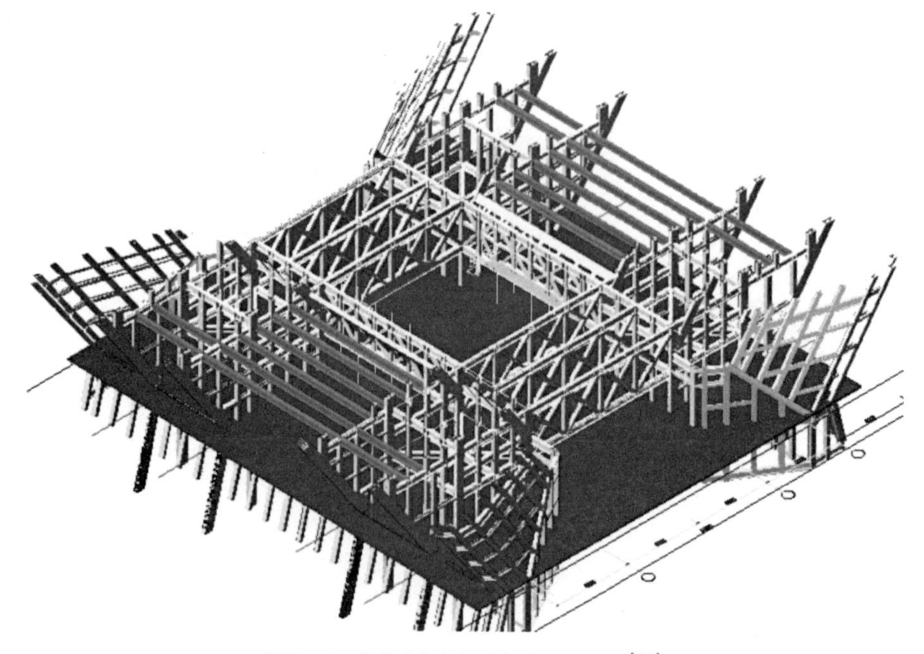

图5-31　筒体之间钢梁安装完成示意图[14]

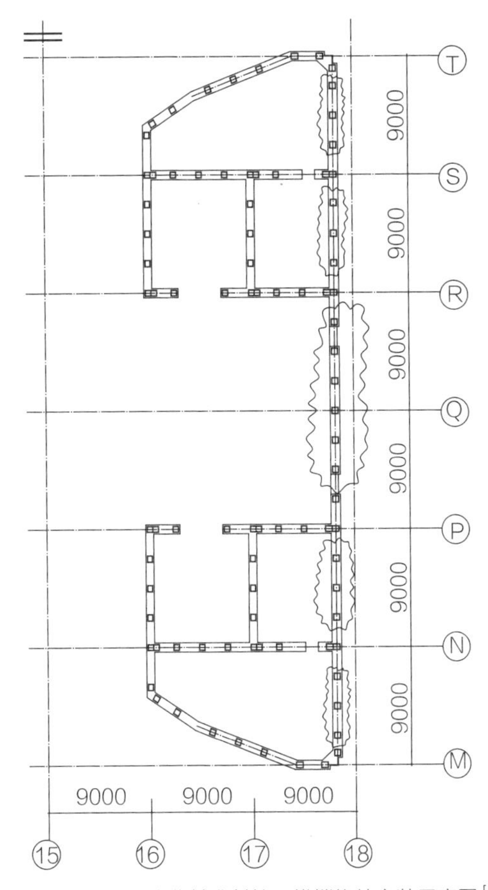

图5-32　外斜墙体非基准斜柱及横撑构件安装示意图[14]

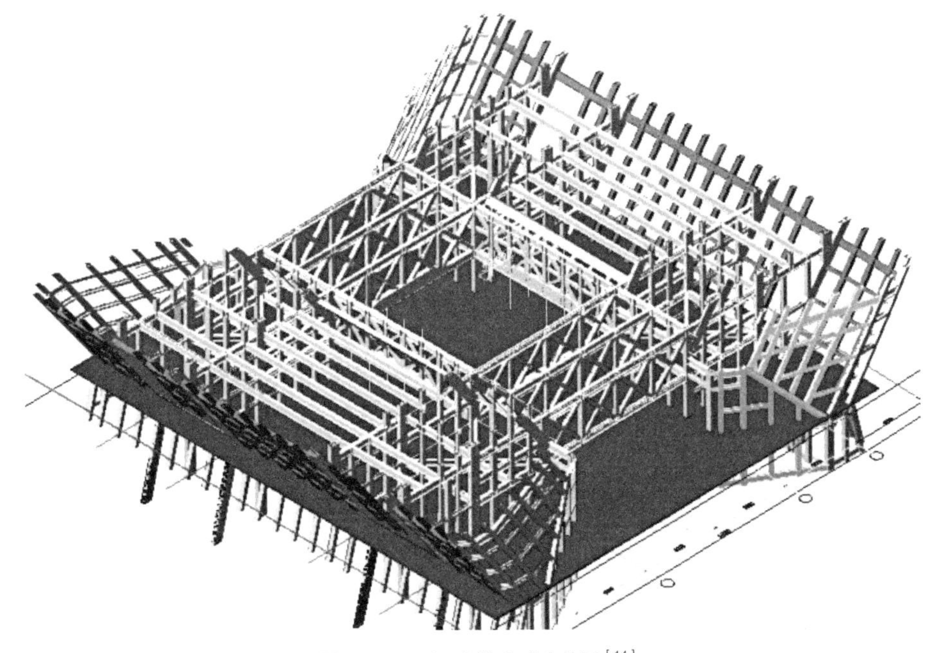

图5-33　54m安装完成立体图[14]

5.4.8 型钢柱吊装

1. 竖向型钢柱吊装（图5-34）

竖向型钢柱采用塔吊吊装，竖直型钢柱的吊耳焊在箱形钢柱内壁上，对称布置，垂直吊装。

2. 斜向型钢柱吊装（图5-35）

斜向型钢柱采用两点吊，通过计算得出吊索长度，一长一短，使吊钩竖向通过斜向型钢柱中心（即重心）。

3. 定位

竖向型钢柱定位见图5-36，斜向型钢柱定位见图5-37。

型钢柱落位后带好安装螺栓，先不拧紧，等调整到位后拧紧安装螺栓开始焊接。

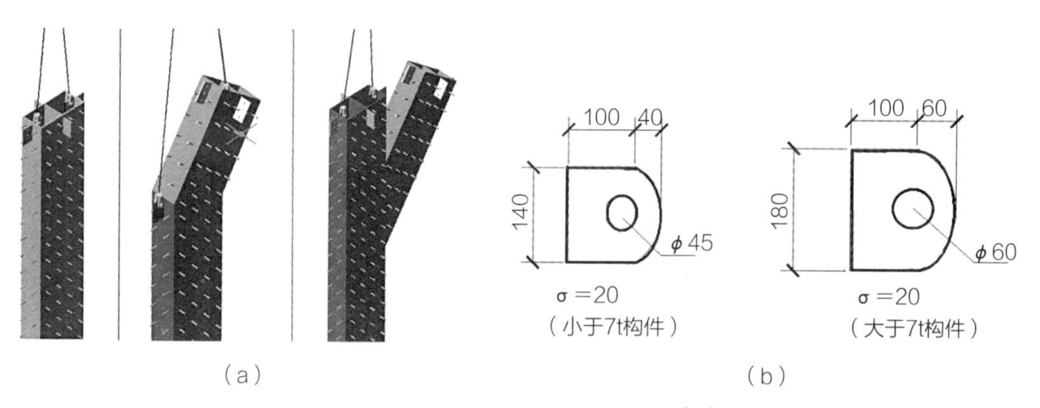

图5-34 竖向型钢柱吊点及吊耳示意图[14]

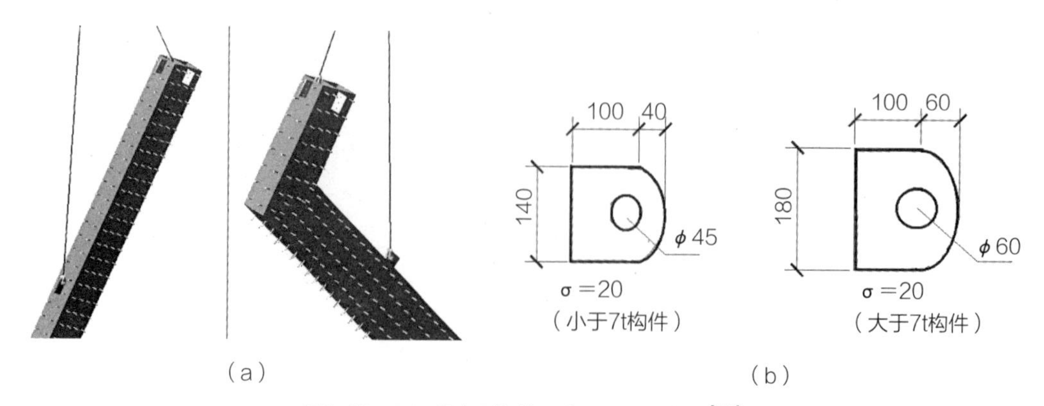

图5-35 54m竖向型钢柱吊点及吊耳示意图[14]

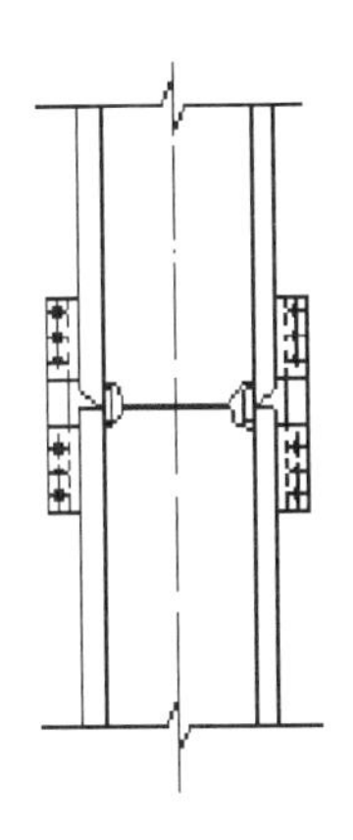

图5-36　直型钢柱定位示意图[14]

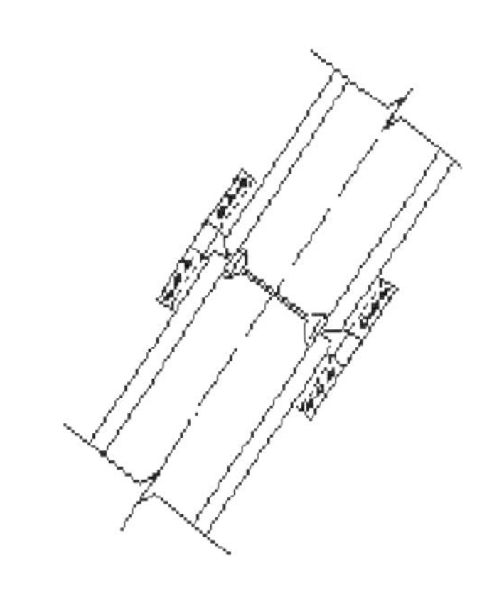

图5-37　斜型钢柱定位示意图[14]

5.4.9　倾斜型钢柱的安装、监测、控制、定位措施

型钢结构安装是一个分步施工、依次建造的渐进过程，在安装施工中结构的几何形状、物理系数和荷载条件等均处于变化之中，结构需要经历一个依次建造、分步变化和逐渐增长的复杂力学过程。这种变化是不断叠加的过程，它是由不稳定到初始稳定，再到最终稳定。根据工程的型钢柱倾斜角度大、安装定位难的特点，采取的安装、监测、控制、定位措施主要有：1）根据结构预变形分析和钢结构稳定分析的理论数值，对每层面的倾斜型钢柱受力状况进行分析，对外倾斜型钢柱和内倾斜型钢柱的理论值给以实际调整。对44～74m标高的“手背”侧柱主要受压，54～74m标高的“手心”侧柱主要受拉，其实际预调值必须有所区别。靠近筒体墙的柱变形小，远离筒体墙的柱变形值就大，其实际预调值也应大；2）以轴线的交会点型钢柱作为定位的基准，利用地面的二级点用全站仪，在型钢柱上贴反光贴片进行三维空中定位。倾斜型钢柱由于自重和附加弯矩的共同作用，其变形的变化比竖直结构复杂得多。其定位过程也要依次调整，不可能一次到位。

遵循的主要原则是先直型钢柱、后斜型钢柱，先内筒体、后外筒体，再筒体之间，尽可能利用结构临时附加刚性支撑作为刚性连接以减少调整次数，待结构成形后再取掉附加支撑。

1. 倾斜型钢柱的安装定位调整

采用缆风绳以捯链调节控制，主要步骤为：在倾斜型钢柱的起吊上平面进行计算确定吊点，焊好吊耳，上吊耳主受力，下吊耳在钢丝绳下端连接捯链（图5-38）。在型钢柱起吊时，用捯链调整使型钢柱空中位形达到安装倾斜角度，然后起吊至安装位置后以型钢柱接头连接板进行初始定位，用捯链拉结收紧缆风绳，利用全站仪贴反光片监测调整。每根型钢柱都要以施工预调值来定位，一次不行，应重复多次调整，调整值应加上叠加安装重量带来的挠度值。直到由缆风绳的柔性连接到型钢梁的刚性连接后，才能最终定位。可以

图5-38　测量控制坐标系示意图　　图5-39　倾斜型钢柱接头处增加补强板

利用型钢梁进行刚性连接定位的，尽量采取措施作刚性连接定位。

为了减小倾斜型钢柱的自重挠度值，在倾斜型钢柱的接头处外平面增加两道-600mm×150mm×20mm补强板（图5-39），立焊在外平面上，使倾斜型钢柱的外平面刚度得到补强，对克服倾斜型钢柱的挠度值产生了积极作用，保证了*x*向定位的准确性。

确定焊接顺序，对倾斜型钢柱，待型钢柱调整到位后施焊，依据先焊先收缩的原则，应先焊倾斜型钢柱的上背面，再焊型钢拉杆方向两侧焊缝（对称焊），最后焊倾斜型钢柱下腹面连接焊缝。

*z*向定位控制，采取分层控制，以已安装好的下层为基准，逐根调整，防止积累误差。如发现型钢柱*z*向误差，偏差较小的利用调节焊缝宽度的方法处理，焊缝宽度不得超出规范规定范围；若偏差较大，不得使用调节焊缝宽度调整的方法，应采取下节柱在工厂制作时加长下料长度的方法调节。

2. 倾斜钢结构安装测量控制

1）总体测控方案与测量控制措施

建立整个结构体系的三维坐标体系，将坐标系统原点（图5-40），即各向（0，0，0）点设置在法门寺合十舍利塔中心，即15轴与Q轴交点，建立独立的空间三维建筑坐标系，依此为基准计算各控制点坐标和其他构件坐标。采用建筑坐标系分级测量控制、外控基准、随层内控构件的总体测控方案。

2）各层具体的测量方法

工程24m标高以下钢结构安装采用地面轴线控制，控制依据为土建单位所给定的各层标高控制线进行测控。同时，采用2″电子经纬仪从两轴线方向控制型钢柱的平面位置及垂直度。采用DZJ2激光垂准仪向上传递轴线，各层高程控制采用DS3水准仪进行，每次进

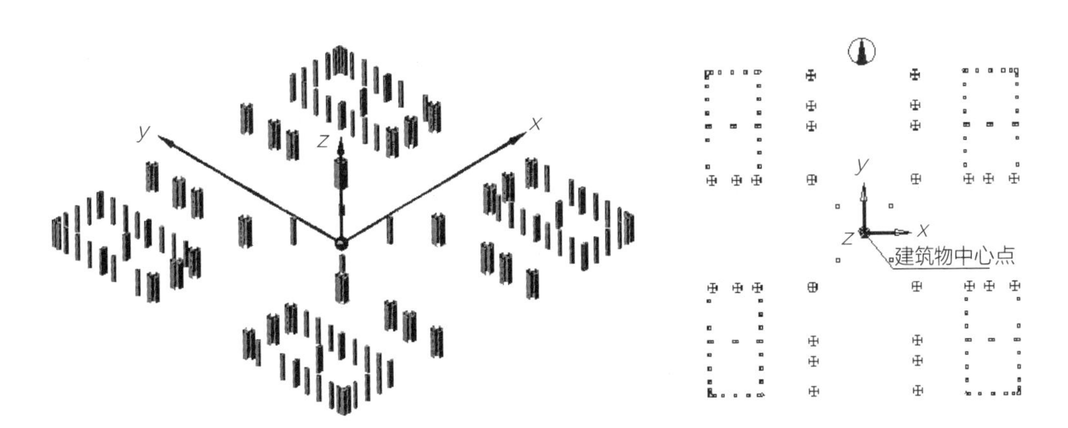

图5-40　测量控制坐标系示意图[14]

行水准测量时必须进行往返测量且闭合。

24～44m标高部分斜型钢柱，采用全站仪进行空间位置的定位。架设全站仪于一级控制点进行精确后视定向，利用贴于型钢柱特定位置的反射片测量该点的三维坐标，和此点设计坐标进行对比，适时进行调整定位至设计位置。

54m标高以上部分，也采用全站仪进行型钢柱空间位置的定位。但是在进行斜型钢柱安装前，应计算出该斜柱的预留变形量，并将预留变形量加入该点的设计三维坐标中，作为该点的设计坐标进行测量定位，具体方法同32～44m标高。

3）钢结构构件控点标识（图5-41）

24m标高以下采用样冲刻痕方式，34m标高以上采用反光贴片，贴片均在每层标高控线上，基准型钢柱测控标识，基准钢管柱测控标识采用坐标法测量。在柱各侧面上贴反光贴片，通过外控网确认。

4）控制点坐标确定

每个基准柱的空间控制点的坐标由三向坐标（X，Y，Z）组成，即理论坐标加上施工变形预调值。

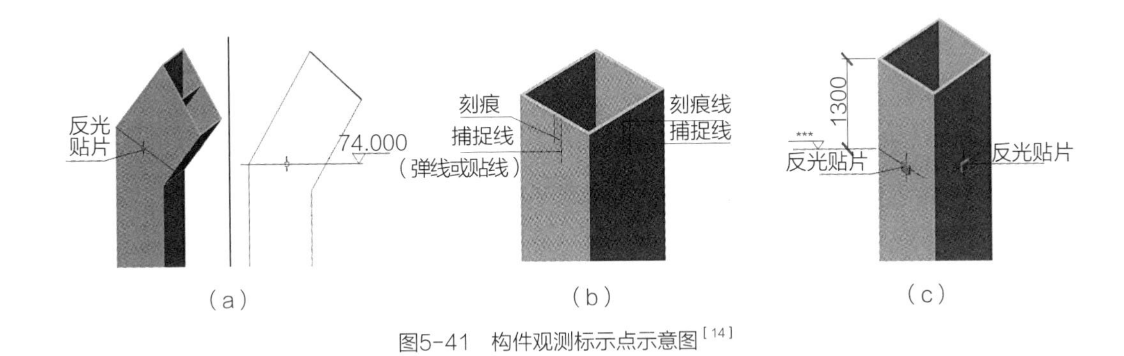

图5-41　构件观测标示点示意图[14]

$X = x + \Delta x$;

$Y = y + \Delta y$;

$Z = z + \Delta z$

x、y、z为理论计算坐标；Δx、Δy、Δz为三种工况下施工变形预调取值，理论坐标通过结构空间三维计算机模型确定。

5）基准柱与普通柱测量控制方法

选择各层，基准型钢柱采用二级控点外测；普通型钢柱可用局部测量控制，水平型钢柱测量采用局部测量控制。

6）基准型钢柱安装测量

在已完成结构层柱顶双向标注实际轴线，控制下节柱柱头在设计预调后的位形，选择并计算上节型钢柱全站仪观测点（考虑施工预调值），并精确贴激光反光贴片标识。型钢柱就位后，先将上下柱用连接板连接，螺栓不拧紧，地面测量人员采用两台全站仪观测已标识的激光反光贴片坐标，用以指导安装人员调节控制型钢柱到安装位形。

5.4.10　钢桁架双塔机抬吊

法门寺合十舍利塔主塔54m标高处为唐塔座，属转换层，结构受力复杂，构件类型及连接节点繁杂。其中有8榀钢桁架，最重38.755t，长18m，高5m，使吊装难度增大。经分析研究采用钢桁架双塔机抬吊技术，与高空分段安装法比较，节省安装工期约15天，为土建施工创造了施工面，节约了成本，取得了明显的技术经济效果。实践表明，在施工中结合现场情况，在特定的情况之下，通过认真分析，精确计算，精心施工，用2台性能不同的塔机进行大吨位构件抬吊安装是可行的。

1. 桁架吊装方案选择

现场起重设备有2台MC480和2台MC320塔式起重机，分别布置在四角位置（图5-42），最大起重量（MC480型）为：回转半径20m，负载25t。

1）原方案为单机常规吊装。因最初设计图体现单榀桁架及最大构件重量未超过20t，所以选择2台MC480型起重机完全满足吊装要求。当4台塔吊竖立后，发生设计变更，54m标高处8榀桁架均超过30t，显然，原吊装方案已不能实现。

2）桁架分段安装。该方案必须在跨内搭设临时支撑架，支撑架搭设需要等到底部混凝土完成才能设置，工期不允许。54m高的支撑架用量较大，此方案不经济。

3）双机抬吊方案。该方案应该是最佳方案，但存在两个问题：①由于是两台不同型号设备，塔吊厂家不同意采用双机抬吊方案；②由于现场条件复杂，抬吊水平就位过程中，有往复回旋“掏挡”现象，给抬吊增加难度。

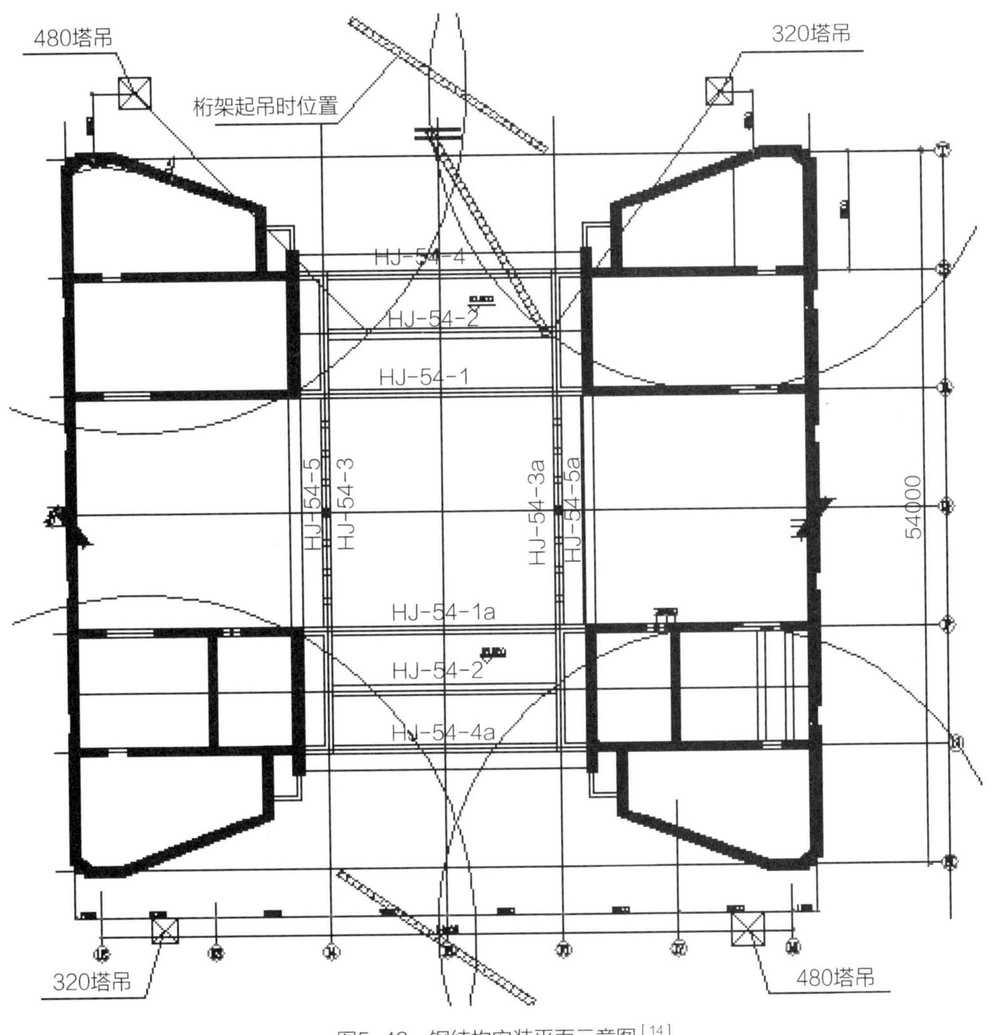

图5-42 钢结构安装平面示意图[14]

4）为了不影响工期，经分析研究后确定采用双机抬吊方案比较合理，其措施费用也较为合理。

2. 双机抬吊技术措施

1）选派富有多机抬吊经验的起重技师担任抬吊指挥。

2）挑选4名具有多机抬吊经验的塔吊司机。

3）抬吊负荷计算满足有关规定，单机负荷不大于允许起重量的80%。

4）由于两个塔机的性能完全不一样，如何选择最佳吊点，且能够使起重量之和最大。这个问题一方面关系到桁架预留构件的位置与数量，更关系到吊装的安全性。对此，编制相应的计算程序，将桁架单根构件重量与相对的重心位置以及塔吊的起重性能等参数输入程序。通过改变两三个参数（如吊点位置等），即可选出桁架预留构件与两个塔机的

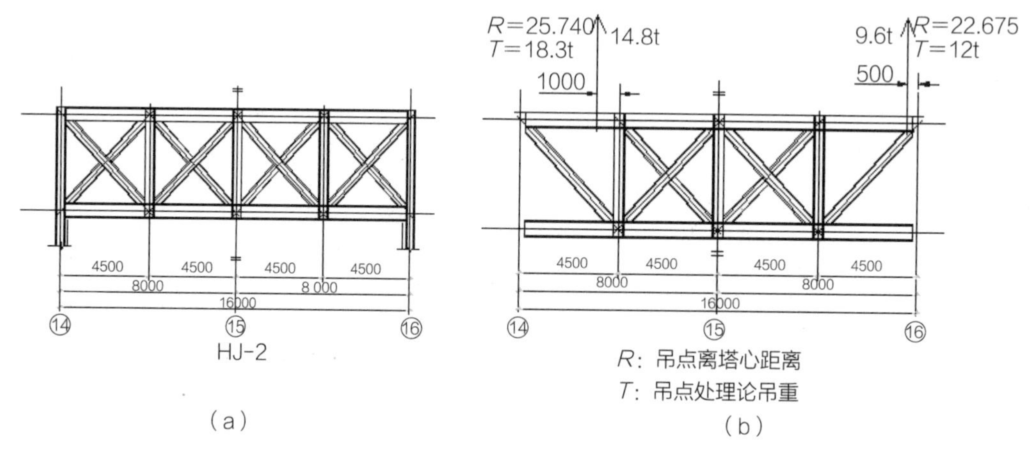

图5-43　预留构件的去除与吊点的设置[14]

吊点位置，使得这组数据最佳。并对桁架吊装过程中的变形进行计算。图5-43是其中一个桁架的吊装计算图，吊装过程中，桁架的最大变形0.45mm。

5）为了能够保证两个塔机在起吊过程中保持同步，对两个塔机在使用状态下的起吊速度（包括变速等过程的速度变化）等参数进行比较，提出两个塔机提升速度的要求值，并计算出由于微小不同步时两个塔机需要负荷的重量。据此提出起吊过程中，出现不同步现象时，需要重新调整的最大允许值。在提升过程中设置多名观测人员，检测桁架提升过程中塔机的同步性。

6）塔机在提升桁架至安装高度后，如何顺利地旋转至安装位置，即哪个塔机先转，哪个后转，何时同步转动，包括小车的跑动。为了能够做到真正指导施工，利用计算机三维虚拟仿真技术，模拟演示出在吊装的不同阶段（包括提升与转动）两个塔机的转动角及小车的位置曲线图，并将曲线图分解，给出两个塔机在同一时间段的动作参数，并用小吨位构件进行模拟吊装，确保双机抬吊顺利（图5-44）。

3. 注意事项

起吊过程中，应做好以下几点：

1）绑扎时应注意绑扎形式，防止钢丝绳滑脱，防止钢丝绳被构件棱角破坏，采用必要的防护措施。

2）构件起吊离开地面时，等两台塔吊完全稳定，将塔吊计重器读数与理论吊重作比较。

3）起吊过程中根据构件平衡不间断判断双机起吊速度是否一致，塔吊司机应密切注意计重器读数的变化，不能超出计算重量。如出现不同步现象，及时调整。

4）塔机回转时，分为主塔和辅塔，两个塔吊分别两个人员指挥，辅塔根据主塔的运行作相应的协调动作。

（a）桁架绑扎

（b）起吊过程

（c）抬吊旋转

（d）吊装就位

（e）模拟旋转

图5-44　钢桁架双塔机抬吊[14]

5.4.11 施工预调值的实施与结构变形监测

1. 施工预调值的实施

在施工过程中，由于造型不规则，结构形式复杂，尤其在两“手掌”独立工作的状态下，结构在自重和附加弯矩的共同作用下变形发展复杂。结构自重、施工荷载变形在结构施工过程中引起结构平面变形，完工后位移变形能否达到设计要求，两“手掌”能否顺利合龙，都是应考虑的问题。因此，正确确定结构安装预调值是法门寺合十舍利塔施工成功的关键步骤。

根据法门寺合十舍利塔施工过程结构稳定性及施工预变形分析的计算结果，依据施工组织设计的施工步骤，进行结构构件安装的预调控制。用全站仪、贴反光片对型钢柱构件进行空间三维定位安装，并对每层成型结构进行动态监测实际变形情况，将实际监测数据与理论计算值比较，及时对上部的预调值进行修正，防止产生积累变形。

2. 结构变形监测

施工过程中对结构进行动态跟踪监测，在每一结构层设立观测点，型钢部分设立监测点，因土建混凝土施工紧跟其后，不能实现连续监测，对土建模架的定位监测就成了补充措施。型钢部分用全站仪、贴反光贴三维空间定位，土建在其后对混凝土结构进行x、y、z三维坐标变化进行监测。

5.5 水平加强钢管桁架安装和卸载拆除

5.5.1 设置4道水平加强钢管桁架

对于法门寺合十舍利塔这种大倾斜钢结构工程，结构施工建造过程中，重力荷载及施工荷载引起结构平面变形和竖向变形，在结构安装过程中这种荷载效应引起的结构变形是渐变累积的。这就使得控制结构安装过程中，大倾斜构件安装位形在主体结构完成后达到设计位形要求成为整个工程的难点和关键点。

通过法门寺合十舍利塔大倾斜工程结构特点的认真分析和研讨，并经过多次专家论证，结合对法门寺合十舍利塔施工全过程的仿真模拟施工工况分析计算，在结构安装、测控采用施工预调值预调安装。

依据对施工过程结构模拟分析计算和稳定性分析，当结构施工到79～84m标高时，结构在自重和施工荷载的共同作用下其变形较大，稳定性差。为了确保结构的施工安全稳定性，在79～84m标高处S、R、P、N轴东西向水平增设4道加强钢管桁架，以确保在主体结构施工

图5-45　79～84m标高处水平方向增设水平加强钢管桁架

过程中的稳定性（图5-45）。桁架上弦标高84m，下弦标高79m，支撑型钢柱底部标高54m。

在施工结束以后，连接桁架卸载、拆除成了又一个施工难题。加强连接桁架卸载是依据施工过程模拟分析计算，并结合工程现场条件、结构自身特点，同时考虑卸载过程的可操作性。其具体做法是在断开点两边焊接安装法兰盘装配ϕ70螺栓，利用“热熔放张”逐步将加强连接桁架弦杆的内力平稳、缓慢地释放，恢复结构达到设计状态。因此，使得在倾斜钢结构施工过程中的重力荷载及施工荷载引起的结构竖向位移、结构水平位移得到控制，取得结构的顺利合龙，竣工后的结构实际位形完全满足设计要求。

5.5.2　水平加强钢管桁架卸载和拆除

1. 工艺原理

利用钢材的延伸性，对其受拉弦杆的局部位置进行热熔，其强度降低，受热段出现颈缩现象，将内存应力得以缓慢释放。依据对主塔结构施工工况的验算和加强连接桁架的内力分析，加强连接桁架的轴向内力值大，对主塔结构所产生的水平位移值小的特点，对上下弦杆局部断面进行适当热熔后，使其强度降低，利用钢材的延伸性将内存应力缓慢释放，将连接桁架所受荷载逐步平稳地转移到结构自身受力体系。

2. 加强钢管桁架卸载工况分析

依据对施工过程结构的稳定性分析，当结构施工到79~84m标高时，结构在自重和施工荷载的共同作用下其变形较大，稳定性差。为了确保结构的施工安全稳定性，在79~84m标高处S、R、P、N轴东西向水平增设4道加强钢管桁架。桁架上弦标高84m，下弦标高79m，支撑型钢柱底部标高54m。

临时连接桁架是为了保证法门寺合十舍利塔在施工过程中，东西两“手掌”处于倾斜状态下单独工作，结构施工安全稳定和保证最终满足结构设计位形，而采取的一种加强连接措施。在主塔结构施工完成以后，应该将其卸载拆除。卸载主要是将临时连接桁架在施工过程中所承受的各种应力在结构成型后予以释放，恢复结构的设计状态。

根据计算结果，其桁架上、下弦杆轴向内力较大，最大轴力为3422.67kN，最大弯矩为54.30kN·m。如此大的附加应力需要释放，必然会对结构产生一定的影响。法门寺合十舍利塔属于型钢混凝土组合结构，临时桁架卸载其表象形式主要反映在型钢混凝土组合结构74m标高处的位移值，结构拐点44m、54m、74m、109m标高处的筒体内外墙可能会产生的混凝土裂缝状态。卸载会对结构造成多大的影响结果？是否为破坏状态？这些问题的存在，要求桁架卸载的施工尽量减小对结构的不良影响，必须遵循两条原则：①卸载的同步控制原则；②内力释放的分级原则。

3. 卸载主要方法为“置换热熔放张水平卸载法”，操作要点如下

1）确定桁架割除位置，安装法兰盘及螺栓

根据桁架内力计算将桁架割除位置确定在桁架中间内力较小的位置，为了操作方便在一个方格内左右错开（图5-46）。

桁架卸载前，在桁架弦杆切割线后距线两侧150mm处焊接对穿螺栓环型钢板，并在环型钢板两侧焊接加劲板。此处焊缝要求为全熔透一级焊缝，并且应进行超声波检测。安装上、下弦对穿螺栓，并予拧紧。法兰盘为40mm厚的圆环，两环间距宽度300mm，其上8等分设置螺栓孔ϕ75mm。螺栓经过计算，确定采用M70×600mm的精制螺栓。每个法兰盘8个螺栓，均匀分布在法兰盘环带的中心圆上（图5-47）。

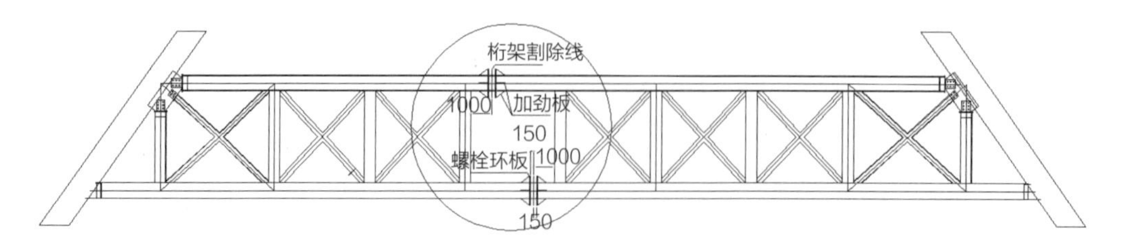

图5-46 桁架拆除（断开点）位置示意图[14]

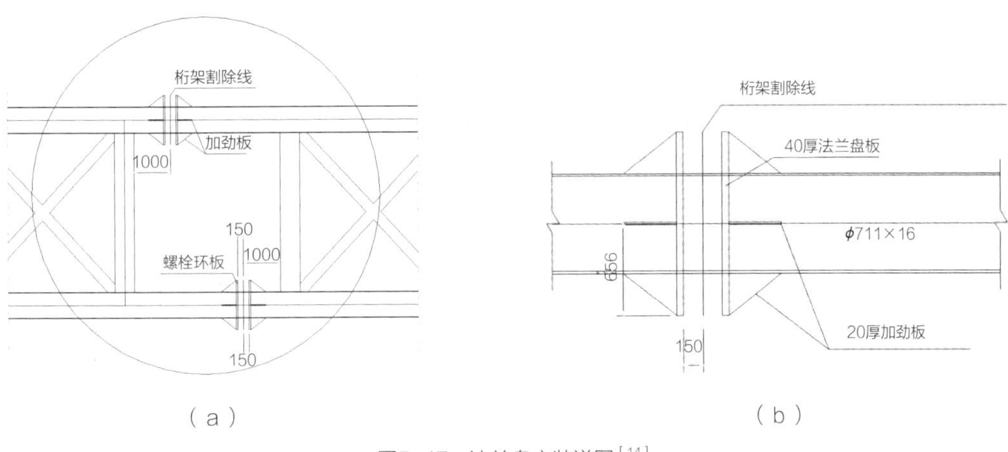

图5-47　法兰盘安装详图[14]

2）确定桁架应力测试点位置，并测量此时的实际应力值

为了消除温度对桁架弦杆应力的影响，桁架的电阻应变片贴在图5–48所示的杆件1、6、7、14的上下表面。

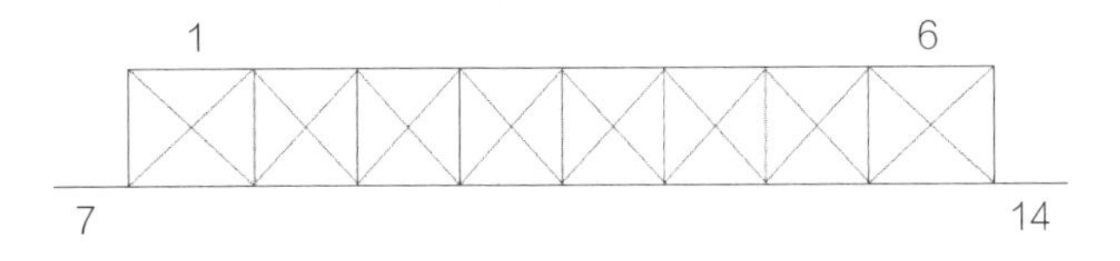

图5-48　电阻应变片布置示意图[14]

各控制杆件轴力见表5–5、表5–6。

S、N轴弦杆件轴力列表[14]（单位：kN）　　表5-5

施工步骤	杆件1	杆件6	杆件7	杆件14
结构安装完成时	1005	1013	5388	5400
桁架断开时	-2595	-2539	3612	3567

R、P轴上弦杆件轴力列表[14]（单位：kN）　　表5-6

施工步骤	杆件1	杆件6	杆件7	杆件14
结构安装完成时	731	770	5372	5264
桁架断开时	-2683	-2548	3754	3597

3）割除对穿螺栓所在区格立面内和平面内交叉斜撑

4. 热熔放张卸载

1）采用对弦杆分区热熔方法，逐步释放上下弦杆内力并转移至对穿螺栓内，将对穿螺杆范围内钢管截面分为4个区域，其热熔先后顺序依次为：分区1→分区2→分区1→分区2。当分区位置钢管软化即可（图5-49）。热熔过程中应采用大号烘枪在划定的区域内沿切割线两侧各100mm范围内来回摆动加热，直到该部分钢材温度达到900℃。

以一榀桁架、一根弦杆为例，具体做法如下：第一步同时用2把大号烘枪加热螺栓A所在钢管区域直至温度达到900℃后，再加热螺栓B所在钢管区域直至温度达到900℃。在加热过程中，根据桁架弦杆变形情况松动螺栓的螺母，始终保证螺栓螺母与法兰盘环形板间距在2mm左右。重复第一步，直至管体发生颈缩现象螺栓受力为止。逐步割除环板之间上下弦杆，将弦杆内力转移至对穿螺栓内桁架卸载完成（图5-50）。

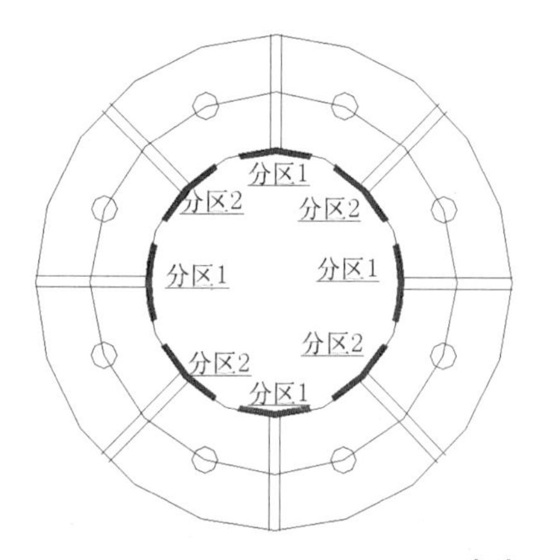

图5-49　截面削弱及热熔分区示意图[14]

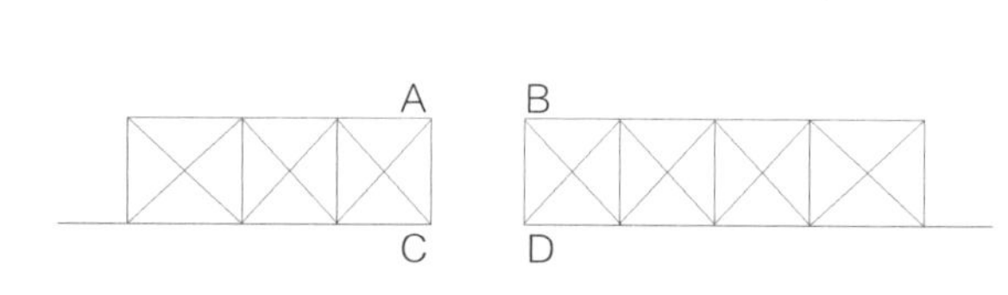

图5-50　桁架断开点位置示意图[14]

2）应力释放的分级控制

为了保证桁架内力释放能够在平稳缓慢可控的状态下进行，采用分级逐步卸载的方式控制卸载。根据计算桁架断开位置最终的水平位移见表5-7。

连接桁架断开位置水平位移[14]（单位：mm）　　表5-7

施工步骤	S轴上弦	S轴下弦	R轴上弦	R轴下弦
主体施工完成时	2.4	1.0	2.3	0.8
桁架卸载完成时	22.8	12.7	21.8	11.6

因此，将断开点位移变化作为卸载过程中一个较为直观的控制指标，采用30%、30%、20%、20%的分级放张。

5. 应力及位移变化测控

1）结构位移测控

位移变化控制点设在74m标高处，东西各设4个点，具体位置在T、R、P、M轴两端沿11、19轴布置。具体位置见图5-51，图中A、C点为本次测量控制点。位移变化主要对74m标高设定的几个关键点进行相对位移测试，以验证设计计算和结构的实际位移变化是否相符。

2）应力测试

应力测试应全程进行，在卸载过程中的每一个阶段都应测试应力，并且应和设计结果进行对比，用于指导下一步的卸载（热熔）。具体的应力测试选择在加强连接桁架和许愿桥桁架的弦杆上。许愿桥桁架应力测试主要是为了实时监测加强连接桁架卸载过程中，许愿桥桁架的应力变化是否满足设计要求。

应力测试按阶段分为卸载前、卸载过程、卸载后三个阶段进行。应力的具体测试由测试单位同施工方密切配合，确保每一个步骤同步进行。

卸载前，应先测试许愿桥桁架测点位置的原始应力值和加强连接桁架实际弦杆应力值。

3）卸载过程中混凝土结构裂缝检测

为了确定桁架卸载过程对主塔混凝土的影响，确定在主塔结构的44m、54m、74m标高拐点部位的倾斜墙、79～84m标高桁架部位的水平垂直墙体以及117m标高许愿桥桁架混凝土构件，进行混凝土裂缝观察。首先在卸载前，对现有结构已有裂缝进行检查，做好标识、记录，并作石膏试饼观察点。在卸载过程中，随时观察检查裂缝发展变化情况。

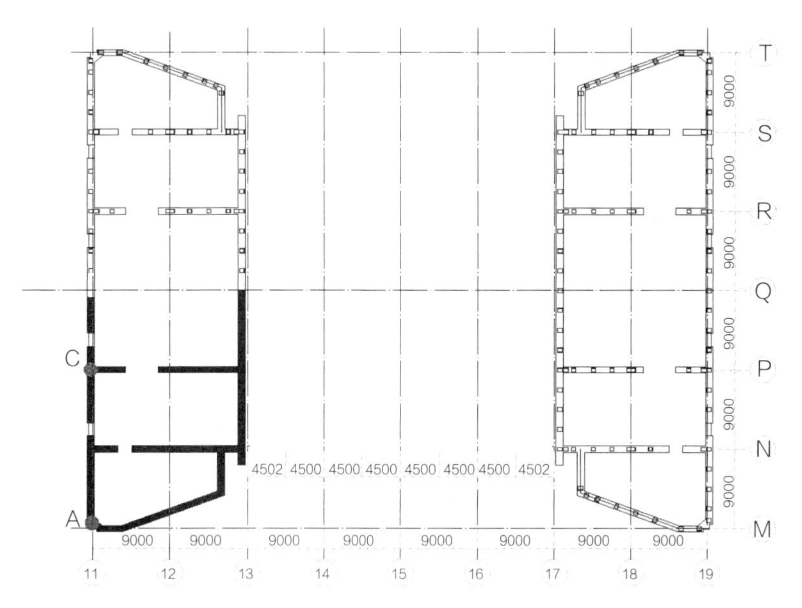

图5-51　74m标高位移测控点布置示意图[14]

4）测量数据处理

（1）桁架应力测试（表5-8～表5-11）

S轴应力测试数据[14]（单位：MPa） 表5-8

S轴		*B*	*C*	*D*	第一次卸载应力测试		第二次卸载应力测试		第三次卸载应力测试	
					E	Δ*E*	*E*	Δ*E*	*E*	Δ*E*
1	上表面	48	45	45	38	-16	—	—	—	—
	下表面	36	35	35	27	-18	—	—	-11	-131
6	上表面	25	26	26	21	-19	5	-81	-7	-127
	下表面	16	15	15	13	-15	2	-87	-6	-140
7	上表面	122	116	116	92	-21	60	-48	26	-78
	下表面	114	110	110	89	-19	40	-64	20	-82
14	上表面	121	116	116	96	-17	58	-50	12	-90
	下表面	95	92	92	75	-19	42	-54	15	-84

P轴应力测试数据[14]（单位：MPa） 表5-9

P轴		*B*	*C*	*D*	第一次卸载应力测试		第二次卸载应力测试		第三次卸载应力测试	
					E	Δ*E*	*E*	Δ*E*	*E*	Δ*E*
1	上表面	18	18	18	20	11	-5	-128	-2	-111
	下表面	29	28	28	26	-6	-12	-143	-8	-129
6	上表面	22	21	21	19	-8	5	-76	-11	-152
	下表面	20	18	18	17	-7	3	-83	-4	-122
7	上表面	123	116	116	92	-21	19	-84	2	-98
	下表面	105	100	100	82	-18	35	-65	10	-90
14	上表面	122	115	115	94	-18	22	-81	5	-96
	下表面	111	104	104	85	-18	33	-68	7	-93

N轴应力测试数据[14]（单位：MPa）　　表5-10

N轴		B	C	D	第一次卸载应力测试		第二次卸载应力测试		第三次卸载应力测试	
					E	ΔE	E	ΔE	E	ΔE
1	上表面	31	30	30	31	3	-10	-133	-8	-127
	下表面	36	34	34	36	6	-15	-144	-5	-115
6	上表面	16	17	17	12	-29	-9	-153	2	-88
	下表面	23	22	22	17	-23	-2	-109	-2	-109
7	上表面	105	101	101	105	4	20	-80	7	-93
	下表面	102	101	101	103	2	15	-85	13	-87
14	上表面	117	111	111	101	-9	45	-60	22	-80
	下表面	124	118	118	111	-6	46	-61	28	-76

R轴应力测试数据[14]（单位：MPa）　　表5-11

R轴		B	C	D	第一次卸载应力测试		第二次卸载应力测试		第三次卸载应力测试	
					E	ΔE	E	ΔE	E	ΔE
1	上表面	31	32	32	26	-19	2	-94	-3	-109
	下表面	33	33	33	29	-12	9	-71	-11	-133
6	上表面	33	32	32	29	-9	-8	-125	-10	-131
	下表面	22	23	23	25	9	-5	-122	-5	-122
7	上表面	101	100	100	94	-6	—	—	—	—
	下表面	114	109	109	100	-8	—	—	—	—
14	上表面	94	95	95	90	-5	7	-93	2	-98
	下表面	116	110	110	105	-5	11	-90	1	-99

说明：B：结构安装完成后应力值；C：安装法兰盘及割除卸载区间支撑后应力值；D：杆件实际应力值；E：实测应力值；ΔE：应力变化＜（$E-D$）÷D＞100%。

（2）许愿桥应力测试（表5-12）

许愿桥应力测试数据[14]（单位：MPa） 表5-12

轴线位置	测点位置		卸载前应力测试	第一次卸载应力测试	第三次卸载应力测试
S轴	117m标高水平杆件	西端	—	—	—
		跨中	9	2	-20
		东端	7	2	-22
	114m标高水平杆件	西端	-2	-6	-6
		跨中	10	—	—
		东端	7	0	-8
	111m标高水平杆件	西端	6	—	—
		跨中	8	6	8
		东端	-4	-2	6
R轴	117m标高水平杆件	西端	5	-3	-31
		跨中	9	1	—
		东端	8	0	-23
	114m标高水平杆件	西端	-1	-2	-16
		跨中	5	—	—
		东端	8	2	-12
	111m标高水平杆件	西端	9	6	6
		跨中	10	8	6
		东端	-6	-4	3
P轴	117m水平杆件	西端	—	—	—
		跨中	11	1	-24
		东端	10	0	-19
	114m标高水平杆件	西端	-2	-4	-12
		跨中	12	4	-10
		东端	8	2	-7
	111m标高水平杆件	西端	9	7	7
		跨中	9	6	7
		东端	-3	-1	6

续表

轴线位置	测点位置		卸载前应力测试	第一次卸载应力测试	第三次卸载应力测试
N轴	117m标高水平杆件	西端	—	—	—
		跨中	10	3	-27
		东端	10	1	-28
	114m标高水平杆件	西端	1	-2	-18
		跨中	11	5	-12
		东端	9	6	-14
	111m标高水平杆件	西端	10	8	6
		跨中	9	6	5
		东端	-2	0	6

（3）74m标高控制点y向位移控制测量（表5-13）

74m标高控制点y向位移控制测量[14]（单位：mm）　　表5-13

测量点编号	初始值	第三次卸载后	最终位移值
A	-43.6568	-43.6579	1.1
C	-43.6301	-43.6304	0.3
C1	-43.5717	-43.5731	1.4
A1	-43.6165	-43.6175	1.0

（4）桁架断开点位移测量（表5-14）

桁架断开点位移测量[14]（单位：mm）　　表5-14

断开位置	测量点编号	第一次卸载位移	第二次卸载位移	第三次卸载位移	总位移
S轴	上弦	3	3.5	4.5	11
	下弦	1.5	17	8	26.5
R轴	上弦	3.5	12	4.5	20
	下弦	1.5	10	4	15.5
P轴	上弦	7	13	1.5	21.5
	下弦	1	17	3	21
N轴	上弦	1.5	10	1.5	13
	下弦	0	3.5	1	4.5

（5）测量重要拐点位形变化

结构在74m标高拐点处（见图5-52中6点）x向上变位3～5mm，y向无变化，基本与计算相吻合。

（6）加强连接桁架应力变化，见图5-53。

从上图中可以看出：

第一级卸载量不大，主要卸载几乎在第二级完成，第三级卸载量也不大，S轴上弦1号卸载最快，出现这些过程差异主要是：①加热的同步性难以控制，存在先后问题；②此过程中杆件内力重分布很复杂，难以准确判定。

断开后结构总体要向下变位，由于立柱的支撑作用，造成上弦受压，见图5-54。图中也可以看出S轴上弦1、6点断开后出现压应力，是因为出现局部结构作用。

（7）测试结果

结构变形测试结果表明，结构位形变化均达到设计要求，说明型钢结构安装就位是较精确的（图5-55）。

许愿桥中心处应力测试结果为：加强连接桁架拆除前，上弦应力为10MPa，下弦应力为9MPa；加强连接桁架拆除后，上弦应力为-24MPa，下弦应力为7MPa，与许愿桥设计应力基本吻合，满足设计要求。

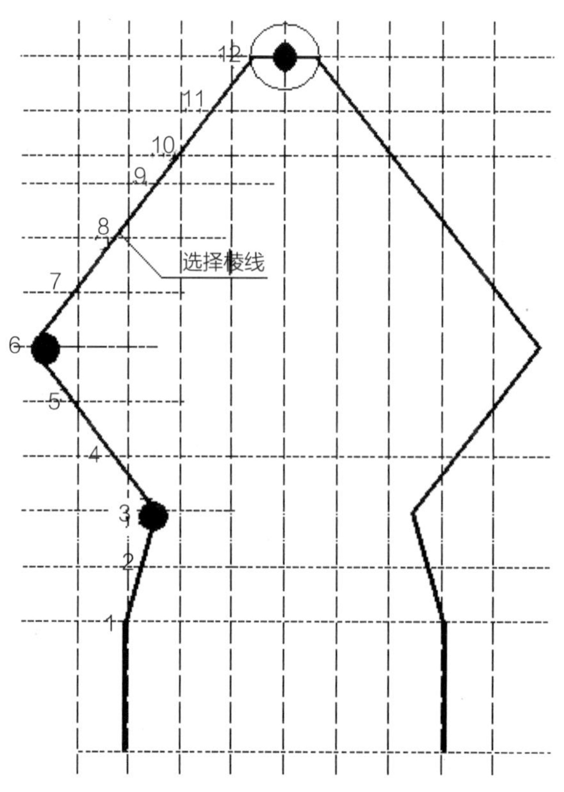

图5-52　测量各主要拐点位形变化[14]

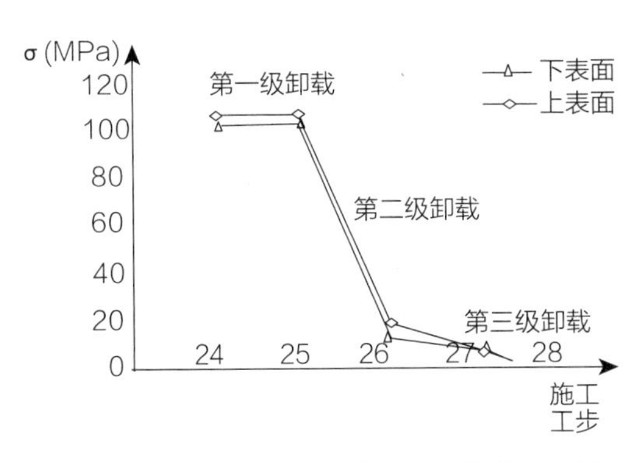

（a）79m标高连接桁架S轴下弦端部7号杆上、下表面应力撑桁架应力变化

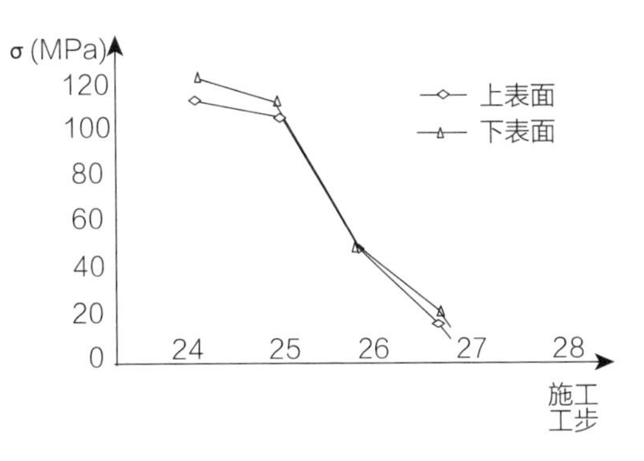

（b）79m标高连接桁架S轴下弦端部14号杆上、下表面应力

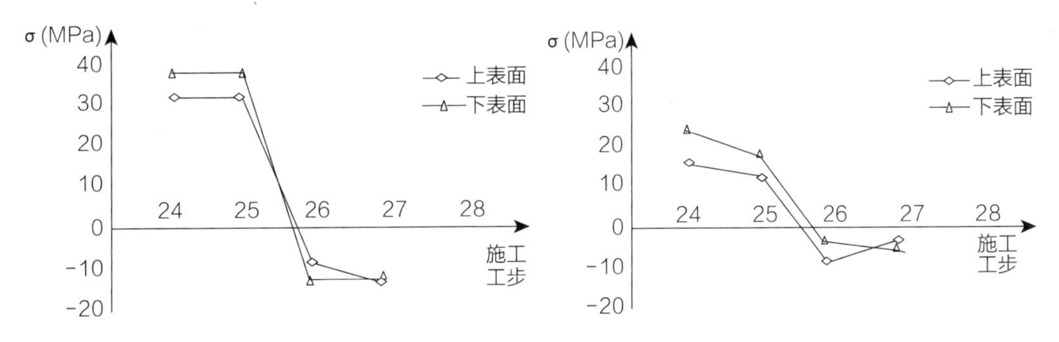

（c）84m标高连接桁架S轴上弦端部1号杆上、下表面应力

（d）84m标高连接桁架S轴上弦端部6号杆上、下表面应力

图5-53　加强连接桁架应力变化[14]

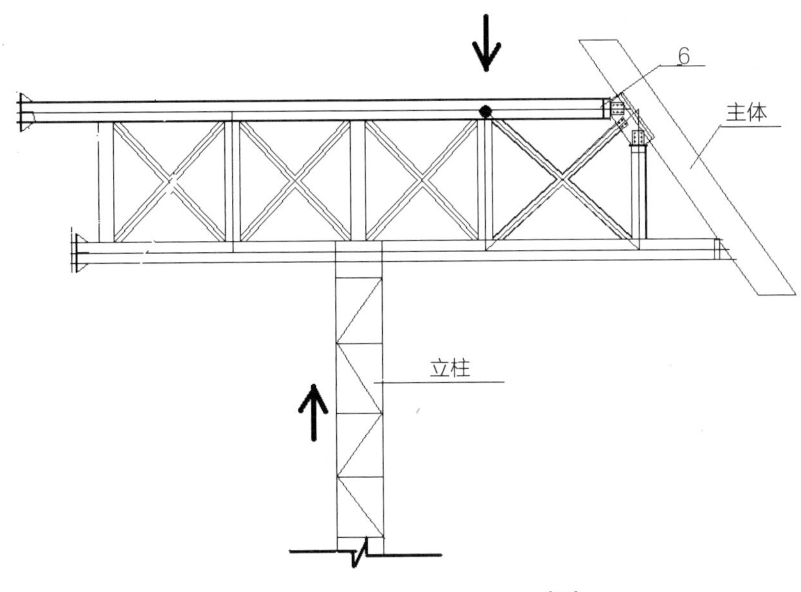

图5-54　加强连接桁架上弦受压[14]

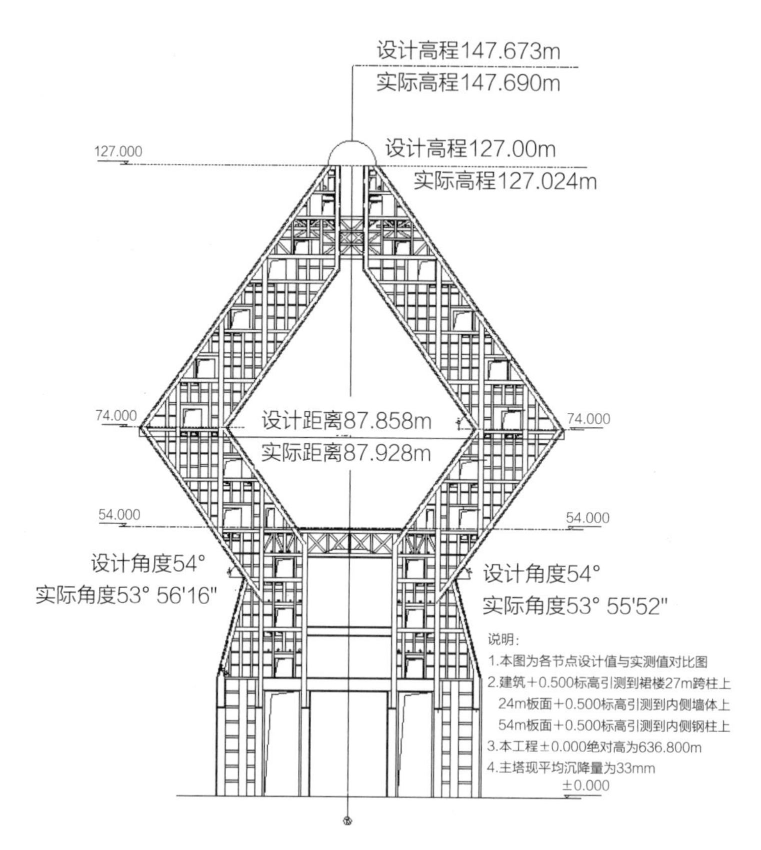

图5-55　法门寺合十舍利塔设计值与实测值偏差图[14]

（8）小结

①通过加强连接桁架的增设，解决竖向结构施工整体性较差、稳定性不足的问题，有效地预防结构在施工过程可能发生的侧向水平位移以及结构完工以后变形控制的问题。

②利用法兰盘和高强螺栓控制卸载过程，操作简便，使用设备简单，成本较低。

③利用钢材受热变形的原理，逐步卸去加强连接桁架的荷载，使结构恢复到其设计受力状态。

④将数据处理和信息反馈技术应用于施工，利用监测数据指导卸载施工工艺步骤，动态调整工艺参数，确保卸载过程中结构的安全稳定。

（9）效益分析

①此方法原理科学合理，施工设备配备简单，可控性好。在施工过程中依据加热面的延伸间距进行分级放张，使整个卸载过程都处于可控的范围，为以后大型工程的特种结构水平卸载施工开创了先例，有明显的经济社会效益。

②此方法和常用的千斤顶进行卸载相比，其经济效益明显，以本工程为例：千斤顶卸

载方案需要配备64台50t千斤顶，并且还需要在高空安装反力架体，固定千斤顶，1个千斤顶最少需要8个人操作，大大增加了高空操作人员，每个施工点包括气割工最少需要10个人，根本无法工作。施工操作难度很大，单纯制作反力架体和固定千斤顶最少需要20天时间，约需要15～20t钢材。

（10）数据分析

临时连接桁架的各项检测数据表明，临时连接桁架在施工过程中较好地提高了结构的稳定性和安全性，保证了法门寺合十舍利塔“双手”顺利合龙。在其完成工程使命后，成功的拆除也为下一步施工提供了保障，同时确保了主塔结构达到设计要求。

幸运的是，在“5·12”汶川大地震之前临时连接桁架已卸载拆除，避免了地震时连接桁架与主塔结构共同受力，桁架内的应力重新分布，致使结构内应力变得更为复杂，而给卸载带来困难。

6. 加强桁架水平卸载质量控制

1）法门寺合十舍利塔加强连接桁架卸载拆除

（1）对桁架进行第一次加热放张卸载，按断开点理论延伸值30%控制加热放张时间。待稳定后观测各控制点数据并汇总分析。

（2）第二次加热放张，仍然按理论值30%控制，并测量数据分析比较。

（3）第三次加热放张，根据以上两次加热放张后的实测数据分析，第三次加热后桁架应力会完全消失，经第三次约80h加热后其上下弦杆大面积已出现明显的颈缩现象，后经延时10h加热后已出现明显断裂缝，经现场判断应力已完全消减。

2）热熔卸载结果

在桁架卸载过程中，桁架应力按照施工意图逐次减少并且符合设计验算，达到了施工效果。许愿桥桁架应力测试结果是，第三次热熔放张以后，在117m标高、114m标高及S、R、P、N轴都出现压应力，111m标高以下是拉应力，这和设计理论完全吻合。74m标高控制点y向位移值很小和计算结果相吻合，桁架热熔断开点上弦位移值和设计值相符，下弦位移值差别较大，这主要和构件实际受力状况有关。这一结果只是作为卸载过程中是一个比较直观的控制指标，对主塔结构影响不大。对于主塔结构44m、54m、74m、104m、117m标高处混凝土原有裂缝，在热熔卸载过程没有继续发展，也没有发现新增裂缝。

整个加热放张过程从2008年4月8日开始第一次加热放张，到2008年4月14日下午第三次加热放张历时7天平稳顺利，没有出现异常情况。

在整个卸载过程中，原有混凝土裂缝没有继续发展，并且没有出现新增裂缝。所以，这次加热放张卸载施工，没有对主塔结构在应力和内力重新分配过程中造成任何质量影响，是完全成功的。

对于这种特殊造型的型钢混凝土结构，依据理论计算并结合结构特点，采用加热放张进行卸载施工是科学的、合理的，所采取的卸载原则和卸载步骤是正确的。

法门寺合十舍利塔加强连接桁架水平卸载施工的成功经验，说明对于这种特殊造型的型钢混凝土结构，依据理论计算并结合结构特点，采用“加热放张应力”进行卸载施工是科学、合理和可行的，所采取的卸载原则和卸载步骤是正确的。为今后类似工程的施工积累了第一手资料，丰富了国内钢结构施工的经验。

3）控制保证措施

（1）对所有参与操作人员进行认真的技术交底，严格按照专项施工方案执行，按照演练程序执行，确保施工过程的分级原则和同步性。

（2）要求施工人员责任明确，坚守岗位，操作过程令行禁止，切实做到统一要领，统一步调，统一速度，统一效果。

（3）每次热熔放张以后，立即对各项测控数据汇总进行分析，确定下次卸载的目标和步骤。

5.6 CO_2气体保护焊技术应用

法门寺合十舍利塔型钢结构工程焊缝设计等级为一级，检验等级为B级，评定等级为Ⅰ级，焊接量很大，作业时间非常短，焊条电弧焊焊接无法满足工期要求，必须广泛应用CO_2气体保护焊。

随着CO_2气体保护焊在其他行业的广泛应用和推广，大部分CO_2气体保护焊机的焊接电缆长度可达50m以上，完全能够满足钢结构安装焊接的施工需要。鉴于CO_2气体保护焊具有效率高、成本低、节能、焊缝成形美观、环境污染小、利于文明施工等优点，在法门寺合十舍利塔室外超高型钢结构施工中大量推广使用CO_2气体保护焊。

5.6.1 CO_2气体保护焊与焊条电弧焊的焊接对比试验

1）为比较CO_2气体保护焊与焊条电弧焊的优劣性，进行焊接对比试验。采用横焊参数焊接-25mm×600mm试件的焊缝来看需要的焊材、用时、用量及焊缝质量等，推算出成本进行比较，用数据得出结论。

2）对比试验方案是在施焊部件、焊接位置、焊缝长度等均一致的条件下同时进行的，并对试验过程进行全程记录，试验有关参数、材料消耗量、焊接用时等见表5-15、表5-16。

CO_2气体保护焊与焊条电弧焊的焊接对比试验方案[14]　表5-15

焊接方法	焊机型号	焊接位置	焊接遍数	施焊焊缝长度（mm）	选用焊材	坡口形式
SMAW	ZX7-400	H	6层17道	10200	E5016	单V形
GMAW	NBC-500	H	6层17道	10200	ER50-6	单V形

CO_2气体保护焊与焊条电弧焊的焊接对比试验过程记录[14]　表5-16

焊接方法	焊接电流（A）	电弧电压（V）	焊材用量（kg）	焊材直径（mm）	气体流量（l/min）	剩余焊条头（kg）	焊接用时（min）
SMAW	120	25	4.2	3.2	/	0.7	240
GMAW	158	20.2	3.5	1.2	20	/	90

3）焊接试验结果分析

（1）工作效率比较

根据对比试验方案记录数据可知，焊条电弧焊焊接用时是CO_2气体保护焊焊接用时的2.7倍，即在理想的条件下，CO_2气体保护焊工作效率是焊条电弧焊的2.7倍。

（2）焊工操作熟练程度和操作环境不同，所用焊接参数会有所变化，材料的价格也会有不同改变，由于以上变化计算值会有上下浮动的可能，但总体来说使用CO_2气体保护焊较使用焊条电弧焊节约成本是显而易见的。

4）焊接和焊缝外观质量对比

CO_2气体保护焊成形美观，由于其没有焊渣，焊接现场更加干净整洁，且无药皮燃烧烟尘，有利于安全文明生产。

5.6.2　CO_2气体保护焊与焊条电弧焊工艺试验情况

针对CO_2气体保护焊和焊条电弧焊，进行试件的工艺试验。试验基本参数为母材Q345GJC，焊接位置为横焊。CO_2气体保护焊焊丝为ϕ1.2 ER50-6，焊条电弧焊焊条为ϕ3.2 E5016，并根据说明烘干保温使用。工艺试验结果对比见表5-17。

同等条件下CO_2气体保护焊与焊条电弧焊焊接工艺试验结果对比[14]　表5-17

<table>
<tr><th>焊接方法</th><th>焊接位置</th><th>外观检查</th><th>UT</th><th>抗拉强度（MPa）</th><th>侧弯</th><th>宏观金相</th></tr>
<tr><td>SMAW</td><td>H</td><td>未见缺陷</td><td>未见缺陷</td><td>560</td><td rowspan="2">180° 合格</td><td>未见缺陷</td></tr>
<tr><td>GMAW</td><td>H</td><td>未见缺陷</td><td>未见缺陷</td><td>550</td><td>未见缺陷</td></tr>
</table>

说明：该工艺试验根据《建筑钢结构焊接技术规程》JCJ 81—2002进行检验和试验。

由表5-17可以看出，严格按焊接工艺要求进行焊接，CO_2气体保护焊与焊条电弧焊在焊件外观、内部质量、力学性能等方面均无大的区别。

5.6.3 CO_2气体保护焊与焊条电弧焊应用效果对比

1）速度快、效率高。CO_2气体保护焊的焊速相当于焊条电弧焊的2.7倍，且焊接过程中省去了更换焊条和焊渣清理时间，焊接过程辅助时间比焊条电弧焊少。

2）焊缝成形美观。CO_2气体保护焊为明弧操作，熔池的可见度好，所以焊缝成形美观。特别对较大的缝隙和不规则的间隙，通过调整焊枪的摆幅、焊速，得到成形良好的焊缝。

3）焊接变形小。采用CO_2气体保护焊作业时，电弧在保护气体的压缩下热量集中，焊接热影响区窄，焊接变形小。

4）焊接现场整洁。CO_2气体保护焊没有焊渣，无药皮燃烧烟尘，焊接现场相对整洁，有利于安全文明施工。

5）熔敷效率高。1kg焊条（ϕ3.2mm）剩余0.16kg焊条头，熔敷效率为84%。而20kg CO_2焊丝剩余的焊丝头少于0.2kg，熔敷效率为99%。即等量的熔敷金属的焊材使用量，20kg CO_2焊丝相当于23.8kg焊条。

5.6.4 CO_2气体保护焊技术应用中存在的问题

在法门寺合十舍利塔型钢结构现场焊接施工中，CO_2气体保护焊技术应用具有一定的局限性，现场采取了具体的应对措施。

1）焊接位置的局限性。对于仰焊位置，CO_2气体保护焊的焊接有一定的难度。因此，CO_2焊主要用于平焊、立焊、横焊位置的焊接，难度位置仍采用焊条电弧焊。

2）焊前准备工作要求高。CO_2焊焊前准备与焊条电弧焊相比，从整个焊接过程的工作量来看，CO_2焊焊前清理工作量较小。

3）焊接飞溅大。主要是由于CO_2气体分解后具有强烈的氧化性，使碳氧化合生成CO，其受热急剧膨胀，造成熔滴爆破，产生大量细粒飞溅。减小飞溅的方法可采用脱氧元素多、碳含量低的脱氧焊丝，以减少CO的生成。采用反极性也可以减小飞溅。由于飞溅很容易造成导流嘴堵塞，可采用防飞溅剂，现场主要使用喷雾类及固体膏类。经试用对比，防飞溅膏成本低，使用方便，效果也比较理想。

4）焊机的机动性较差。焊机移动不灵活是CO_2焊推广应用的障碍，但对于法门寺合十舍利塔型钢结构工程来说，焊机不需要频繁移动，焊接完一层就把焊机平台整体吊到上一层，再适当加长控制线缆，即可便于用CO_2气体保护焊。

5）高空焊接防风措施。当风速大于等于2m/s时，CO_2气体保护焊必须采取挡风围护；当风速大于等于5m/s时，手工电弧焊必须采取挡风措施。由于高空焊接时四周的防护网已经搭设完毕，就同在室内封闭环境焊接一样，经测风仪测试风速均小于2m/s，使用CO_2气体保护焊和使用手工电弧焊均无影响。

5.6.5　实施效果

目前，采用CO_2气体保护焊技术在室外超高结构施工中，虽不可能完全替代焊条电弧焊，但是很多构件的焊接是可以采用CO_2气体保护焊技术。在法门寺合十舍利塔型钢结构施工中，80%的焊接采用CO_2气体保护焊，1.63万t的钢结构焊接节约成本50万元以上。CO_2气体保护焊技术的广泛应用，保证了工期，降低了材料消耗，节约了生产成本，证明CO_2气体保护焊在野外超高结构现场安装的焊接中值得广泛推广应用。

5.7　型钢结构低温焊接工艺

钢结构工程中的低温焊接（或冬期施工）历来是学术界、工程界共同关注的课题。尤其在法门寺合十舍利塔型钢结构施工中，引起了各方面的高度关注。这是因为冬期施工的低温环境会使焊接质量受到直接影响，控制不好会造成焊接质量的下降甚至造成安全隐患。

多年气象记录揭示，冬季12月下旬～次年2月上旬期间，陕西省宝鸡市扶风县工程所在地最低温度一般在-13～-10℃。

低温焊接条件下，同常温比较焊接过程的冷却速度加快，在凝固和相变过程中形成粗大的柱状晶粒，并会产生偏析、夹杂、气孔和微裂纹等，使焊态的焊缝金属脆化。

在结构拘束度很大的前提下，冷却速度过快，极易造成焊缝金属偏析，在较强的拉应力场作用下，在焊缝的偏析处即焊缝中心部分发生结晶裂纹，是热裂纹的一种形式。

冷裂纹的延迟效应增加，焊缝金属在冷却过程中，游离氢的溶解度降低，冷却的速度变快，氢透出的时间变短，因此残留在金属的比例增大，使冷裂纹的效应增加。延迟效应同残留在金属中的氢含量成正比。

预热效果变差，相同的温度，相同的预热时间，低温下的效果远比常温差。

根据以上分析，必须进行型钢结构低温焊接试验，验证型钢结构低温焊接的工艺参数和措施。

5.7.1 低温焊接试验条件

选择温度低于-5℃时焊接25mm厚的试件，温度低于-10℃时焊接16mm厚的试件。按工程设计要求坡口形式采用单边V45° 坡口，要求单面焊双面成形。

评定试件由法门寺合十舍利塔工程施工的焊工施焊，检验和试验委托专业机构完成。

5.7.2 低温焊接试验方式及方法

1）CO_2气体保护焊焊接材料为大西洋（ER50-6）焊丝（直径ϕ1.2mm），CO_2保护焊丝符合《气体保护电弧焊用碳钢、低合金钢焊丝》GB/T8110。

2）手工电弧焊焊接材料为大桥（E5016）焊条（直径ϕ3.2mm和ϕ4.0mm），甘油法扩散氢检验结果为1.8ml/100g，焊条符合《低合金钢焊条》GB/T5118。焊前加热烘焙2h，烘焙温度350℃，随取随用。烘焙次数不能超过2次。

工艺焊接采用的焊接方法与工程相同（焊前预热、层间预热、焊后保温等）（表5-18～表5-21）。

工艺焊接试件一览表[14]　　表5-18

编号	壁厚（mm）	环境温度（℃）	焊接方式	类别	焊接位置	数量（组）
1	16	-12	焊条电弧焊	有保护	横焊	1
2		-13			立焊	1
3		-10	CO_2气体保护焊		横焊	1
4		-12			立焊	1
5	25	-6	焊条电弧焊		横焊	1
6		-6			立焊	1
7		-5	CO_2气体保护焊		横焊	1
8		-5			立焊	1

注：共计8组试件；再各备用2组。

Q345GJ-C钢CO_2气体保护焊工艺参数[14]　　表5-19

类别	焊接电流（A）	电弧电压（V）	干伸长（mm）	焊接速度（mm/min）	道间温度（℃）	保护气体	气体流（L/min）
打底焊	110～130	19～20	16～25	60～90	>150	CO2	20～25
填充盖面	130～150	20					

注：1．焊接位置为横焊和立焊，焊前预热150℃。
2．打底焊保证单面焊双面成形。
3．焊后采用硅酸铝纤维毡和石棉布保温处理。

Q345GJ–C手工电弧焊工艺参数[14]　　表5–20

类别	焊接电流（A）	电弧电压（V）	焊接速度（mm/min）	道间温度（℃）
打底焊	100～110	20	50～80	>150
填充盖面	110～130	21～23		

注：1. 焊接位置为横焊和立焊，焊前预热150℃。
2. 焊条烘干条件350℃×1h，打底焊采用单面焊双面成形。
3. 焊后采用硅酸铝纤维毡和石棉布保温处理。

为了更加直观比较低温环境对焊接接头综合力学性能的影响，增加Q345GJ–C、δ＝16mm低温为–10℃和室温为5℃环境下，焊接接头力学指标的对比。

工艺焊接试件一览表[14]　　表5–21

编号	壁厚（mm）	类别	焊接方式	环境温度（℃）	焊接位置	数量（组）
9	16	无保护措施	CO_2气体保护焊	室温（5℃）	横焊	1
10				低温（–10℃）		1

注：共计2组试件。

5.7.3　焊接工艺评定检验结果及分析

1）评定内容包括：外观检查；焊缝无损检测（UT），焊接接头断面宏观金相检验；焊接接头力学性能（拉伸、弯曲、冲击）；CTOD断裂韧性试验。同时与无防护措施及试验室条件下焊接的性能进行对比分析。

2）试验结果：所有试件焊后经过24h冷却到环境温度进行外观检测合格，外观采用5倍放大镜检查未发现表面气孔、夹渣、未熔合、焊瘤、裂纹等缺陷，外观成型良好，全部合格。对试件焊缝全长100%双面双侧进行UT检验，达到《钢焊缝手工测超声波探伤方法和探伤结果分级》GB 11345—89中Ⅰ级焊缝标准的要求。焊后对典型试板解剖，进行焊接接头宏观金相检查。冲击、焊接接头拉伸、焊接接头面弯、背弯及侧弯，Q345GJ–C钢焊接焊缝金属和焊接热影响区（熔合线外0.5mm）冲击，焊缝金属和焊接热影响区（熔合线外0.5mm）及母材的CTOD，焊接接头拉伸、焊接接头面弯、背弯及侧弯，以上试验性能数据分别见表5–22～表5–25。

Q345GJ-C钢焊接接头冲击试验结果[14] 表5-22

编号	试板厚度（mm）	焊接方法	焊接位置	检验部位	缺口位置	A_{kV}（0℃）（J）	A_{kV}（-20℃）（J）	备注
1	16	CO_2气体保护焊	横焊	焊缝金属	焊缝中心	48 90 54	52 97 44	有保护
				热影响区	熔合线外0.5mm	112 154 137	158 84 57	
2	16	手工电弧焊	横焊	焊缝金属	焊缝中心	125 92 129	112 53 55	有保护
				热影响区	熔合线外0.5mm	41 35 47	36 33 34	
3	16	CO_2气体保护焊	立焊	焊缝金属	焊缝中心	41 34 47	39 31 35	有保护
				热影响区	熔合线外0.5mm	62 52 52	38 43 42	
4	16	手工电弧焊	立焊	焊缝金属	焊缝中心	109 58 110	41 41 124	有保护
				热影响区	熔合线外0.5mm	100 159 110	119 175 106	
5	25	CO_2气体保护焊	横焊	焊缝金属	焊缝中心	58 40 68	57 57 40	有保护
				热影响区	熔合线外0.5mm	135 158 122	138 196 198	
6	25	手工电弧焊	横焊	焊缝金属	焊缝中心	150 116 119	64 134 111	有保护
				热影响区	熔合线外0.5mm	224 80 82	124 201 103	
7	25	CO_2气体保护焊	立焊	焊缝金属	焊缝中心	39 36 37	80 69 165	有保护
				热影响区	熔合线外0.5mm	148 110 165	66 107 107	
8	25	手工电弧焊	立焊	焊缝金属	焊缝中心	113 130 96	285 58 112	有保护
				热影响区	熔合线外0.5mm	288 257 283	116 90 52	
9	16	CO_2气体保护焊	横焊	焊缝金属	焊缝中心	53 44 50	45 36 44	试验室环境
				热影响区	熔合线外0.5mm	147 110 124	140 110 58	
10	16	CO_2气体保护焊	横焊	焊缝金属	焊缝中心	51 50 44	29 26 24	无保护
				热影响区	熔合线外0.5mm	37 36 33	55 48 41	

Q345GJ-C钢焊接接头拉伸试验结果[14]　　表5-23

编号	试板厚度（mm）	焊接方法	操作方式	抗拉强度R_m（N/mm^2）	断裂位置
1	16	CO_2气体保护焊	横焊	520	母材
2	16	手工电弧焊	横焊	530	母材
3	16	CO_2气体保护焊	立焊	520	母材
4	16	手工电弧焊	立焊	535	母材
5	25	CO_2气体保护焊	横焊	560	母材
6	25	手工电弧焊	横焊	560	母材
7	25	CO_2气体保护焊	立焊	540	母材
8	25	手工电弧焊	立焊	495	母材
9	16	CO_2气体保护焊	横焊	530	母材
10	16	CO_2气体保护焊	横焊	530	母材

Q345GJ-C钢焊接接头弯曲检验结果[14]　　表5-24

弯曲类型	编号	试板厚度a（mm）	中间压头直径d（mm）	冷弯角度（℃）	结果
面弯	1-1	16	$d=2a$	180	合格
	1-2	16	$d=2a$	180	合格
背弯	1-3	16	$d=2a$	180	合格
面弯	2-1	16	$d=2a$	180	合格
	2-2	16	$d=2a$	180	合格
背弯	2-3	16	$d=2a$	180	合格
	2-4	16	$d=2a$	180	合格
面弯	3-1	16	$d=2a$	180	合格
	3-2	16	$d=2a$	180	合格
背弯	3-3	16	$d=2a$	180	合格
	3-4	16	$d=2a$	180	合格
面弯	4-1	16	$d=2a$	180	合格
	4-2	16	$d=2a$	180	合格
背弯	4-3	16	$d=2a$	180	合格
	4-4	16	$d=2a$	180	合格

续表

弯曲类型	编号	试板厚度a（mm）	中间压头直径d（mm）	冷弯角度（℃）	结果
侧弯	5-1	25	20	180	合格
	5-2	25	20	180	合格
	5-4	25	20	180	合格
侧弯	6-1	25	20	180	合格
	6-3	25	20	180	合格
	6-4	25	20	180	合格
侧弯	7-1	25	20	180	合格
	7-4	25	20	180	合格
侧弯	8-1	25	20	180	合格
	8-2	25	20	180	合格
	8-3	25	20	180	合格
	8-4	25	20	180	合格
面弯	9-1	16	$d=2a$	180	合格
面弯	10-1	16	$d=2a$	180	合格
	10-2	16	$d=2a$	180	开裂
背弯	10-3	16	$d=2a$	180	开裂
	10-4	16	$d=2a$	180	开裂

CTOD试验结果[14] 表5-25

编号	板厚（mm）	焊接方法	试验位置	试验温度（℃）	启裂CTOD值（δ_i）
1-1-1	25	CO_2气体保护焊横焊	焊缝中心	0	0.125
1-1-3					0.146
1-2-1			熔合线外0.5mm		0.164
1-2-3					0.166
1-3-1		—	母材		0.122
1-3-2					0.162
2-1-2		手工电弧焊横焊	焊缝中心		0.089
2-1-3					0.119
2-2-2			熔合线外0.5mm		0.111
2-2-3					0.144

5.7.4　试验结果分析

从上述试验结果充分说明，试验采取的工艺条件即预热措施、焊后保温措施对防止焊接裂纹产生的有效性：

1）焊接接头熔合情况良好，背面成形较好，未发现焊接裂纹等焊接缺陷。

2）在-10℃的环境下施焊，并考虑焊前预热和焊后保温措施情况下，16mm厚Q345GJ-C钢焊接接头（焊缝、热影响区）冲击功均达到母材考核指标A_{kV}（0℃）≥34J。而作为参考指标，有个别A_{kV}（-20℃）冲击功略低。焊接接头拉伸性能良好，抗拉强度不低于母材。焊接接头弯曲性能合格。

3）在-10℃环境施焊、无防护措施情况下，16 mm厚Q345GJ-C钢焊接接头（焊缝、热影响区）冲击功也达到母材考核指标A_{kV}（0℃）≥34J。焊接接头拉伸性能良好，抗拉强度不低于母材；但焊接接头弯曲试验出现开裂。

4）在-5℃环境施焊，并考虑焊前预热和焊后保温措施情况下，25mm厚Q345GJ-C钢焊接接头（焊缝、热影响区）冲击功均达到母材考核指标A_{kV}（0℃）≥34J。同时，A_{kV}（-20℃）≥34J。焊接接头拉伸性能良好，抗拉强度不低于母材，焊接接头弯曲性能合格。

5）在工程材料的实践中，启裂CTOD值δ_i表征材料抵抗裂纹启裂的能力，δ_i值大，材料抵抗裂纹启裂的能力大。在-5℃的环境下采用CO_2气体保护焊施焊并且有防护措施，25mm厚Q345GJ-C钢焊接接头（焊缝、热影响区、母材）0℃的CTOD试验结果中发现，焊缝金属和母材的δ_i值接近，热影响区δ_i值略高。在-5℃的环境下采用手工电弧焊施焊并且有防护措施，25mm厚Q345GJ-C钢焊接接头（焊缝、热影响区、母材）0℃的CTOD试验结果中发现，母材的δ_i值略高于焊缝和热影响区的δ_i值。总的来说，虽然各区域的δ_i值略有区别，但都在同一数量级上（即启裂CTOD值δ_i在0.1～0.2之间），说明焊接接头的抗脆性断裂性能良好。

6）采用大西洋（ER50-6）焊丝CO_2气体保护焊和天津大桥（E5016）焊条手工电弧焊，在低温（小于-5℃）环境下焊接，通过有效的防护措施（焊前预热、焊后保温）及合理焊接工艺参数焊接Q345GJ-C高层建筑结构用钢板，焊接质量良好，焊接接头综合力学性能能够满足法门寺合十舍利塔型钢结构焊接技术要求。

5.7.5　Q345GJ-C钢低温焊接要点

1）严格执行焊前预热、焊后保温措施，焊材必须严格烘焙和保温。

2）16mm板厚，焊接可在-13℃以上进行。25mm板厚，焊接可在-7℃以上进行。

3）焊前预热150℃，焊后采用硅酸铝纤维毡和石棉布保温处理等防护措施。

4）焊工在低温焊接前，应具备能够较长时间抵抗严寒的个人防寒用品，且正确穿戴。

5）每条焊缝应一次焊完，中途不得中断。如因意外原因（如停电、下雨、下雪等）中断，应及时采取后热、缓冷措施。重新施焊前，应对已焊焊缝进行检查，且焊前需按规定进行预热。

6）焊前防护措施包括在焊接作业区域搭设防护棚，使焊接区域形成相对封闭的空间，减少热量的损失以提高焊缝周围小环境温度；气体保护焊时，焊接气瓶也应采取相应措施进行保温，以此来保证焊缝综合指标。

5.7.6 实施效果

通过对法门寺合十舍利塔型钢结构焊接方案的不断完善，并严格按低温焊接工艺施工，工程中所有要求探伤焊缝，经检验未发现一处冷裂纹。随着经验的积累，掌握了低温焊接技术，积累了在低温时钢结构焊接的宝贵数据，并在法门寺合十舍利塔型钢结构施工中均取得了较好的效果。

5.8 倾斜钢结构施工安全措施

安装过程中，根据结构实际情况，操作平台设置、操作架的设置、外围护的设置，需要计算确定其结构形式，做到确保安全，便于操作。

1）操作平台。在每层钢梁之上搭设安装操作平台，有利于结构安装过程中的安全，同时经过计算可以将操作平台设计成结构安装过程中的临时刚性连接体系，利用操作平台安装倾斜构件，同时加强结构的整体稳定性和刚度。

平台搭设时，平台设置不应和结构构件安装位置冲突，平台各部分之间连接可靠，作为支撑体系使用的平台必须经过计算。

2）型钢柱安装操作架。钢结构的操作架通常采用吊架、挂架、夹持型操作架等。用于施工的操作架，必须经过计算设计并经验收才可以使用。

3）外斜柱外侧围护。外斜型钢柱安装时，为了保证安装人员的安全，防止构件的坠落，在型钢柱吊装之前，在预吊装的型钢柱之上安装部分外围护。待型钢柱安装完毕，将两个型钢柱之间的空隙用安全网补上，使外侧形成一个封闭的围护。然后，安装人员再进行外斜柱之间的横撑或横梁的安装。

第 6 章

高性能混凝土施工技术

6.1 概况

关于高性能混凝土，吴中伟院士提出："以耐久性作为设计的主要指标，针对不同用途要求，高性能混凝土对耐久性、工作性、适应性、强度、体积稳定性、经济性等性能有重点的予以保证。"因此，高性能混凝土在配制方面要求低水胶比，选用优质原材料，并应掺加足够数量的矿物细掺料和采用高效外加剂。

目前，我国已发布的相关技术标准和指南，对型钢混凝土组合结构的设计、构造节点要求、设计参数的取值和施工方面都有明确的规定，这无疑为型钢混凝土组合结构的广泛使用奠定了坚实的基础。在这些标准中，对混凝土材料的使用仅提出了混凝土的强度等级，而对拌合物性能、混凝土其他力学性能及耐久性指标，并未给出明确的要求。

法门寺合十舍利塔工程混凝土技术性能要求为：基础筏板为C35，总用量为1.3万m^2；结构混凝土从-14.9m ~ 127.2m标高全部采用C60，总用量达8万m^3；要求混凝土的含碱量小于等于3kg/m^3，C35的水胶比小于等于0.45，C60的水胶比小于等于0.35；一般部位混凝土保护层厚度大于等于35mm，表面裂缝计算宽度允许值小于0.3mm；筏板混凝土抗渗等级为P8，地下室外墙混凝土抗渗等级为P8；混凝土采用泵送工艺，且必须满足春、夏、秋、冬不同季节泵送要求；基础筏板最厚8m，混凝土墙体结构厚度最大为2.4m，最大高度泵送127.2m；工程结构要求设计使用寿命达到100年以上。根据工程岩土地质报告，结合《混凝土结构耐久性设计与施工指南》可知，此工程属于地上I–B（一般环境，轻度作用等级），地下为I–C（一般环境，中度作用等级）类。

在型钢混凝土组合结构中，采用高性能混凝土是实现结构耐久性100年的重要途径和手段。为了获得高强高性能混凝土，采取全过程质量控制，应对原材料进行严格的选择和控制，每个环节都应在受控条件下进行作业。

考虑到法门寺合十舍利塔工程属于重大工程项目，为历史纪念性、标志性大型公共建筑，增加了混凝土长龄期抗压强度、抗冻融、抗碳化、电通量和氯离子扩散等耐久性试验项目，以检测混凝土实际可达到的性能。

工程地处陕西省宝鸡市扶风县，远离中心城市，现场建立混凝土搅拌站，以完成数量巨大的高性能混凝土的生产。工程配合比设计坚持节能减排、再生资源综合利用以及绿色建材的理念，在保证混凝土强度和耐久性满足设计要求的前提下，采用生产过程中无有害物质排放的聚羧酸高效减水剂，尽量降低水泥用量，适当加大优质粉煤灰掺量。充分利用当地可供工程使用的材料，配制满足法门寺合十舍利塔工程设计使用寿命100年的高强高性能混凝土，减少运输和中转环节，以保证工程进度和降低造价。因此，开展宝鸡Ⅱ级粉煤灰取代Ⅰ级粉煤灰做混凝土掺合料的试验研究工作。在配制C60高性能混凝土浇筑2.4m厚墙的施工过程中，为达到控制结构温度裂缝的目的以及满足设计使用寿命100年的要求，采用降低总体水化热、降低墙内外温差及中心降温速率的综合措施。

6.2 高性能混凝土性能

6.2.1 高性能混凝土技术要求

1）混凝土拌合物性能：

应满足自-16.9～127.2m不同标高泵送施工要求，流动性好，坍落度应在180～220mm，扩展度应大于450mm，坍落度损失小，不离析，凝结时间应适应不同季节的施工要求。

2）混凝土强度等级C35、C60，混凝土强度发展应满足不同季节施工的进度要求。

3）使用于工程结构的混凝土耐久性应达到设计使用寿命100年以上。

4）混凝土原材料应立足本地解决，尽量降低工程造价。

6.2.2 混凝土原材料性能

对于这一重大工程，原材料质量优良和稳定，是保证工程质量的先决条件。原材料质量、运输条件以及价格是原材料选择时需要考虑的主要因素。因此，混凝土原材料选择应有较强的针对性。

1. 水泥选用

根据法门寺合十舍利塔工程设计总说明，对水泥的要求除常规项目必须满足国家标准外，为确保混凝土耐久性达到100年以上，要求采用的普通硅酸盐低碱水泥中的C_3A含量小于8%，R_2O含量小于0.6%。经过调研，陕西省宝鸡地区大型旋窑水泥生产企业有数家，通过比较选择，距法门寺40km的冀东海德堡扶风水泥厂条件较好，其生产工艺先进，采用新型干法生产工艺，日产水泥3000t，年产量可达200万t。2006年，由于郑西客运专线铁路建设的需要，该厂已向郑西客运专线铁路工程提供低碱P.O42.5普通硅酸盐水泥，质量稳定，产量亦能满足施工进度的要求。经研究，工程采用该厂生产的盾石牌P.O42.5低碱水泥。

2. 水泥熟料成分分析

盾石牌P.O42.5低碱水泥熟料化学成分、矿物组成和低碱水泥性能如表6-1、表6-2所示。

盾石牌P.O42.5低碱水泥的主要特点：采用砂岩及粉煤灰取代黄土配制生料，降低熟料中的R_2O及C_3A含量，使水泥熟料矿物成分中$C_3S+C_2S=77.5\%$，C_3A含量为7.02%，R_2O为0.43%，降低水泥水化热平均值。

盾石牌P.O42.5低碱水泥熟料化学成分及矿物组成[14]（单位：%） 表6-1

化学成分	Loss	SiO_2	Al_2O_3	Fe_2O_3	CaO	MgO	SO_3	R_2O	f-CaO
	0.17	23.36	4.95	3.72	65.95	1.39	0.33	0.43	0.94
矿物组成	C_3S	C_2S	C_3A	C_4AF	—	—	—	—	—
	54.53	23.99	7.02	11.30	—	—	—	—	—

盾石牌P.O42.5低碱水泥性能[14] 表6-2

力学性能					细度（%）	比表面积（m^2/kg）	标准稠度用水量（%）	凝结时间（min）		R_2O（%）
龄期	3d	σ	28d	σ				初凝	终凝	
抗折强度（MPa）	5.3	0.27	8.6	0.27	3.32	341.67	23.83	170.8	224.8	0.53
抗压强度（MPa）	25.6	1.35	50.3	1.44						

3. 水泥质量稳定性

为了解盾石牌水泥质量的稳定性，对生产厂家中心试验室提供的强度、细度和R_2O指标进行了统计、均方差及变异系数分析（表6-3）。

盾石牌P.O42.5低碱水泥统计、均方差及变异系数分析[14] 表6-3

项目	3d强度（MPa）		28d强度（MPa）		细度（%）	比表面积（m^2/kg）	标准稠度用水量（%）	R_2O（%）
	抗折	抗压	抗折	抗压				
平均值	5.3	3.9	8.6	50.3	3.32	341.6	23.83	0.53
标准值	0.27	1.35	0.27	1.44	0.0356	11.0	0.876	0.0358
变异系数	0.051	0.068	0.031	0.028	0.11	0.032	0.0367	0.0675

统计数据表明，盾石牌P.O42.5低碱水泥抗折、抗压强度、细度、比表面积和碱含量都较稳定且波动小，可满足工程高强高性能混凝土的配制和生产的需求。

4. 水泥水化热

盾石牌P.O42.5低碱水泥水化热测定如表6-4所示。

盾石牌P.O42.5低碱水泥水化热[14]（单位：kJ/kg）　　表6-4

水泥品种	直接法水化热	
	3d	7d
中热普通硅酸盐水泥P.O42.5	≤251	≤293
低热普通硅酸盐水泥P.O42.5	≤230	≤260
盾石牌低碱普通硅酸盐水泥P.O42.5	244.19	246.06

盾石牌P.O42.5低碱水泥的水化热低于同强度等级国标规定的中热水泥水化热，与低热水泥相当，有低水化热的特征。采用微量热仪法测定水泥水化热，如表6-5所示。

微量热仪法测定水泥水化热[14]（单位：kJ/kg）　　表6-5

龄期	盾石牌P.O42.5低碱水泥	盾石牌P.O42.5普通硅酸盐水泥	秦岭牌P.O42.5普通硅酸盐水泥
3d	215.13	363.79	289.96
7d	235.95	376.81	314.15

微量热仪法测定水泥水化热数据表明，盾石牌低碱水泥水化热明显低于普通水泥水化热和国家标准中热水泥的水化热，与低热水泥的水化热相当。盾石牌P.O42.5低碱水泥水化热低的原因，主要是水泥中的C_3A含量低。采用低水化热的水泥配制大体积混凝土，可明显降低混凝土中心温度，减少温差应力裂缝出现的可能性，对提高混凝土结构的耐久性有重要意义。

5. 砂子性能

经过对产于渭河、黑河的中砂对比分析，最后选择采用渭河产中砂，其性能指标和运距如表6-6所示。

渭河砂性能和运距[14]　　表6-6

产地	细度模数	含泥量	含水率	含石率（>5mm颗粒）	运距
渭河砂场	3.7	3.8%	4%~6%	10%~15%	20km

经碱活性试验得出碱活性试验膨胀值为0.06%（小于0.10%为无潜在危害），同时还进行岩相分析试验，岩相分析细集料为天然砂屑，其成分是石英岩（包括石英脉）、长石石英砂岩和石英砂岩（共23粒）55%，花岗岩（共10粒）22%，碳酸盐（共9粒）18%，其他5%。从而可判定，该产地砂子为非碱活性骨料。

该砂的特点是砂细度模数3.0～3.6，河砂经过砂场水冲洗，使含泥量稳定控制在2%～3%。由于砂子中含有较多大于5mm的小石子，对于泵送混凝土而言，拌合物细颗粒不足，容易离析和堵泵。因此，要求每次浇筑混凝土前应测定砂含石率，此部分带入的5mm小石子，在石子加入量中加以扣除。图6-1、图6-2为黑河砂、渭河砂的筛分情况。

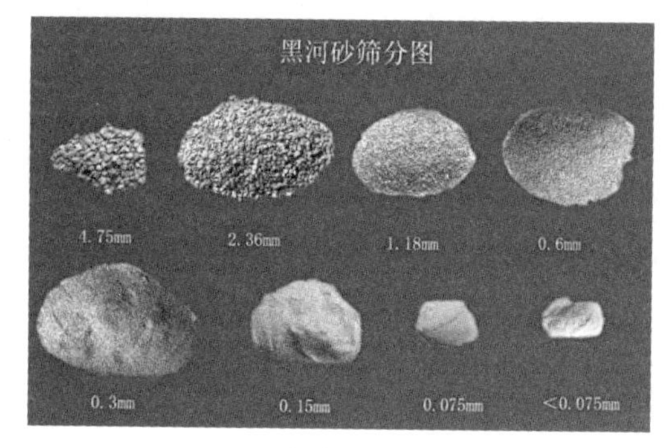

图6-1　黑河砂筛分图[14]

图6-2　渭河砂筛分图[14]

6. 石子性能

选用扶风黄堆生产的石灰石质碎石，其性能指标如表6-7所示。

扶风碎石性能指标[14]　　表6-7

产地	品种	含泥量	针片状含量	压碎指标	最大粒径
扶风黄堆	石灰石	0.2%	2%	6.4%	<25mm

考虑高性能混凝土配制的需要，石子最大粒径小于25mm，针片状含量小于10%，选用反击破碎工艺生产，由5～10mm、10～25mm两级配组成。

7. 粉煤灰性能

根据国内高层、超高层建筑已有的经验，优质粉煤灰可以利用其火山灰特性，取代部分水泥在混凝土中生成低钙的水化产物，以提高混凝土后期强度，利用其微集料效应，使混凝土浆体更致密。利用其滚珠轴承效应（形态效应），减少泵送阻力，改善拌合物性能。除此之外，混凝土中加入优质的粉煤灰还能提高混凝土抗渗性和耐久性。因此，设计单位提出混凝土工程应采用Ⅰ级粉煤灰，而且对R_2O有明确限制。宝鸡二电厂粉煤灰是陕西省已广泛利用的优质粉煤灰之一，距法门寺合十舍利塔项目仅90km。由于市场需求量大，供灰单位如果生产Ⅰ级粉煤灰，必须大幅度降低Ⅱ级粉煤灰的产量，影响其他工程使用，能否采用目前生产的Ⅱ级粉煤灰，则是工程的原材料选择的重大课题。按工程混凝土总用量约15万m^3，估计需粉煤灰1.7万t，这样巨大数量要从外地调入，不但成本将大幅度上升，而且无法保证工程进度的需要。

宝鸡Ⅱ级粉煤灰的性能如表6–8所示，表中第一行参数根据《用于水泥和混凝土中的粉煤灰》GB/T 1596相关指标得出。

宝鸡Ⅱ级粉煤灰性能指标[14]　　表6–8

品种＼性能指标	烧失量（%）	需水比（%）	细度（%）	SO_3（%）	含水率（%）	f–CaO（%）
《用于水泥和混凝土中的粉煤灰》GB/T 1596 Ⅰ级F类	≤5.0	≤95.0	≤12.0	≤3.0	≤1.0	≤1.0
宝鸡Ⅱ级粉煤灰	0.38	86	18.5	0.79	0	—

宝鸡Ⅱ级粉煤灰的各项指标除细度外，其余均达到Ⅰ级灰的要求。配制C60高强高性能混凝土的主要途径是降低混凝土的水胶比，同时保证混凝土有良好的拌合物性能和工作性能。粉煤灰的需水比降低，为高性能混凝土提供重要的技术保证。

通过扫描电镜观察，如图6–3、图6–4所示，可以看到宝鸡Ⅱ级粉煤灰小于45μm部分0～10μm区间颗粒数量大。

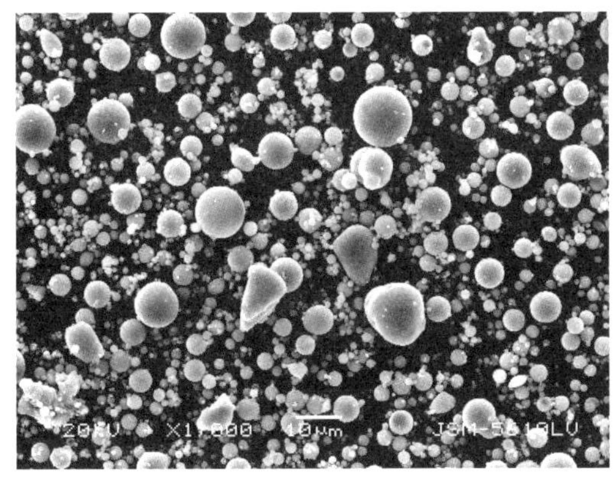

图6–3　粉煤灰原灰扫描图（1000倍）[14]

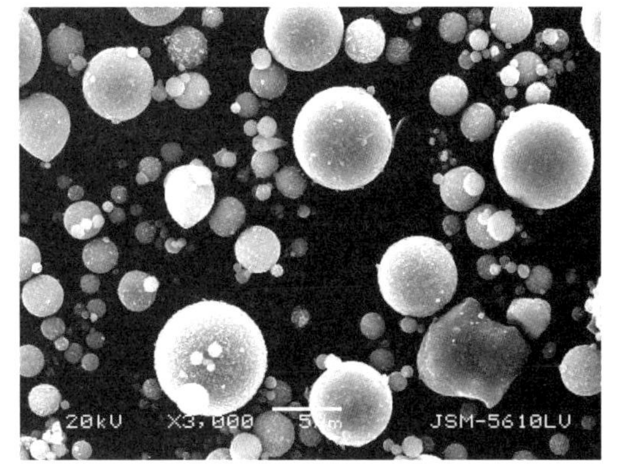

图6–4　粉煤灰原灰扫描图（3000倍）[14]

宝鸡Ⅱ级粉煤灰粉原灰扫描电镜成像特点如下：

1）图中大部分为1～5μm细颗粒，大于10μm珠链体少。

2）非球型颗粒含量少。

通过图像分析仪对小于45μm以下颗粒分布检测，其检测结果和国内用于三峡大坝的平圩Ⅰ级粉煤灰和南京电厂Ⅰ级粉煤灰相比，宝鸡Ⅱ级粉煤灰粒径为0～10μm颗粒的数量为上述两厂的3倍和3.9倍。

对45μm以下粉煤灰颗粒进行分析，数据如表6–9所示。

三种粉煤灰颗粒粒径对比[14] 表6-9

颗粒平均直径	平圩Ⅰ级粉煤灰（%）	南京电厂Ⅰ级粉煤灰（%）	宝鸡Ⅱ级粉煤灰（%）
0～10μm	44.7	24.0	76.5
10～20μm	33.0	44.1	3.7
20～30μm	14.0	16.8	0.9
30～40μm	8.1	4.9	0.3
40～45μm	0	3.4	0.08
细度（>45μm）	0.2	6.8	18.5
需水量比（%）	88	90	86
烧失量（%）	1.32	0.76	0.38

长江科学院的研究表明，粉煤灰细度和需水量比的相关系数仅0.45，即相关性不大，而需水量比与粉煤灰中小于45μm颗粒中0～10μm颗粒含量有明显的正相关，相关系数为0.85。利用这一理论研究成果，印证了宝鸡粉煤灰虽然细度超过Ⅰ级粉煤灰12%的指标，但通过45μm筛孔的细颗粒数量大，仍有较低的需水量比，可以满足配制C60混凝土低水胶比的需求。

法门寺合十舍利塔工程中，C35混凝土中掺入宝鸡Ⅱ级粉煤灰160kg/m^3（掺入量为35%），C60混凝土中掺入120kg/m^3（掺入量为23%），混凝土力学性能和耐久性能达到设计要求（表6-10）。

掺宝鸡Ⅱ级粉煤灰的C35和C60混凝土性能[14]（单位：MPa） 表6-10

样品 \ 龄期	3d	7d	28d	60d	90d	360d	电通量（龄期56d）
C35	/	31.0	43.7	53.4	51.6	58.0	312C
C60	43.4	53.0	65.7	75.4	/	85.6	305C

C35混凝土1年强度增长达到设计强度165%，C60混凝土标准养护1年强度增长达到设计强度142%。混凝土耐久性能指标都达到良好的水平。

因此，对粉煤灰原材料的研究中，国标列出的Ⅱ级粉煤灰技术参数的细度指标，与需水量比相关性不大，并不能最终准确地判定粉煤灰的优劣；而与需水量比关系更为密切，应该采用需水量比来判定更切合实际。

宝鸡Ⅱ级粉煤灰只有细度指标未达到Ⅰ级标准，大于45μm颗粒径达到16%～19%（Ⅰ级≤12%），但需水量比仍小于95%，有减水作用，有利于降低混凝土水胶比，其余指标都符合Ⅰ级粉煤灰要求。因此，可以采用宝鸡Ⅱ级粉煤灰配制C60高强高性能混凝土。

6.2.3　聚羧酸高效减水剂应用

1. 聚羧酸高效减水剂性能

聚羧酸系高效减水剂（PCA）是一种新型混凝土减水剂，具有多种活性基团。这些基团不仅集中在分子主链上，嫁接在主链的侧枝上，形成极性较强的分子主链，以及带有亲水性有一定长度和数量的侧链，分子结构呈梳形，为水泥粒子的进一步分散提供充分的空间排列效应。相比于奈系高效减水剂的双电层电性斥力作用，聚羧酸系高效减水剂（PCA）空间位阻作用应更为强烈，使水泥颗粒分散保持的时间更长。因此，其减水率可达25%~30%，流动性能好，坍落度损失小。目前，已广泛应用于高速铁路的桥梁、涵洞工程、海洋抗腐蚀工程。

针对法门寺合十舍利塔工程，混凝土耐久性要求满足100年以上，经初步比较，在配制混凝土时选用与水泥、掺合料相匹配的聚羧酸系高效减水剂（PCA），使得混凝土在低水胶比时既能获得良好的适宜施工的工作性，也能获得较高的强度。虽然高性能混凝土外加剂价格比较高，然而由于采用大掺量粉煤灰，混凝土的施工综合造价可与普通C60混凝土持平。

聚羧酸系高效减水剂（PCA）通过水泥品种的相容性试验来确定其最佳掺量，掺量不足，则减水效果不够；掺量过量，则会使混凝土拌合物离析、扒底。通过坍落度试验，观察是否形成草帽状形态和拌合物浆体边缘是否泌水，都可以判断外加剂是否过量。轻则坍落度波动大，重则堵泵。同一生产单位的产品，由于外加剂原材料来源有变化，对聚羧酸系高效减水剂（PCA）的性能也会相应变化，应及时调整掺量。其掺量控制变化范围可达到0.5kg~1.0kg/m^3。

聚羧酸系高效减水剂（PCA）是一种新型的外加剂，减水率高，适用于配制低水胶比高强高性能混凝土，其应用过程不同于常见的木质素系和萘系减水剂。经过法门寺合十舍利塔施工中的应用积累了经验，对聚羧酸系高效减水剂（PCA）性能更为熟悉，使C60混凝土质量得到保证。

工程主塔结构混凝土强度等级为C60的泵送混凝土，要求流动性好，强度高，混凝土耐久性可满足100年以上。经过初步比较，首选聚羧酸系高效减水剂（PCA）。表6-11为法门寺合十舍利塔工程应用的聚羧酸系高效减水剂（PCA）性能。

聚羧酸系高效减水剂（PCA）性能[14]　　表6-11

检验项目＼指标	一等品	合格品	实测值
减水率（%）≥	20		26
常压泌水率比（%）≤	20		0

续表

检验项目＼指标		一等品	合格品	实测值
压力泌水率比（%）≤		90（用于泵送混凝土时）		17
含气量（%）≥		3.0（用于配制非抗冻混凝土时）	4.5（用于配制抗冻混凝土时）	4.7
凝结时间差（min）	初凝	+90～+120		+95
	终凝			+105
坍落度保留（mm）	30min	≥180（用于泵送混凝土时）		190
	60min	≥150（用于泵送混凝土时）		170
抗压强度比（%）	3d	≥130		165
	7d	≥125		153
	28d	≥120		141
收缩率比（%）	28d	≤135		122

2. 聚羧酸系高效减水剂掺量确定

聚羧酸系高效减水剂（PCA）掺量应通过水泥品种的适应性试验，确定其最佳的掺量。由于不同厂家水泥原料及混合材有差别，煅烧过程也不相同，对聚羧酸系高效减水剂（PCA）的适应性是有差别的。通过变换聚羧酸系高效减水剂（PCA）的掺入量，可对比3种水泥的流动度，具体数据如表6-12～表6-14、图6-5～图6-7。

盾石牌P.O42.5R早强水泥水泥净浆流动度[14]（单位：mm）　　表6-12

外加剂掺量	初始值	30min	60min
0.60%	153	143	149
0.80%	250	210	200
1.00%	275	255	260
1.20%	285	280	287
1.40%	273	260	267

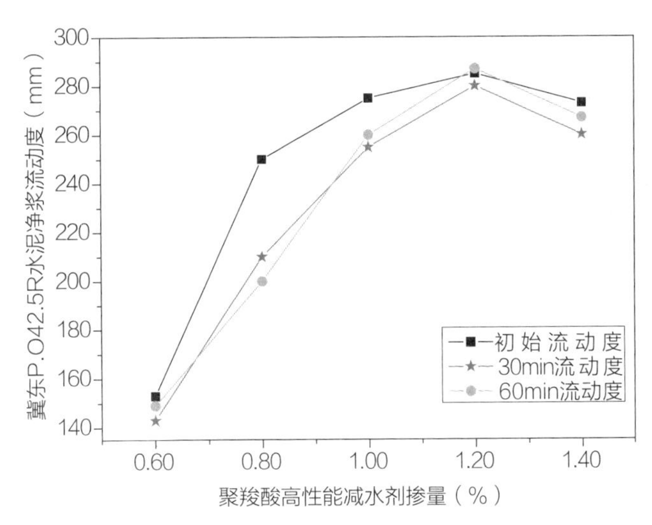

图6-5　聚羧酸系高效减水剂（PCA）与盾石牌早强水泥适应性曲线图[14]

盾石牌P.O42.5低碱水泥水泥净浆流动度[14]（单位：mm）　　表6-13

外加剂掺量	初始值	30min	60min
0.60%	191	200	176
0.80%	260	251	243
1.00%	286	275	272
1.20%	295	285	290
1.40%	315	292	290

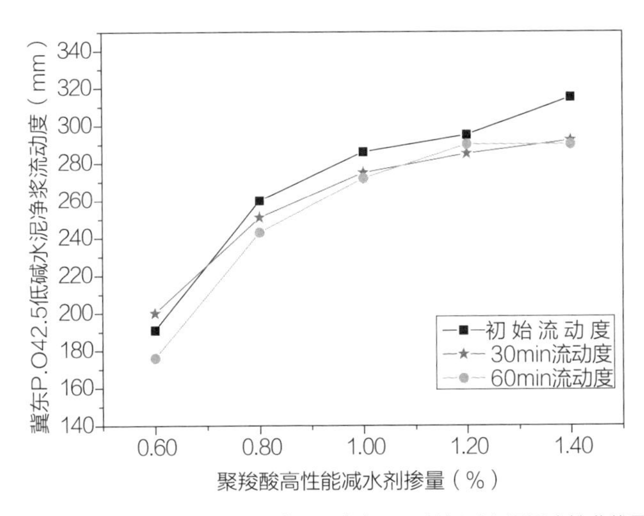

图6-6　聚羧酸系高效减水剂（PCA）与盾石牌低碱水泥适应性曲线图[14]

秦岭牌P.O42.5普通硅酸盐水泥净浆流动度[14]（单位：mm） 表6-14

外加剂掺量	初始值	30min	60min
0.60%	—	—	—
0.80%	120	—	—
1.00%	225	160	160
1.20%	245	190	200
1.40%	260	210	225

注：“—”表示不流动。

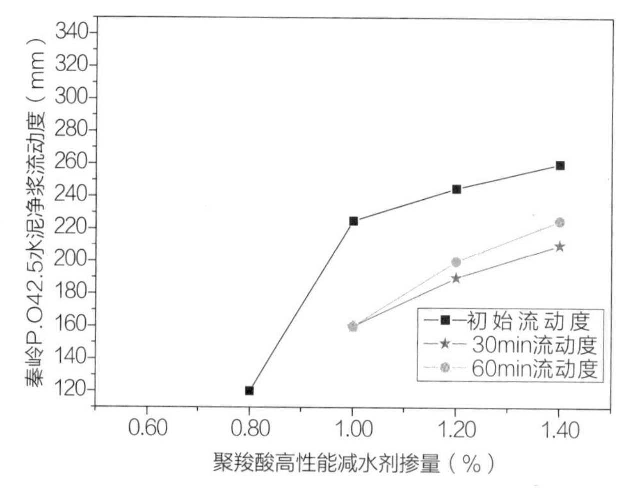

图6-7 聚羧酸系高效减水剂（PCA）与秦岭牌普通硅酸盐水泥适应性曲线图[14]

聚羧酸高效减水剂（PCA）掺入量：

$$掺入量=\frac{PCA液体量}{胶凝材料量}\times100\%$$

通过对比可以看出，不同品种水泥对聚羧酸系高效减水剂（PCA）的适应性是有差别的。在聚羧酸系高效减水剂（PCA）掺量至0.6%时，秦岭牌P.O42.5普通硅酸盐水泥净浆尚无流动性；增加至1.0%时，达到235mm，但30min后流动性降至160mm，增加到1.4%时才比较稳定；而盾石牌P.O42.5低碱水泥流动性损失小，掺聚羧酸系高效减水剂（PCA）0.8%以上，流动度就趋于稳定；盾石牌P.O42.5R早强水泥聚羧酸系高效减水剂（PCA）掺量低时，流动性损失较大，掺量达到1.2%后损失小，掺量超过1.2%后出现下降。故盾石牌P.O42.5低碱水泥与聚羧酸系高效减水剂（PCA）的适应性好，流动性稳定，聚羧酸系高效减水剂（PCA）的掺量少，可有利于降低混凝土单方造价。

3. 聚羧酸系高效减水剂应用中应注意的问题

1）聚羧酸系高效减水剂（PCA）使用过程加水量必须严格控制

混凝土拌合物总用水量应严格控制。在混凝土拌合过程中，单方混凝土用水总量是外加拌合水、砂含水量、石子含水量之和。若砂子含水量波动范围在±1%，假定砂子掺入量为700kg/m^3，则可使总用水量在±7kg波动。在相对总加水量为160kg/m^{3}时（水胶比0.30，水泥用量380kg/m^3、粉煤灰120kg/m^3、膨胀剂30kg/m^3，胶凝材料总量530kg/m^3），可引起混凝土水分波动达到4.3%，就可出现坍落度和扩展度有较大的变化，坍落度可从160mm增至200mm，其后果是拌合物离析，直接影响到泵送过程压力的波动，甚至堵泵。

因此，必须严格控制现场砂的含水率，应稳定砂石的含水率。其次拌合水的加入量，应根据砂石含水率及时调整。天气晴好时，砂石的含水率一天测一次即可。下雨时，应对现场砂石进行覆盖，并增加测定次数，及时调整加水量。铲车装砂石时，提高铲斗高度，避免含水率过大，砂石进入拌合机料仓。

2）拌合时间应适当延长

聚羧酸系高效减水剂（PCA）为液体，在1m^{3}搅拌机内，开始搅拌时间40s内，拌合物中聚羧酸系高效减水剂（PCA）分布是不均匀的。开始搅拌时混合料似乎有点干，随搅拌时间增加到60～80s时，拌合物坍落度明显增加，混合料变稀。若再未充分搅拌时，目测坍落度低而补水，将使加入水过量，导致拌合物即刻变稀，甚至出现离析。

3）注意掺加聚羧酸系高效减水剂（PCA）混凝土拌合物的含气量存在衰减过程

聚羧酸系高效减水剂（PCA）有较强的引气能力。配制大流动性混凝土时，特别注意拌合物入模后，应有一些时间排除气泡。浇筑厚度一次不宜超过500～600mm。如能进行短时间点振，则更有利于拌合物排除气泡。在试验过程中，混凝土拌合物刚出搅拌机即装试模，由于排气不够，拌合物含气量大，使立方体试块密度下降，将导致立方体抗压强度下降10%～20%。因为此现象的存在，在施工过程中应采取薄层浇筑方法，有利于气泡上浮和逸出。对厚度大的结构一次浇筑厚度过大，则气泡不易排除，影响结构实体的密实度和强度，应引起重视。

6.2.4 混凝土拌合物技术指标

根据设计要求，基础筏板以上结构混凝土强度等级C60，属于高强混凝土范围，要求泵送范围-14.9～127.2m标高，并根据混凝土设计使用年限为100年要求，进行混凝土耐久性设计。

在混凝土原材料已确定的基础上，混凝土拌合物性能要求中：坍落度为200±20mm，扩展度450～600mm，凝结时间为初凝8～10h，终凝12～14h，倒置流空时间5～15s，坍落度损失30min应小于20mm。

1）坍落度“倒提流空”时间参数检测

对于大流态混凝土，在施工过程中发现混凝土拌合物坍落度和扩展度都可满足要求，但有时会出现拌合物黏稠度很大，拌合物紧紧粘连在铁板上，即俗称的“扒底”现象。这种拌合物进入泵送系统，一旦停止泵送，拌合物吸附在管壁上，就会出现堵泵，严重时甚至会发生炸管事故。在浇筑竖向构件墙和柱时，混凝土拌合物会粘连在钢筋上，下落比较缓慢，如不能及时插捣，就会出现空洞。针对这种情况，应采用专门的自密实混凝土性能试验设备进行检查，但工地上不易实施。因此，在工程中采用倒提流空方法，即将拌合物填满倒置坍落度筒，提离地面300～500mm，测定全部排空拌合物所需时间。拌合物黏度大，流空时间长；黏度小，则流得快，以此来控制适宜的黏度。

倒提流空方法的使用范围主要是大流态混凝土，石子最大粒径小于31.5mm。测定时，要求坍落度筒内部光滑、平整，均匀向上提升，使下口距地面300～500mm。倒置坍落度筒离地面开始计时，至拌合物流空时停止计时，可采用秒表计时。

试验证明，大流态混凝土的黏性特性与排空时间有良好的相关性。“倒提流空”时间参数检测方法简便易行，在现场便于使用。

2）关于坍落度损失的控制

由于工程现场的混凝土搅拌站距浇筑地点仅500m，通常情况下，采用调整拌合物罐车间隙时间来控制停留时间（拌合物出机后30min内可以入模），因此测试拌合物30min的坍落度损失即可。

3）混凝土抗压强度是评价配合比的基本指标，当拌合物的坍落度、扩展度和倒提流空时间三项满足要求后，混凝土抗压强度3d应达到其设计强度的60%、7d应达到90%、28d应达到110%。

6.2.5 混凝土拌合物性能和力学性能试验

1. 胶凝材料中水泥和粉煤灰比例变化对混凝土性能影响

下面的试验反映在混凝土拌合物中，当胶凝材料总量不变，水泥和粉煤灰比例变化，拌合用水在140±2kg范围内，砂、石、膨胀剂不变时，测定拌合物性能和抗压强度变化情况。

从表6-15、表6-16中可以看出，粉煤灰掺量从13.4%～28.8%变化时，在外加剂聚羧酸系高效减水剂（PCA）掺量为4.5kg/m^{3}时，坍落度和扩展度变化不大。倒提时间最长的KT-1为16s，黏度较大，尽管坍落度和扩展度都是最大，预示将来泵送会有一定困难。

从抗压强度变化看，混凝土早期强度随粉煤灰掺入量增加有下降趋势，但掺入17.4%粉煤灰时，28d强度有峰值达到73.0MPa，56d标准养护强度均有较大幅度提高（图6-8、图6-9）。

胶凝材料组分不同比例混凝土配合比[14]　　表6-15

编号	水（kg/m³）	水泥（kg/m³）	中砂（kg/m³）	5~10mm碎石（kg/m³）	10~20mm碎石（kg/m³）	粉煤灰（kg/m³）	膨胀剂（kg/m³）	聚羧酸系高效减水剂（PCA）（kg/m³）	水胶比（凝胶物比）	F掺量（%）
KF-1	141	430	700	216	864	70	20	4.5	0.271	13.4
KF-2	139	410	700	216	864	90	20	4.5	0.267	17.4
KF-3	142	390	700	216	864	110	20	4.5	0.273	21.2
KF-4	141	370	700	216	864	130	20	4.5	0.271	25.0
KF-5	139	350	700	216	864	150	20	4.5	0.267	28.8

胶凝材料组分不同比例的混凝土性能[14]　　表6-16

编号	拌合物性能			抗压强度（MPa）			
	坍落度（mm）	扩展度（mm）	倒提（s）	3d	7d	28d	56d
KF-1	245	605	16.0	49.2	59.5	71.4	75.5
KF-2	240	585	9.4	47.2	55.7	73.0	79.6
KF-3	235	605	11.5	43.4	53.0	65.7	75.4
KF-4	230	580	8.1	39.0	51.1	64.9	73.7
KF-5	220	590	13.3	37.4	45.0	66.0	69.8

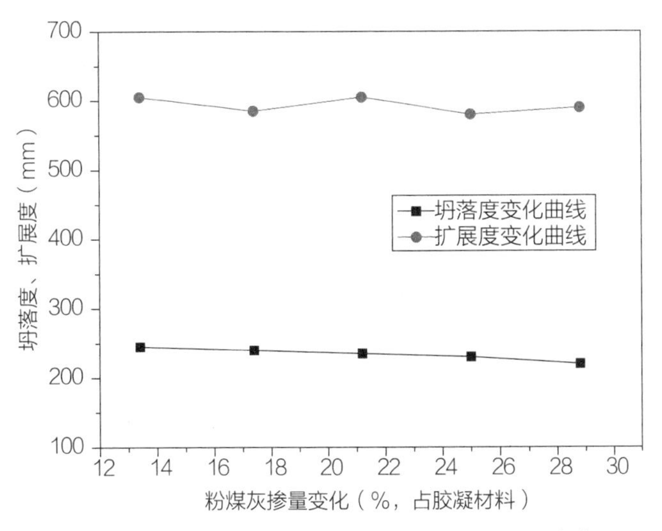

图6-8　粉煤灰掺量变化对混凝土拌合物性能的影响[14]

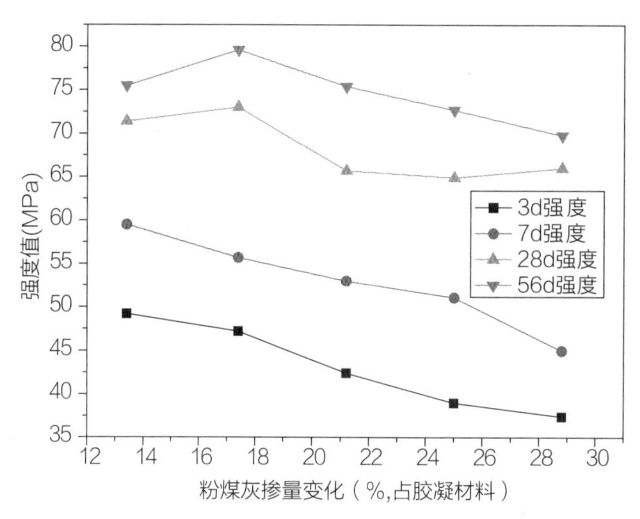

图6-9 粉煤灰掺量变化对混凝土抗压强度影响[14]

经综合比较，胶凝材料总量在520kg/m^{3}条件下，粉煤灰掺量应为17.4%～25.0%，混凝土早期强度39.0～47.2MPa，28d和56d标准养护强度有较大幅度增长，可以满足施工要求。

2. 聚羧酸高效减水剂（PCA）掺量对拌合物性能及混凝土抗压强度的影响

从表6-17、表6-18、图6-10中可以看出，聚羧酸高效减水剂（PCA）掺量由0.48%（3.5kg/m^3）增加到0.87%（4.5kg/m^3）。当掺量为0.48%（3.5kg/m^3）时，坍落度和扩展度最小，而此时水胶比上升至0.370，胶凝材料为520kg/m^3，抗压强度仅达到50.8MPa。应当注意到的是此配合比，倒提流空时间仅3.4s，说明拌合物黏度最低，易于泵送。当聚羧酸高效减水剂（PCA）增加时，自0.87%增加至1.25%时，坍落度变化不大，但扩展度有明显增加，倒提流空时间在允许范围内。在抗压强度方面，后三个配合比的早期强度较高，56d时达到75.4MPa，而此时对应的聚羧酸高效减水剂（PCA）掺量为0.87%（4.5kg/m^3），为本次试验的最佳掺量。考虑到工程施工周期长、气候变化大，混凝土泵送高度越来越高，都可通过聚羧酸高效减水剂（PCA）掺入量变化予以调整，混凝土质量控制更为主动。

不同聚羧酸系高效减水剂（PCA）掺量混凝土的配合比[14] 表6-17

编号	水（kg/m^3）	水泥（kg/m^3）	中砂（kg/m^3）	5～10mm碎石（kg/m^3）	10～20mm碎石（kg/m^3）	粉煤灰（kg/m^3）	膨胀剂（kg/m^3）	聚羧酸系高效减水剂（PCA）（kg/m^3）	水胶比（凝胶物比）	聚羧酸系高效减水剂（PCA）掺量（%）
KF-10	185	390	700	216	864	110	20	3.5	0.356	0.48

续表

编号	水（kg/m³）	水泥（kg/m³）	中砂（kg/m³）	5～10mm 碎石（kg/m³）	10～20mm 碎石（kg/m³）	粉煤灰（kg/m³）	膨胀剂（kg/m³）	聚羧酸系高效减水剂（PCA）（kg/m³）	水胶比（凝胶物比）	聚羧酸系高效减水剂（PCA）掺量（%）
KF-11	145	390	700	216	864	110	20	3.5	0.279	0.67
KF-3	142	390	700	216	864	110	20	4.5	0.273	0.87
KF-12	141	390	700	216	864	110	20	5.5	0.271	1.06
KF-13	137	390	700	216	864	110	20	6.5	0.263	1.25

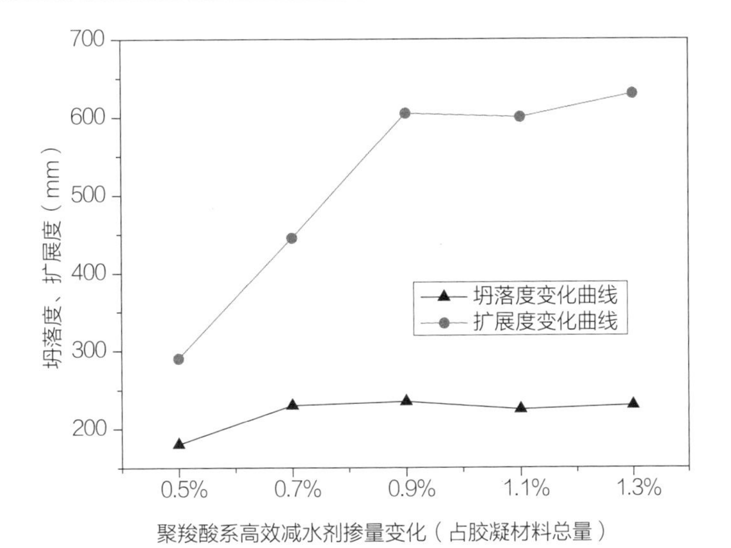

（a）

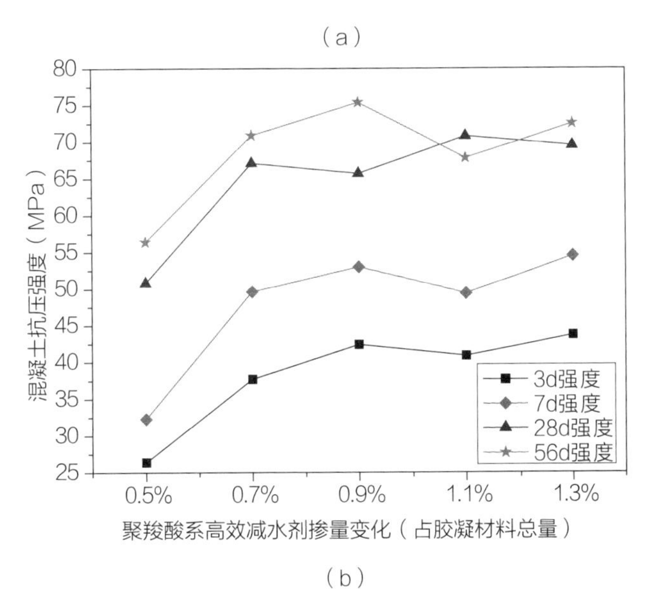

（b）

图6-10　聚羧酸高效减水剂（PCA）掺量变化对混凝土拌合物性能的影响[14]

不同聚羧酸系高效减水剂（PCA）掺量混凝土的性能[14]　　表6-18

编号	聚羧酸系高效减水剂（PCA）掺量（凝胶物比）	拌合物性能			抗压强度（MPa）			
		坍落度（mm）	扩展度（mm）	倒提（s）	3d	7d	28d	56d
KF-10	0.48	180	290	3.4	26.4	33.3	50.8	56.4
KF-11	0.67	230	445	4.9	37.7	49.6	67.1	70.9
KF-3	0.87	235	605	11.5	43.4	53.0	65.7	75.4
KF-12	1.06	225	600	5.8	40.9	49.4	70.8	67.8
KF-13	1.25	230	630	9.0	43.7	54.5	69.5	73.5

在上述试验中，通过改变水泥和粉煤灰掺量（胶凝材料总量不变）以及聚羧酸高效减水剂（PCA）掺量，评定各配合比拌合物性能和力学性能，初步确定大流态C60混凝土的配合比，以此进行室内混凝土耐久性试验（表6-19）。

混凝土耐久性能试验配合比[14]（单位：kg/m^3）　　表6-19

材料名称	水泥	砂	石	粉煤灰	膨胀剂	减水剂
用量	390	700	1080	110	20	4.5

6.2.6 混凝土热工性能试验

工程中有部分结构（如2.4m厚墙和柱）的混凝土强度等级为C60，属于大体积混凝土，胶凝材料的水化热应加以考虑。为此，对所采用的盾石牌P.O42.5低碱水泥、水泥＋粉煤灰、水泥＋粉煤灰＋膨胀剂分别进行水化热的测定，见表6-20。

胶凝材料的水化热数值[14]　　表6-20

胶凝材料	比例	3d水化热（kJ/kg）	7d水化热（kJ/kg）
P.O42.5低碱水泥	100	244.17	246.06
水泥＋粉煤灰	67：33	201.5	214.57
水泥＋粉煤灰＋膨胀剂	62：31：7	209.44	225.14

通过测定可以看到，掺入31%～33%的粉煤灰都能使胶凝材料总体放热量下降，3d水化热下降17.6%～14.2%，7d水化热下降13.7%～8.5%，水化热的下降有利于大体积混凝土中心温度降低，对防止温差应力裂缝的出现有良好的效果。从表6-20中看出，膨胀剂的

加入仍会有热量产生，但由于膨胀剂的加入量少，胶凝材料总发热量低于纯水泥的发热量。对于混凝土绝热温升的计算，常用的公式如下：

$$T_{(\tau)} = \frac{Q \cdot W}{C \cdot \rho}(1 - e^{-m\tau})$$

式中　$T_{(\tau)}$——混凝土龄期为时的绝热温升（℃）；

Q——水化热（kJ/kg）；

W——每m^3混凝土的胶凝材料用量（kg/m^3）；

ρ——混凝土的重力密度，2400～2500（kg/m^3）；

C——混凝土比热，一般为0.92～1.0［kJ/（kg·℃）］；

m——与水泥品种、浇筑温度等有关的系数，0.3～0.5（d^{-1}）；

τ——混凝土龄期（d）。

1）以往大体积混凝土计算过程中，粉煤灰对混凝土早期放热反应影响究竟有多大仍存在不同看法，目前尚未确定。

2）通过测定相同比例胶材的综合水化热，可更加接近工程的实际情况。此外，在计算大体积混凝土温升时，采用3d水化热，而不是7d水化热。根据工程测温的实践，对于一般建筑工程混凝土构件厚度小于4m，混凝土强度等级C60以内，其混凝土内部峰值出现在40～50h时，第三天已进入降温阶段。因此计算混凝土结构内部温度峰值，采用3d水化热比较合理。

6.2.7　高性能混凝土耐久性能试验

混凝土耐久性能是混凝土材料在特定的作用环境中（温度，湿度，空气中的O_2、CO_2、硫化物以及混凝土所接触的土壤和水中的氯盐、硫酸盐）抵抗劣化的表现，常用试验室试验指标进行控制。针对不同的环境作用，考虑相应的参数及其试验指标。在试验室中，以工程所要求的强度、耐久性参数和指标，优选混凝土原材料和配合比。

根据工程岩土地质报告，陕西法门寺合十舍利塔工程场地地下水对混凝土和钢筋混凝土结构无腐蚀性，对钢结构具有弱腐蚀性；场地土对混凝土结构和钢筋混凝土结构中的钢筋均无腐蚀性，地下水位为-17.0～-16.0m，年最冷月平均温度在-8～-2℃，属于寒冷地区，环境类别属于一般环境。设计要求混凝土最大氯离子含量小于0.06%（水泥氯离子含量为0.06%），混凝土最大的碱含量小于3.0kg/m^3。法门寺合十舍利塔工程环境作用等级为地上工程B类、地下工程C类。但考虑到该工程属重大工程项目，为历史纪念性、标志性的大型公共建筑，设计中混凝土材料的耐久性能都按最高级别来考虑，确保设计使用年限为100年。

1. 试验原材料及配合比

混凝土耐久性能试验选用的原材料为盾石牌P.O42.5低碱水泥，渭河中砂，扶风县北山石灰石质碎石，宝鸡二电厂Ⅱ级粉煤灰，UEA膨胀剂，聚羧酸系高效减水剂。

经过多次试配，在混凝土拌合性能和力学性能均满足设计和施工要求的基础上，采用表6-21配合比进行混凝土耐久性试验。

C60混凝土耐久性能试验配合比[14]（单位：kg/m³）　　表6-21

材料名称	水泥	中砂	碎石	粉煤灰	膨胀剂	减水剂
用量	390	700	1080	110	20	4.5

2. 耐久性试验及结果分析

参照《普通混凝土长期性能和耐久性能试验方法标准》GB/T 50082进行试验研究。

1）快速冻融试验

根据配合比制作了尺寸为100mm×100mm×400mm试件3块，在标准养护28d后进行300次的冻融循环，冻融试验结果如表6-22所示。

混凝土经300次冻融循环试验数据[14]　　表6-22

试件参数	试件尺寸（mm）	100×100×400	
	重量（kg）	初始	10.03
		300次冻融后	9.78
	动弹性模量平均值（MPa）	初始	44.89
		300次冻融后	41.46
测试结果	重量损失率（%）	3.5	
	相对动弹性模量（%）	92	

快速冻融试验300次后，重量损失3.5%，动弹模量为初始值的92%，说明在比实际使用条件更为苛刻的试验室条件下，可以满足标准和设计要求，混凝土质量是良好的。

2）抗氯离子侵入性

抗氯离子侵入性评价采用RCM法检测混凝土的氯离子扩散系数和ASTMC1202电通量法。

RCM法是基于试件内部氯离子非稳态电迁移的一种试验方法，通过试验期间测得的氯离子强制迁移的深度来计算氯离子的扩散性。试验成型尺寸为直径100mm、高度200mm试件，标准养护56d后，将试件切割为ϕ100mm×50mm的试件（3块），在将切好的试件放入真空釜中保水24h，再进行氯离子扩散系数测定试验，试验数据如表6-23所示。

混凝土56d氯离子扩散系数测定值[14]　　表6-23

试样序号	电流（mA）	试验持续时间（h）	试件高度（m）	显色深度（m）	氯离子扩散系数（$\times 10^{-12}m^2/s$）	
1	8.4	96	0.05	0.013	1.405	1.478
2	6.7	96	0.05	0.014	1.497	
3	6.9	96	0.05	0.014	1.532	

电通量法通过测定流过混凝土的电量，快速评价混凝土的渗透性高低。试验成型尺寸为100mm×100mm×100mm的试件3块，标准养护56d后，每个试件切取中间部分，得到100mm×100mm×50mm的试件，在将切好的试件放入真空釜中保水24h后进行电通量测定试验，电通量法试验数据如表6–24所示。

混凝土56d电通量测试数据值[14]　　表6–24

<table>
<tr><td rowspan="6">电通量性能指标</td><td>通过的电量（C）</td><td>氯离子渗透性</td><td rowspan="6">实测值（C）</td><td rowspan="2">365.4</td><td rowspan="6">平均值（C）</td><td rowspan="6">374.0</td></tr>
<tr><td>>4000</td><td>高</td></tr>
<tr><td>2000～4000</td><td>中等</td><td rowspan="2">387.6</td></tr>
<tr><td>1000～2000</td><td>低</td></tr>
<tr><td>100～1000</td><td>很低</td><td rowspan="2">368.9</td></tr>
<tr><td><100</td><td>可忽略</td></tr>
</table>

抗氯离子渗透，与已建成的杭州湾大桥和马来西亚槟州第二跨海大桥不同结构部位控制值为1.5×10^{-12}～$3.5\times 10^{-12}m^2/s$（84d）的数据相比属同一数量级。国外建造的设计寿命为100年的重大工程的数据如表6–25。

与国外重大工程的氯离子扩散系数比较[14]　　表6–25

工程名称	龄期	氯离子扩散系数（$\times 10^{-12}m^2/s$）
德国Western Scheldt海底隧道	28d	4.75
新加坡海底隧道	28d	2.3～2.6
加拿大North Umberland大桥	6个月	0.48
荷兰Green Heart海底隧道	—	3.4（设计值）
法门寺合十舍利塔工程	56d	1.478

上述的工程均为海洋工程，对氯离子渗透要求十分严格。法门寺合十舍利塔位于内陆地区，周围环境氯离子浓度很低，工程混凝土氯离子扩散系数为$1.487\times10^{-12}m^2/s$（56d），达到耐久性设计要求。

3）抗碳化性能

抗碳化试验的试件尺寸为100mm×100mm×100mm，试件在28d龄期后进行碳化试验，试件先标准养护28d，后从标准养护室取出，在60℃温度下烘干48h。经烘干处理后的试件相对的两个侧面，其余表面用加热的石腊密封，开始碳化试验。碳化试验进行28d后将试件破型，在破型的新鲜面喷酚酞酒精溶液，30s后测量试件各点的碳化深度。具体试验数据如表6-26所示。

混凝土28d碳化试验数据[14] 表6-26

试件尺寸（mm）	100mm×100mm×100mm									
测量点	1	2	3	4	5	6	7	8	9	计算值
28d碳化深度	0.1	0.2	0.1	0.2	0	0.15	0	0	0	0.08
	0	0.1	0.2	0	0	0.1	0.1	0.15	0	

混凝土碳化会使混凝土内部pH值呈中性化，为钢筋锈蚀创造条件，钢筋一旦腐蚀，结构寿命就会有影响。根据文献介绍快速碳化试验深度小于20mm，相当于大气环境下CO_2碳化50年的作用结果。快速碳化试验的结果碳化深度仅0.08mm，依据推算应在150年以上。

4）抗裂性能试验

混凝土抗裂试验采用《铁路混凝土工程施工质量验收补充标准》（铁建设〔2005〕160号）中的附录C圆环约束法和日本Y.Kasai提出的平板法试验法，同时进行试验。

圆环约束法是采用试件尺寸为内径305mm、外径425mm（即壁厚60mm）、高度100mm的圆环抗裂试模。抗裂试验混凝土经振动成型后，待混凝土初凝后，拆去外模，将试件连同模具内环一起移入养护室中。经过15d的连续观测，圆环形试样未出现裂缝（图6-11、图6-12）。

混凝土抗裂性能试验是参考日本Y.Kasai教授提出的平板法试验方法，试件尺寸为600mm×600mm×50mm，与模具一起浇筑成一个整体，模具上的约束钢筋位于平板试件的中间周边，当平板收缩时四周受到约束。按预定配合比拌合混凝土，浇筑、振实、抹平试件后，立即用塑料薄膜覆盖，2h后将塑料薄膜取下，放入风道中进行抗裂试验。抗裂试验条件为风速8m/s，温度为30±3℃，湿度为60%±5%。24h后结束试验。试验记录包括

图6-11　混凝土抗裂试验圆环约束试件[14]

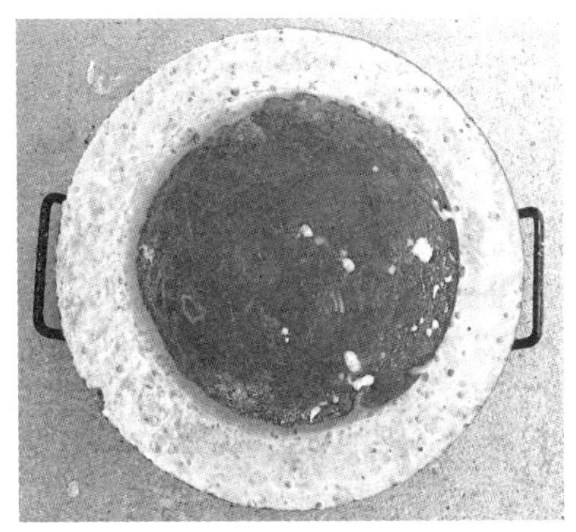

图6-12　C60混凝土抗裂圆环约束试件（标准养护15d）[14]

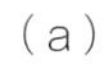

（a）

（b）

图6-13　抗裂试验风道[14]

出现第一条裂缝时间、裂缝数目、裂缝面积。根据试验条件，可自行设计抗裂试验风道（图6-13），通过试验风道基本满足8m/s风速条件，试验应在基本保证温湿度环境条件下进行。

通过试验测试C60混凝土试样开裂时间为5h。由于抗裂板上的裂缝太细，为了便于观察，用彩笔将裂缝标出，如图6-14所示。

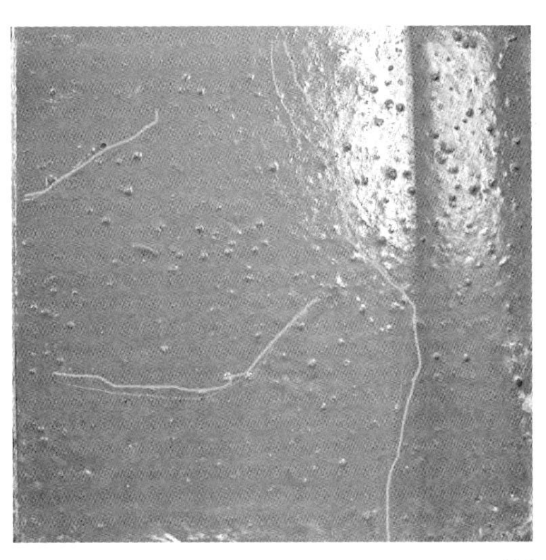

图6-14　C60混凝土试样抗裂试件[14]

抗裂试验结果表明，裂缝面积为566.9mm^2。对西北地区干热天气施工情况，相对湿度低，高空风速大，夏季温度可达40℃，混凝土结构的外表面水分蒸发量大，极易产生干燥裂缝。可以采取覆盖塑料薄膜，并及时抹压，减少混凝土塑性阶段的收缩十分有效。此数据可作为不同混凝土早期收缩的对比参数用（表6–27）。

C60混凝土平板抗裂法试验数据[14]　　表6–27

试验环境	环境温度为26℃，相对湿度为60%；风速8m/s			
实测值	初裂时间（h）	5.0	平均裂开面积（mm^2/根）	68.3
	开裂裂缝数目（根/ m^2）	8.3	单位面积上的总裂开面积（mm^2/m^2）	566.9

因环境中无硫酸盐侵蚀的危害，所以可不进行抗硫酸盐侵蚀试验。

3. 混凝土耐久性能检测

由于工程施工过程有诸多因素变动和干扰，与试验室混凝土试配的成型和养护有很大差别。为了缩小试验室和现场施工条件的差别，采用全过程质量控制的方法，稳定原材料品种和质量，根据气候、降雨、降温变化，在尽量减少水胶比变动的前提下，及时改变配合比，使混凝土质量得到控制，现场取样进行电通量、氯离子扩散系数的检测作为耐久性能检查的主要参数（表6–28）。

工程实体取芯检测混凝土耐久性数据[14]　　表6–28

取样地点	龄期养护条件	电通量（C）		Cl$^-$扩散系数（×10^{-12}m/s）	
试验墙C60 成型2007年5月28日 取芯样2008年3月13日	300d 自然养护	457.6	473.5	1.615	1.615
		637.2		1.616	
		325.6		1.615	
箱形柱C60成型2007年7月23日 取芯2007年8月8日标准养护 2008年3月13日终止标准养护	240d 标准养护	280.9	213.6	0.933	0.932
		198.1		0.932	
		158.9		0.932	
±0.000m以上墙柱C60 成型2007年8月19日试验2007年10月18日 试块100mm×100mm×100mm	60d 标准养护	594.0	526.9	—	—
		399.9		—	
		586.7		—	
墙柱梁板（44~49m）C60 成型2007年10月21日试验2008年3月25日 试块100mm×100mm×100mm	150d 标准养护	204.4	208.3	—	—
		214.0		—	
		206.5		—	

6.2.8　高性能混凝土收缩性能试验

混凝土收缩变形是混凝土材料的重要性质，混凝土结构在受约束条件下可能会发生收缩。在理论上，当混凝土收缩应力大于当时混凝土材料的极限拉应力时，混凝土就会开裂，形成裂缝。实际上由于混凝土材料的高度非匀质性，一般当约束下的拉应力达到极限拉应力的70%左右就会发生裂缝。变形裂缝的存在使水分和其他化学物质很容易进入混凝土内部，腐蚀钢筋，将直接影响建筑物寿命和结构的安全使用。

普通混凝土的收缩可以分为以下几种类型：1）化学收缩和自收缩；2）塑性收缩；3）干燥收缩；4）温度收缩；5）自收缩。

工程使用的高性能混凝土由于采用高效减水剂和优质掺合料，降低水胶比，更应注意成型过程中减少塑性收缩、干燥收缩和浇筑厚大构件时的温度收缩。混凝土收缩试验方法是采用棱柱体试件成型1d拆模后，就将棱柱体试件放入恒温20±5℃、恒湿60%±5%条件下，用千分表连续测量其收缩值，所测得的收缩值主要是干燥收缩和自收缩的叠加结果。因试验室所测定的硬化混凝土碳化作用小，温度变化小，故化学收缩、塑性收缩、碳化收缩和温度收缩的数值未计在内。

法门寺合十舍利塔工程与上海东方明珠电视塔应用的混凝土的强度等级均为C60，因此，选择试验中收缩值代表性试样与东方明珠电视塔对比。

表6-29、表6-30分别是两个工程的C60混凝土配合比及其性能。

两个工程的C60混凝土配合比[14]　　表6-29

试样编号	水胶比（%）	水（kg/m³）	水泥（kg/m³）	砂（kg/m³）	5~10mm碎石（kg/m³）	10~20mm碎石（kg/m³）	粉煤灰（kg/m³）	膨胀剂（kg/m³）	泵送剂（胶凝物比）	泵送剂型号
KF-7	0.273	139	390	700	216	864	110	10	0.9%	聚羧酸系高效减水剂（PCA）
东方明珠	0.352	190	480	586	499	513	60	—	1.5%~2.5%	JRC-2D1

两个工程的C60混凝土拌合性能和抗压强度[14]　　表6-30

试样编号	拌合物性能			抗压强度（MPa）			
	坍落度（mm）	扩展度（mm）	倒提（s）	3d	7d	28d	56d
KF-7	240	600	7.5	44.5	55.9	71.3	71.6
东方明珠	220	—	—	28.5	47.2	65.5	77.9

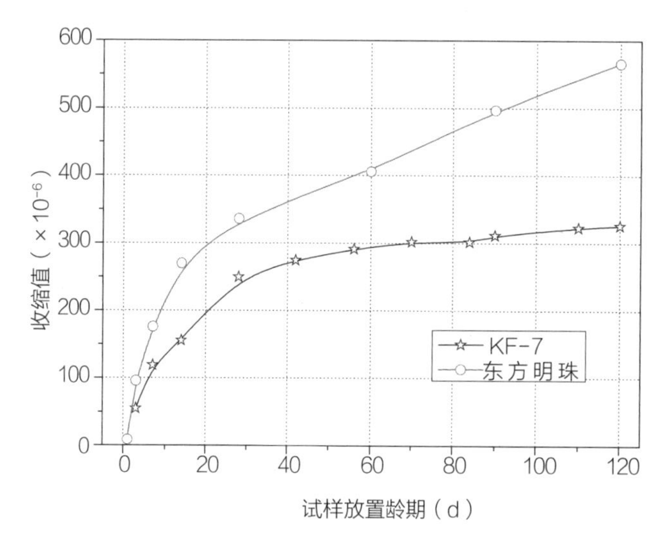

图6-15 法门寺合十舍利塔KF-7试样与东方明珠试样收缩值与混凝土龄期曲线[14]

收缩试验连续进行120d，其收缩值与东方明珠的相比如图6-15所示。

两个工程混凝土收缩值在同一数量级，法门寺合十舍利塔工程的试样的收缩值小于东方明珠混凝土试样；收缩值变化最大的在早期时（0～30d），收缩比较相近，但随时间推移，试验的试样在120d时收缩值已经基本趋于平衡，而东方明珠试样仍在以较快速率增长，这说明法门寺合十舍利塔工程混凝土的收缩变形性能优良。

在法门寺合十舍利塔工程中，地下墙柱工程与24m标高以下的厚墙很少出现裂缝，主要原因是C60高强高性能混凝土的收缩率低，并保证合理的养护条件。

两个工程混凝土收缩值的差别从已有的数据分析，法门寺合十舍利塔工程的配合比中胶凝材料总量在520kg/m^3，用水量在140kg/m^{3}左右，水胶比0.273～0.279，均低于东方明珠配合比中的数量。降低用水量、需水比、胶凝材料用量，适当增加优质粉煤灰掺量，有利于降低混凝土的收缩。

6.2.9 试验数据分析

1. 法门寺合十舍利塔工程C60混凝土28d龄期强度数据

法门寺合十舍利塔C60混凝土抗压强度统计表[14] 表6-31

标高	混凝土用量（m^3）	组数	最大值（MPa）	最小值（MPa）	平均值（MPa）	均方差（MPa）	总量（m^3）	总组数
-14.9～±0.000m	8825	51	70.3	59.8	64.1	3.60	8825	51组

续表

标高		混凝土用量（m³）	组数	最大值（MPa）	最小值（MPa）	平均值（MPa）	均方差（MPa）	总量（m³）	总组数
东塔	±0.000～24m	5708	61	84.0	58.0	70.4	4.94	22181	233组
	24～54m	5871	60	79.0	53.7	67.1	5.27		
	54～74m	3880	41	76.2	55.2	65.9	4.76		
	74～127m	5822	71	73.8	55.8	67.1	3.62		
西塔	±0.000～24m	5999	69	73.0	58.4	67.2	3.44	28899	280组
	24～54m	7800	70	73.2	59.8	66.3	3.72		
	54～74m	4700	49	71.3	56.9	63.7	3.43		
	74～127m	10400	92	73.9	54.6	64.4	3.84		
合计		564组，59905m³							

从表6-31中统计的564组试件抗压强度数值看出，法门寺合十舍利塔工程标准养护C60混凝土最大值达到84.0MPa，最小值为53.7MPa，各层平均值63.7～70.4MPa，均方差为5.27MPa，最小值3.43MPa，通过统计各段评定为合格。说明该工程建设期间原材料性能稳定，配合比较为合理，混凝土施工工艺可靠，可以满足施工要求。特别是高度达到74m以后，当地已进入冬期，在2008年元月份气温达到50年一遇的-13.6℃。严寒条件下浇筑的17000m³混凝土，其留置的163组试样，平均值在64.4～67.1MPa，均方差在3.62～3.84MPa。说明混凝土现场搅拌作业水平和高层泵送技术水平也在逐步提高，能够生产出质量稳定的高强高性能C60泵送混凝土。

2. 法门寺合十舍利塔工程C60混凝土长龄期强度

法门寺合十舍利塔工程C60混凝土强度[14]　　表6-32

龄期（d）	7	12	14	28	60	67	90	364	368	370	371	372
ln（d）	1.95	3.48	3.64	3.33	4.09	4.20	4.45	5.90	5.91	5.91	5.92	5.92
强度值（MPa）	43.0	53.0	69.5	66.7	69.0	71.6	75.8	78.7	85.2	83.1	88.7	83.6
	55.1	—	—	54.7	—	—	—	—	—	86.8	—	—
	30.4	—	—	69.5	—	—	—	—	—	—	—	—
	45.0	—	—	64.0	—	—	—	—	—	—	—	—
	—	—	—	61.9	—	—	—	—	—	—	—	—
	—	—	—	63.8	—	—	—	—	—	—	—	—

由于工程采用的混凝土配合比具有较低水泥用量，采用宝鸡Ⅱ级粉煤灰作掺合料，具有高减水率的聚羧酸高效减水剂，水胶比低，混凝土抗压强度的发展必然受到关注。型钢混凝土组合结构需要大量的混凝土浇筑入箱形柱或十字柱，型钢壁阻断了混凝土水分蒸发的通道，混凝土在密封状态下凝结硬化，这样的环境有利于粉煤灰混凝土后期强度的发展。经过一年的标准养护，C60混凝土试件立方体抗压强度均在80MPa以上，混凝土强度的持续发展使法门寺合十舍利塔结构更为坚固，耐久性能进一步得到可靠的保证。

根据收集到的数据，用时间对数为x轴，强度值为y轴，做强度与时间的散点图。表6–32是法门寺合十舍利塔工程C60混凝土强度与时间的数据，根据表6–32绘出图6–16。

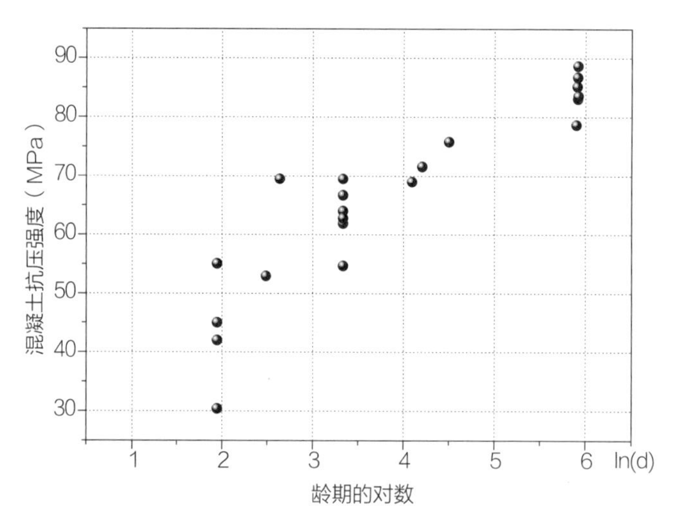

图6–16　C60混凝土强度与时间对数的关系图[14]

从图6–16中看到，混凝土标准养护立方体抗压强度发展较有规律，掺粉煤灰混凝土在低水胶比条件下，混凝土强度能够持续发展，360d强度值比28d可提高30%以上。

3. 现场实体强度测试

回弹法检测C60混凝土强度（表6–33），符合设计要求。

回弹法检测C60混凝土各龄期强度值[14]（单位：MPa）　　表6–33

龄期	14d			120d		133d	
工程部位	地下室墙厚3.5m、柱3.5m×3.5m	$f_{cu,min}$	64.9	西墙	67.0	西北柱	68.3
		m_{fcu}	66.5	南墙	66.3	西南柱	66.7
		σ_0	0.97	东墙	70.3	东北柱	69.9
		—	—	北墙	68.2	东南柱	66.7

6.3 超厚大体积混凝土筏板施工技术

法门寺合十舍利塔-22.9～-14.9m标高为钢筋混凝土筏板，总厚度达8m、混凝土总用量为1.3万m^3。按结构设计，基础中包括有存放佛祖舍利的密室、水平通道以及垂直运输用的楼梯。该部位采用强度等级为C35，抗渗等级P8，耐久性满足100年使用要求的混凝土进行施工。

6.3.1 施工段落划分

工程筏板施工过程中需对-19.9m标高密室及通道进行支设模板施工，对-16.900m标高进行型钢柱底脚安装。经设计单位同意将8m厚筏板混凝土分-22.900～-19.900m（3m厚）、-19.900～-16.900m（3m厚）、-16.900～-14.900m（2m厚）三段施工（图6-17）。

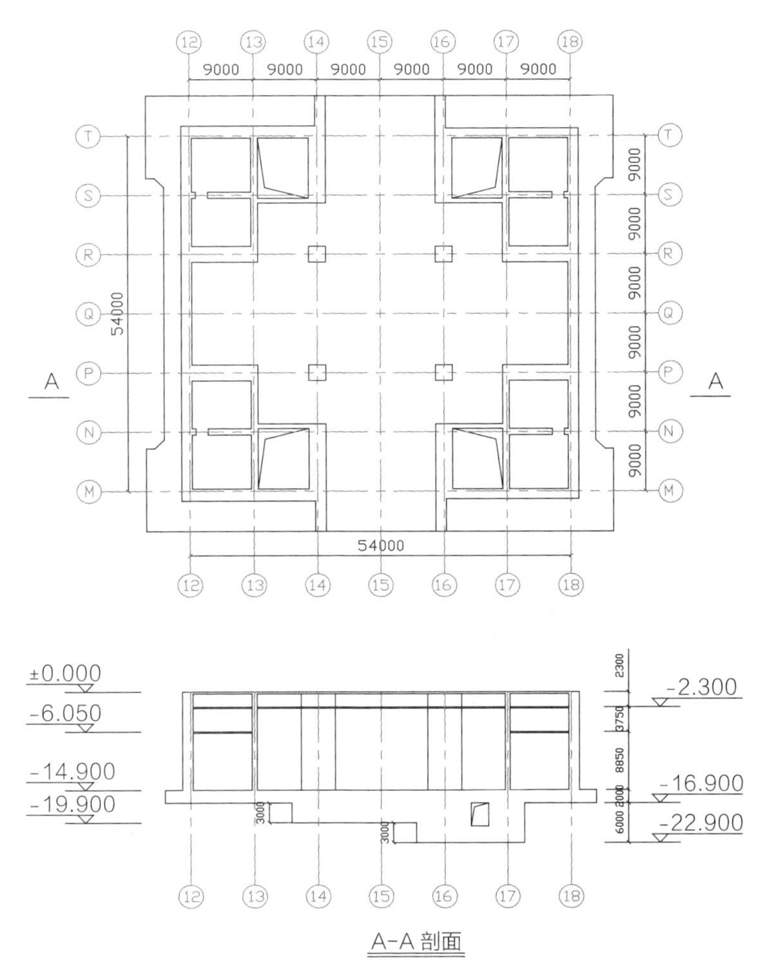

图6-17 C35基础筏板混凝土分层浇筑示意图

6.3.2 大体积混凝土裂缝控制技术

由于大体积混凝土的中心处于绝热升温状态，在水泥水化热的作用下，温度迅速升高，而大体积混凝土的边缘与温度较低的大气接触，散热较好，升温速度较慢，于是就产生温差。由于混凝土在不同温度下的膨胀量不同，就产生了内应力。当温差大于25℃时，混凝土就可能开裂。控制水泥的水化热以及与大气接触面的保温措施，是防止大体积混凝土开裂的两个主要的技术措施。

在混凝土筏板施工过程中，对预防三类裂缝提出以下操作要求：1）塑性收缩裂缝：此类裂缝在混凝土凝结硬化过程中，由于表面水分蒸发过快，形成裂缝无一定方向，裂缝宽度较大，可达0.5～1.5mm。在陕西关中地区，白天、晴天有风的低湿度地区极易产生。2）干燥收缩裂缝：此类裂缝在混凝土凝结硬化后不能及时浇水表面干燥，而形成混凝土表面泛白，经常出现在剪力墙钢筋根部，裂缝宽度小于0.5mm，无一定方向性。3）温差应力裂缝：此类裂缝在混凝土降温过程由于未采取合理的保温措施造成内外温差较大，一般超过25℃或降温速度过快昼夜降温超过6～8℃都会出现。裂缝长度垂直于结构长轴方向，宽度0.1～0.3mm，裂缝间距为等距离分布。

为防止基础筏板出现有害裂缝，从施工段落划分、技术措施、管理保证等多方面综合考虑，通过下列措施，经观测筏板大体积混凝土未发生有害裂缝的出现。

1）分层施工为混凝土降温提供了有利条件。

2）板与板间设置剪力槽，水平层间插入ϕ32带肋钢，连接长度0.8～1.0m，钢筋间距达到1～1.5m，保证层间结合牢固（图6-18）。

图6-18 超厚混凝土底板水平分层留置剪力槽

3）由于施工季节为4～5月，当地环境平均温度20～25℃，无须对骨料降温，拌合物温度小于26℃。

4）采用计算机实时监测混凝土内部温度系统，对混凝土内部温度进行24h连续检测，为指导养护工艺提供准确的参数。

5）采取以下相应措施有效地控制裂缝的产生和发展：

（1）对塑性收缩裂缝采取的措施

对新浇完成的混凝土表面，可覆盖塑料薄膜保持湿润，覆盖的时机应按天气不同而变化。对陕西关中地区晴天、白天有风天气时，应在浇筑完成后1h进行覆盖。当阴雨天，晚间则可推迟覆盖。

对由于未能及时覆盖塑料薄膜的混凝土表面出现的裂缝，在混凝土终凝前后，通过木抹抹压或机械收面后，消除裂缝。

（2）对干燥收缩采取的措施

混凝土完全结凝后（完全硬化可以上人时），应及时在塑料薄膜下浇水，水深1～2mm，可以达到100%相对湿度。随着混凝土表面温度升高，薄膜下水不易蒸发，可以达到湿热养护最佳条件。对混凝土筏板上剪力墙位置、柱基础和钢筋密集区，则应按混凝土裸露的位置剪裁塑料薄膜，做到全面贴面覆盖。

（3）对预防温度应力采取的措施

采用计算机实时混凝土内部温度检测系统，随时了解混凝土内外温度变化情况，以便及时采取保温措施。

在混凝土筏板全厚度部位安放三个测温点，上层深度–0.55～0.1m，中部1/2h。下部深度为（h–0.2）m。同时测得混凝土内外温差，通过分析连续记录温度变化曲线，了解某区域降温速率并采取相应措施。

降温速率过快时，可用保温材料覆盖混凝土表面，保温材料选用单层再生棉毡，覆盖不宜过厚。覆盖时间应控制在浇筑完混凝土24～30h左右，中部混凝土温度进入恒温阶段。覆盖过早，混凝土中心温度可比正常温度高2～3℃；覆盖过迟，易出现温差应力裂缝。

6）拆模作业温度

拆除承台侧模和地坑侧模时，外界温度和表层温度之差应小于20℃，拆模后仍应采用塑料膜和棉毡覆盖。

7）终止测温的温度

混凝土筏板最厚测点的中心温度与环境最低温度之差小于25℃时，混凝土内部温度逐渐下降，可终止测温作业。工程混凝土筏板测温结果见表6–34。

-22.900～-14.900m钢筋混凝土筏板测温参数　　表6-34

编号	厚度/总方量	施工时间	环境温度	拌合物温度	中心最高温度	最大温差/降温速率
Ⅰ层-22.900～-19.900m	3m/1700m^3	4.25～4.27	9～39℃	14～21℃	59℃	25℃/1.6～2.9（℃/d）
Ⅱ层-19.900～-16.900m	3m/2927m^3	5.10～5.12	6～40℃	17～25℃	60.3℃	25℃/2～3.0（℃/d）
Ⅲ层-16.900～-14.900m	2m/8250m^3	5.31～6.3	16～38℃	21～26℃	58.9℃	25℃/2～3.0（℃/d）

筏板混凝土测温温度-时间曲线见图6-19。

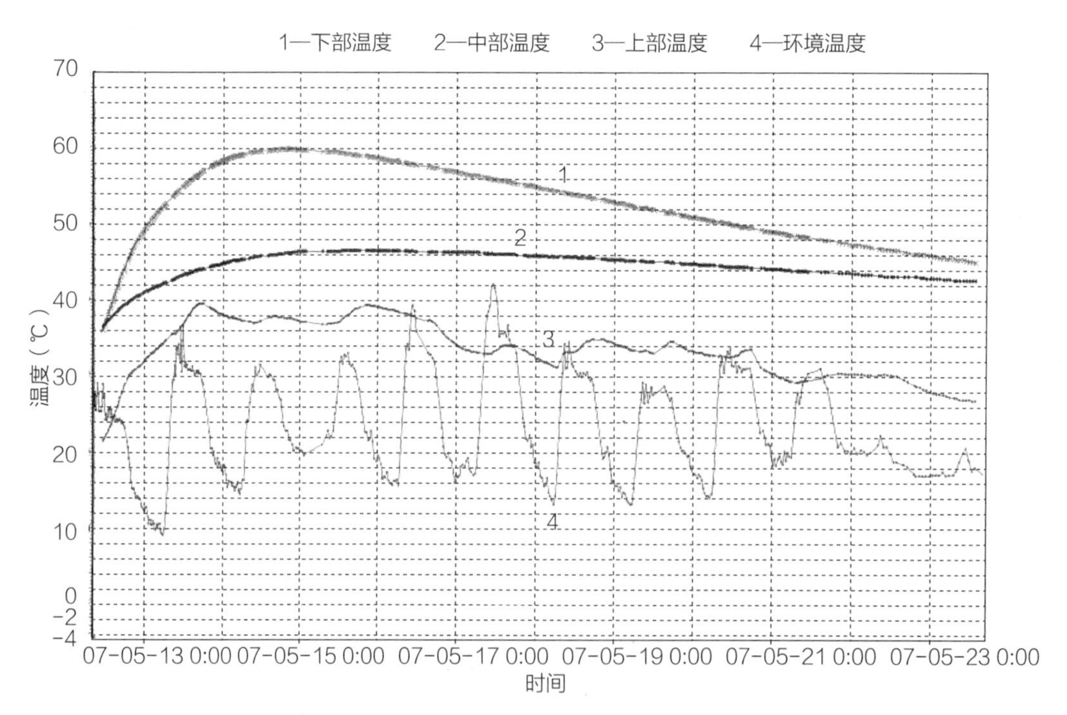

图6-19　法门寺合十舍利塔基础筏板二层第5测桩（3.0m）监测曲线

6.4　C60混凝土厚墙施工阶段温度应力裂缝控制

法门寺合十舍利塔在-14.9～127.2m标高墙体采用泵送C60高强高性能混凝土，最大厚度为2.4m，属于超厚墙体结构，为防止温度应力裂缝的产生，采用综合措施对温差应力裂缝进行全过程控制。

6.4.1　原材料的选择和配合比确定

该阶段应用的原材料、配合比和混凝土性能如表6–35、表6–36所示。

C60高强高性能混凝土原材料及配合比（kg/m^3）　　表6–35

原材料	水	水泥	砂	碎石		粉煤灰	膨胀剂	减水剂
	饮用水	盾石牌P.O42.5低碱水泥	渭河中砂	北山碎石		宝鸡Ⅱ级	UEA	聚羧酸系高效减水剂（PCA）
				10～25mm	5～10mm			
用量	160	390	700	864	216	110	20	4.5

C60高强高性能混凝土性能　　表6–36

坍落度（mm）	扩展度（mm）	倒置留空时间（s）	离析状况	凝结时间（h）		立方体抗压强度（MPa）		
				初凝	结凝	R3	R7	R28
180～220	500～600	5～15	不离析	8～10	14～16	40	50	60～65

6.4.2　C60厚墙体裂缝控制措施

墙体结构采用孔径50mm×50mmϕ1钢丝拧花网或焊接网片，外挂在钢筋网上，钢丝拧花网保护层厚度10mm。对于高强高性能混凝土墙体在钢筋外挂钢丝拧花网，可以有效地将可见的收缩裂缝化解为肉眼看不见的裂缝（图6–20）。

图6–20　厚墙结构钢筋外挂铁丝网

采用计算机实时监测内部温度系统，对不同高度混凝土墙体实施全面不间断的温度检测，为采取模板外挂棉毯或塑料薄膜等保温措施提供依据。减小厚墙内外温差，控制墙体降温速率，减少或消除温度应力裂缝的产生。

对2.4m和1.2m厚墙，测温点放置在墙体中部和距墙外表面50mm处，地下室墙柱分为东西区两部分，墙体标高为-14.900～±0.000m。

测孔的温度时间曲线与测温点的分布如图6-21所示。

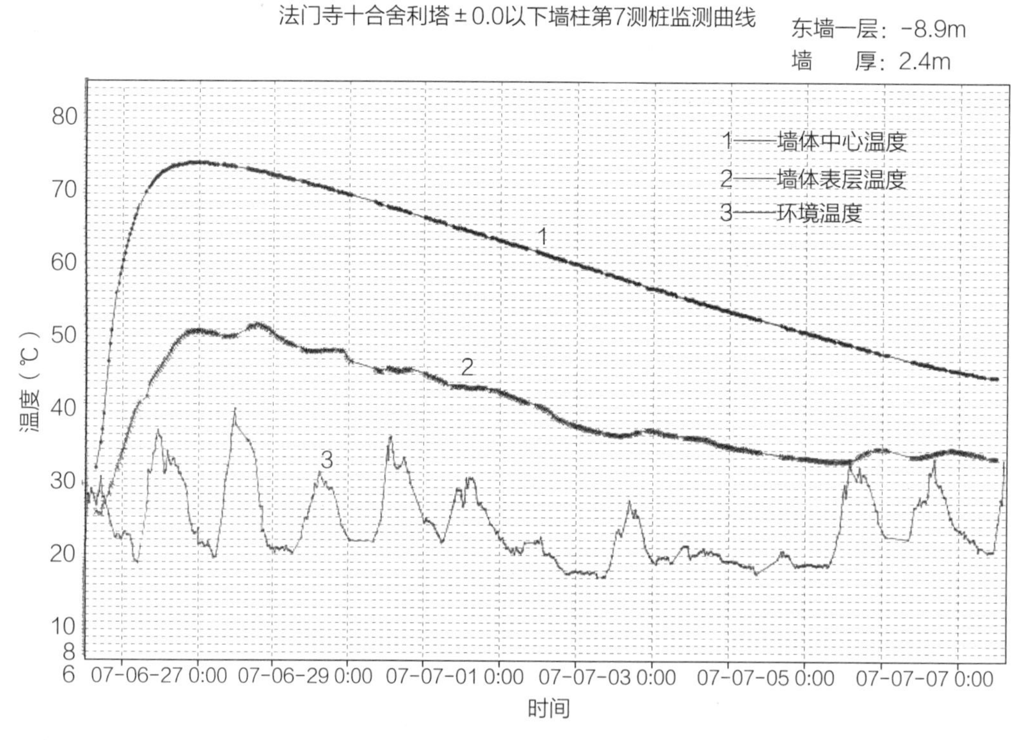

图6-21 第7测孔的温度时间曲线

6.4.3 混凝土保温措施

由于-14.900～24.000mC60墙柱施工在2007年6～7月，天气炎热，日间气温可达42℃，夜间下降到17℃，昼夜温差可达25℃。施工采用单层棉毡外挂在钢模板外，可有效缓冲温差变化对混凝土表层的作用，就可避免温差应力裂缝产生。

同时，应考虑钢模板外棉毡实施覆盖的时间，根据模拟试验2.4m×2.4m柱，采用工程的原材料、配合比和模板保温体系，混凝土中心最高温度出现的时间为24～30h。因此，不同高度的柱和墙，覆盖棉毡的时间不同，3m高度以下的墙柱可在第二天晚上覆盖，而

6~9m高度的墙柱则应推迟到第三天晚间来实施覆盖，这样做有利于降低厚墙柱的中心温度，在安全条件下加快降温的过程。

6.4.4 实施效果

由于C60采用水化热量低的盾石牌P.O42.5低碱水泥，掺入优质宝鸡二电厂Ⅱ级粉煤灰，采用聚羧酸高效减水剂，在低水胶比的条件下，拌合物具有良好的流动性能。与此同时，在结构上增加了50mm×50mmϕ1钢丝拧花网或焊接网片，在浇筑过程中通过温度监测，及时外挂棉毡，降低内外温差和降温速率，使-14.900~127.200m厚墙及柱混凝土工程避免了温度应力裂缝的产生。经检查未发现可见裂缝，达到了设计预期的要求。

6.5 高性能混凝土超高层冬期泵送技术

对陕西省宝鸡市扶风县法门寺地区气候调查表明每年11月中下旬出现负温，至元月份平均温度下降至0℃，最冷时间在元月中下旬。最低极端温度出现在2002年元月，达到-15℃。由于工期原因，混凝土工程必须在2月中旬封顶。因此，100m以上高度C60混凝土泵送工作预计在当地最寒冷的时间进行。考虑冬期施工将大幅度增加工程费用，为了节约开支，实事求是地按初冬和寒冬两个阶段制定出不同的技术措施，满足各期施工需要。

冬期施工总体要求是混凝土拌合物的温度应该达到出机温度大于12℃，入泵温度大于10℃，入模温度大于8℃；拌合物的坍落度220±20mm，扩展度500~600mm，倒置排空时间5~15s。混凝土在正温度入模后，部分热量被钢筋、型钢和木模板吸收后，混凝土仍应在正温度下凝结硬化，以使混凝土早期强度R3大于20MPa、R28大于50MPa（达到设计强度的85%）、R60达到60MPa以上。

冬期施工综合技术措施如下：

1. 原材料的保温防寒措施

1）水泥

利用水泥厂出厂水泥温度达到50~60℃的有利条件，运距近，散装车运达工地时，热量损失小。对300t容量的水泥钢质圆形储罐，在初冬时采用棉毡进行保温覆盖。寒冬时，应对下料绞刀长度5m范围进行包裹覆盖，使水泥出罐温度达到30℃以上。

2）砂石材料

料堆上方采用覆盖措施，晴天时日间可打开覆盖层，使砂石加热，夜间可覆盖，防止结冻块。经测量，砂石表层下200mm温度比较稳定，表层砂石，温度受大气环境影响较大。当进入严冬季节时，砂石表层结冻形成硬块，应及时清理，不得进入搅拌机。当环境温度下降至–8～–10℃时，应采用砂石加热的方法，才能保证拌合物的正常出机、入模温度，砂石在钢板上加热10min左右，可以提高至20～30℃，钢板上加热后的砂石温度不均匀，可集中堆放以均化砂石温度后，再进入搅拌机。

3）外加剂的保温措施

C60混凝土采用聚羧酸高效减水剂（PCA）液体，其冰点为–8℃，严冬时仍应在室内正温下存放，膨胀剂存放在加料斗附近，搭设保温棚。

4）拌合用水

根据天气变化，合理加热拌合用水。初冬时，应完成热水锅炉的安装调试，其供水量要求每小时1.0～1.5t，水温在15℃左右，采用热水锅炉，最高水温可达60℃左右。在初冬时，水温加热到30～40℃即可，严冬时加热到40～60℃。

2. 搅拌运输系统的保温措施

搅拌站包括计量斗和下料皮带均采用封闭措施，严冬时在封闭区域内设置加热设备，使小区域内环境温度大于5℃。

罐车的罐体包裹保温毡，减少混凝土拌合物散热。

固定泵入料口采用升温措施，使料斗处于正温度下工作。

由泵出口至塔顶，地面水平输送管道和24m标高以下垂直管道及弯头部位包裹保温棉毡。24m标高以上进入塔内分别在44m、74m、89m和110m标高各层平面，在垂直输送管道穿楼板洞口附近设置加热设备，使管道自下而上被上升热空气包围，达到保温效果。在顶部110m板穿孔处，实测温度可达20℃。

3. 塔身保温措施

塔身墙厚度700mm，内外模板均采用厚度15mm木质胶合板，外模板外包棉毡，防冷风直吹模板，以减少混凝土散热。在各层面如有通风口、门洞和窗口，应全部封闭，防止冷风进入室内。

4. 掺防冻组分

在1月，最冷气温达到–13～–10℃时，调整配合比，适当增加水泥用量，并使用防冻型聚羧酸系高效减水剂（PCA），可防止局部受冻。

5. 实施效果

在上述综合措施得到落实后，现场测得的温度如下：1）大气环境-10℃，拌合物出机温度12℃；2）100m以上拌合物出泵口入模温度10℃；3）混凝土入模后24h，700mm厚墙体中心温度可达30℃；4）3d后未脱模700mm厚墙体中心温度仍能保持20℃。

以上综合措施保证C60混凝土正常的凝结硬化和强度增长，现场混凝土墙面未发现受到冻害，强度发展正常。

自2008年1月2日～2月18日，期间遇到极端寒冷天气，现场实测最低温度为-13.6℃，混凝土分5次浇筑，泵送高度自94～127.2m，混凝土标准养护试块平均强度67.6MPa。

高强大流态混凝土超高层冬期泵送施工，涉及面广，环节众多，只要全面周到地对逐个环节加以控制，制定切实可行的有效措施，混凝土工程质量是可以得到保证的。

6.6 聚丙烯纤维混凝土应用

6.6.1 聚丙烯纤维混凝土简介

聚丙烯纤维是一种有机纤维，其重量轻，分散性好，具有较高的抗拉强度和抗变形性能。掺入混凝土中可以产生四种效应，即增稠效应、阻裂效应、界面效应和荷载传递效应，因而对混凝土拌合物性能和力学性能都有明显的改善。当聚丙烯纤维的掺入量达到0.05%～0.1%（体积掺量）时，可使混凝土早期收裂缝减少65%～70%，提高混凝土抗渗性能。聚丙烯纤维混凝土提高抗硫酸盐腐蚀性能，在Na_2SO_4溶液（5%浓度）中浸泡25周后对比普通混凝土、高性能混凝土和纤维高性能混凝土的膨胀率分别为1.5%、0.3%、0.1%。纤维高性能混凝土的膨胀率明显低于普通混凝土，也优于高性能混凝土，具有良好的抗硫酸盐性能。目前，已广泛应用于混凝土工程，如在混凝土筏板、基础梁、承台及地下室外墙掺入了聚丙烯纤维，对防止混凝土早期塑性收缩裂缝可以起到至关重要的作用。

6.6.2 54m标高穹顶结构概况

法门寺舍十舍利塔工程54m标高处有一穹顶，系球冠状壳体混凝土结构，在混凝土施工工艺上，充分利用聚丙烯纤维的增稠效应，去除外侧模板。混凝土直接泵送到下层大模板上面，混凝土并不流淌，通过轻微振动抹压后，形成球冠壳体，既保证施工质量，又节约模板支护的费用和时间，收到良好的技术经济效益。

聚丙烯混凝土强度等级C35，配合比见表6-37，混凝土拌合物性能见表6-38。

混凝土配合比[14]（单位：kg/m³） 表6-37

水	水泥	中砂	5～10mm碎石	10～20mm碎石	Ⅱ级粉煤灰	聚丙烯纤维	聚羧酸系高效减水剂（PCA）
163	310	790	250	850	120	0.6	3

混凝土拌合物性能[14] 表6-38

坍落度（mm）	扩展度（mm）	倒置流空（s）	抗压强度（MPa）		泵管直径（mm）	泵送高度（m）	泵道压力（MPa）
			R3	R28			
125	200	20	31	49	125	54	20

6.6.3 聚丙烯纤维混凝土技术要求

1）聚丙烯纤维加入量准确，应按照每盘1m³混凝土加入0.6kg，小包装提前分包。

2）搅拌顺序为先干拌30s，再加水和外加剂湿拌60～90s。

3）混凝土拌合物坍落度控制在110～140mm之间。

4）严格控制加水量，稳定砂子含水率。

5）泵送过程应为小流量连续泵送。如临时停泵，则隔1～2min启动一次，防止堵泵。

6）加强早期养护，抹平后即覆盖塑料薄膜，混凝土终凝后应浇水保持表面湿润即可。

6.6.4 技术经济效益分析

1）54m穹顶壳体混凝土结构施工完成后未发现可见裂缝和其他表面缺陷，外观良好。

2）混凝土现场留样，28d标准养护抗压强度为49MPa。

3）上层球面展开面积290m²，节约胶合板290m²，对拉螺栓2000余个（ϕ12，L=500mm）。

6.7 实施效果

法门寺合十舍利塔高性能混凝土技术研究成果，分别在主塔-14.900～±0.000m、

±0.000～24.000m、24.000～44.000m、44.000～74.000m、74.000～127.200m标高不同倾斜角度墙、柱混凝土施工中进行大量应用。经检测，各部位混凝土强度满足规范和设计要求。混凝土测温结果符合设计要求，混凝土表面光滑密实，无可见有害裂缝，感观效果良好。经耐久性试验检测（快速冻融试验、抗氯离子渗透性试验、抗碳化性能试验、抗裂性能试验等），各项试验结论均满足结构耐久年限100年的要求。混凝土性能试验相关数据见表6–39。

混凝土性能试验相关数据[14]　　表6–39

<table>
<tr><th>混凝土强度检测项目</th><th colspan="2">C35</th><th colspan="5">C60</th><th>备注</th></tr>
<tr><td>抗压强度R28（MPa）</td><td colspan="2">68组平均值
43.7</td><td colspan="3">西塔284组平均值66.9</td><td colspan="2">东塔238组平均值
66.7</td><td>混凝土标准
养护试块</td></tr>
<tr><td>抗压强度均方差（MPa）</td><td colspan="2">2.1</td><td colspan="3">4.4</td><td colspan="2">3.75</td><td>混凝土标准
养护试块</td></tr>
<tr><td>混凝土长龄期
试块抗压强度（MPa）</td><td>R90
15组
49.6</td><td>R382
6组
59.1</td><td>R7
42.0</td><td>R28
66.7</td><td>R60
69.0</td><td>R90
75.8</td><td>R365
85.2</td><td></td></tr>
<tr><td>混凝土抗渗性能</td><td colspan="2">P8</td><td colspan="5">P8</td><td></td></tr>
<tr><td>混凝土抗冻融性</td><td colspan="2">—</td><td colspan="5">重量损失2.5%，相对动弹模量92%</td><td>快速冻融
300次</td></tr>
<tr><td>混凝土抗氯离子渗透性</td><td colspan="2">—</td><td colspan="5">电通量法检测374C</td><td>采用ASTM
C1202</td></tr>
<tr><td>混凝土抗氯离子侵入性</td><td colspan="2">—</td><td colspan="5">$1.4781\times10^{-12}m^2/s$</td><td>采用
RCM法</td></tr>
<tr><td>混凝土抗碳化性能</td><td colspan="2">—</td><td colspan="5">28d碳化深度<0.1mm</td><td></td></tr>
<tr><td>混凝土抗裂性试验</td><td colspan="2">—</td><td colspan="5">连续观察15d，t=28℃，φ=60%，未出现裂缝</td><td>圆环约束法</td></tr>
</table>

1. 配制高性能混凝土应严格选择和控制原材料

为了获得高性能混凝土，必须对原材料进行严格的选择和控制，采用的低碱水泥不仅有助于预防混凝土碱骨料反应的发生，还具有与混凝土外加剂良好的相容性以及低水化热带来的混凝土结构稳定性。优质粉煤灰取代部分水泥，降低混凝土需水量，其火山灰效应可持续增强水泥石的强度和改善水泥石结构的抗渗性。聚羧酸高效减水剂高减水率，掺用的混凝土拌合物坍落度和扩展度稳定。采用低水胶比，适当的水灰比，在常规的混凝土工艺条件下也能制造出满足各项性能的高性能混凝土。

2. 采用高性能混凝土是实现结构耐久性100年的重要途径和手段

型钢混凝土组合结构中，由于型钢内的混凝土处于封闭状态，钢板阻断了混凝土与外界的传质交换途径，混凝土中的水分不容易逸出。在低水胶比条件下，为未水化水泥矿物持续水化创造了良好的环境，故型钢混凝土组合结构中的混凝土强度有条件持续增长。此外，型钢混凝土组合结构箱形柱中的混凝土受力属三向受力状态，使柱中的混凝土实际强度较普通混凝土高，又可大幅度提高型钢混凝土组合结构的刚度和抗变形能力。在法门寺合十舍利塔结构中，由于型钢十字柱和箱形柱在墙体内均匀分布，型钢板的栓钉与混凝土牢固结合，客观上对型钢混凝土组合结构起到了部分约束裂缝产生作用。因此，型钢混凝土组合结构中采用高强高性能混凝土是实现结构耐久性100年的重要途径和手段。

3. 高性能混凝土工程的每个环节都应在受控条件下进行作业

对高性能混凝土工程而言，由于其组成复杂，而且影响混凝土质量的因素众多，如要将试验室取得的成果，在工程上应用取得预期的效果，必须进行全过程质量控制，包括从原材料选择和控制到配合比的优化和调整，从计量精度控制到混凝土拌合物的生产，从混凝土浇筑到结构的养护，并随着气候的变化及时做出调整。只有在每个环节都在受控条件下得到实施，才能最终使得高性能混凝土达到预期的效果。

4. 施工保障措施

1）制定高性能混凝土防裂措施

应及时与设计单位进行沟通，根据工程特点制定高性能混凝土防裂措施。一般情况下，高性能混凝土表面防裂可采用在钢筋外侧增设一层防裂网的措施，防裂网可采用钢丝拧花网片或电焊网片，为确保混凝土能够通过，防裂网网眼宜选择30～50mm。

2）混凝土拌制

拌制每盘混凝土各组成材料计量结果的允许偏差为：①水泥、粉煤灰±1%；②粗、细骨料±2%；③水、外加剂±1%。固体材料计量按质量计，液体材料按体积计。

应使用经检定在有效期内的计量器具，保证计量正确。

每一工作班正式称量前，要求对计量设备进行实物计量检查。

生产过程中要求定期测定骨料的含水率，每一工作班不少于1次。当含水率有较大变化以及雨天施工时，要求增加测定次数，依据检测结果及时调整用水量和骨料用量。

严格控制拌制时间，搅拌完成后进行坍落度测定和观察混凝土的和易性。

混凝土坍落度宜控制200～220mm内，扩展度450～600mm，倒置流空时间5～15s，凝结时间为初凝8～10h，终凝12～14h，坍落度损失为30min应小于20mm。夏季高温施工时，应严格控凝结时间和坍落度损失；冬期施工应严格控制混凝土拌合物温度，入模温度大于10℃以保证其具有较高的流动性。

3）箱形柱混凝土浇筑及辅助振捣

型钢混凝土组合结构中箱形柱混凝土浇筑，应在墙体模板安装前利用箱形柱上部留设的混凝土灌注孔，采用串筒下浆，辅以外部振捣。为确保柱内混凝土密实，箱形柱内混凝土浇筑速度不宜过快。混凝土浇筑时，采用振动棒在灌注孔、箱梁侧面等部位进行振捣，对振动棒振捣不到的部位采用橡皮锤敲击模板进行人工表面振捣，以增加混凝土的密实度，同时减少混凝土表面气孔。

4）墙、板混凝土浇筑

混凝土保护层厚度是影响结构耐久性的重要指标。混凝土浇筑前，应仔细检查模板、钢筋、预埋件、预留孔、保护层垫块等的位置、规格和数量。对于外墙外侧，应减少保护层厚度负偏差的出现。

按照预先制定的混凝土浇筑施工方案，进行墙、板混凝土的运输与浇筑。浇筑过程中，应随时观测混凝土的和易性，并在混凝土出料口对其坍落度进行检测，掌握坍落度损失情况。墙柱竖向构件混凝土浇筑时，重点控制浇筑速度，移动下料通过控制浇筑实际高度来控制浇筑速度，一般宜0.3～0.6m/h，出料口应及时挪动，防止局部混凝土堆积过高。应注意在混凝土浇筑过程中，模板内外应及时采取辅助振捣措施，利于混凝土中气泡排放，确保混凝土密实。在墙体浇筑达到标高时，静停1h后应清除墙上表面浮浆。

5. 混凝土养护与试块的留置

1）混凝土养护及保温

混凝土浇筑完毕后，为保证混凝土表面水分不会过早蒸发，应及时使用塑料薄膜对墙、柱上口实施有效覆盖，然后在薄膜上覆盖保温毡进行保温。严格按墙体施工过程中的高度外包棉毡。一般在浇筑完成24h后，钢模板外包裹棉毡；木模板一般在浇筑完成后春夏秋季可不包裹。冬期温度在0℃时12h内、-5℃时3h内、-10℃时1h内，应及时外包裹1～3层棉毡。

根据季节、模板类型、墙柱厚度不同，制定不同的拆模时间，不得随意拆除墙柱模板。对于1～2.4m厚墙、柱，应进行温度检测。应采用计算机实时检测混凝土内部温度系统，了解不同高度、厚度混凝土内外温差及降温速率，以指导养护作业。

墙、柱拆模后，应及时使用塑料薄膜对其表面进行包裹，并按照大体积混凝土要求进行及时养护，养护时间应大于14d。在养护保温过程中，进行大体积混凝土测温工作，通过测温记录和保温覆盖措施，确保混凝土内外温差不超过设计要求。

2）试块的留置与养护

施工现场应设置不小于20m²的自动调温、调湿标准养护室。现场专人负责按规范规定批量留置试块、标准养护。

按规定和测试不同龄期混凝土试块强度，施工现场应留置同条件养护试块，试块留置数量应符合规范要求。

第 7 章

倾斜结构模架工程施工技术

7.1 概况

目前，在钢筋混凝土结构建筑中的爬升模板施工技术已经十分成熟，高层和超高层建筑结构施工广为采用。爬升模板技术是指将施工部位的爬升架体安装在下部已经施工完成的主体结构上，然后在提升架体内进行大模板施工作业，当结构工程达到拆模强度后脱模即可，模板不落地，依靠机械设备和支撑物将模板和爬模装置向上爬升就位固定，反复循环施工。由于爬升模板的技术性能所限，这项技术主要应用在垂直建筑结构施工中，倾斜角大于4° 的建筑结构应用的案例还不多见。

法门寺合十舍利塔工程主塔呈双手合十造型的剪力墙筒体建筑，塔结构高度148m，为复杂型钢混凝土组合结构，地下一层、地上十一层，层高10m。筒内各层5m处设有夹层，49 ~ 54m标高中央区有大型桁架和穹顶结构，从54m标高结构分成东西两部分。外墙从44m标高开始到74m标高结构由原来的75° 向内倾斜变成与水平成54° 夹角向外倾斜，从74m标高又变为向内侧倾斜54°，直至109 ~ 117m标高东西四道两部分又重新连接在一起；54m以上“手心”墙体与外墙平行倾斜。外墙厚度700mm，内墙厚度300 ~ 500mm不等，结构造型复杂，墙体倾斜、空间转换、交叉、折线结点、指缝窗洞、拐角结构较多。这种倾斜高耸建筑造型独特，施工工况复杂，空间转换、交叉、折线节点较多，给主体施工，特别是脚手架的搭设和模架的安装带来了难度。

法门寺合十舍利塔这种往复折线倾斜角达到36° 的建筑，若直接采用传统的工艺技术进行倾斜爬升，所需的爬升架体以及锚固连接件过重过大，对提升装置性能和提升动力也将提出更高要求，造成施工费用大大增加。另外，即使选用传统爬升模板施工也将受上部先行吊装完毕的型钢结构限制，模架在安装和拆除过程中塔吊吊装十分不便，难以满足施工进度要求。

经考察调研，常规附着式脚手架不太适合大倾角倾斜结构。而法门寺合十舍利塔工程“手背”外倾最高点74m标高处，投影外悬22m，工程混凝土结构施工最高部位127.2m，如果采用传统落地脚手架，需搭设宽度不小于24m、高130m落地脚手架，上下架体在74m标高处仅有几米宽连接通高立杆，架体在高度方向存在安全技术问题。而如此宽大架体，中间卸载难度大，尤其74m标高以上。“手心”由54m标高到127.2m标高也存在同样的问题。采用落地脚手架，架体材料投入量巨大，预计8000 ~ 9000t，一旦采用落地脚手架方案，将影响裙楼施工，打乱总体部署计划。模板倾斜角度大，高架支模，模架荷载超常，是法门寺合十舍利塔模板工程的三大施工难点。

施工单位曾与国内相关专家咨询，有关专家建议采用液压整体提升式爬模。随后，委托专业模架厂家，按工程结构异型特点对原液压提升式爬模体系进行设计改造。后经专业厂家研究认为工程倾斜角度大、一次支设模板高度大，造成使用液压杆件提升式爬模关键部位难以达到强度安全要求。液压整体提升式爬模方案被否定后，已无现有成熟模架技术作为选择。针对工程结构异型特点，研制设计专门的模架技术势在必行。

结合法门寺合十舍利塔工程模架工程施工实践，创新研究倾斜结构模架工程技术，解决安全防护、脚手架施工、模板加固等诸多施工难题。通过应用证明，此项技术提高了施工工效，降低工程成本，简化操作，安全可靠，对今后同类型施工具有指导意义。

7.2　模架工程施工难点

1. 超高结构对外脚手架影响

“手背”外倾部位标高74m，与地面间没有可支撑部位；“手心”需防护部位最高处标高127.2m，距54m平台73m；采用普通脚手架架体难以满足搭设高度要求。而且水平投影面积大，若搭设落地脚手架，塔楼下方基本没有施工场地，裙楼施工严重受到影响。

2. “手背”墙距地高度大，外斜距离大，外架搭设难度大

“手背”为仰角，倾斜角度过大，若采用挑架，架体需向外倾斜搭设，架体自重与施工荷载不能通过架体立杆垂直传递，需要有特殊卸载措施。

“手背”外架搭设时受型钢结构影响，材料难以吊运到位，需通过人工转运。外脚手架拆除时，塔吊不能直接吊运，需通过手指缝空隙运至“手心”处。外脚手架下方为施工场地，操作过程中的防止坠落是控制重点。

3. 南北立面随主体结构侧向倾斜，搭设难度大

南北立面架体随着结构倾斜，其稳定性难于保证。

4. 南北侧与“手背”阳角挑架困难

南北侧与“手背”阳角错台设置，钢筋复杂，模板角度、龙骨加固困难，难以设置挑梁，需采取其他控制措施。结构的墙、柱节点连接复杂，各构件沿高度方向平面尺寸变化大、折点多。墙、柱内部含十字形、日字形、L形等多种型钢柱，给现场模板支设、加固带来极大难度。

5. “手心”南北侧灯带处挑架难以搭设

塔楼“手心”南北侧灯带处墙为钢筋混凝土结构，没有型钢结构。混凝土浇筑前，钢筋绑扎过程中外架没有附着点。

6. 四周临空作业，安全防护要求高

由于施工场地有限，塔楼施工为立体交叉作业，楼底人流量大，作业防护应特别加强，不仅需防止人员坠落，更应防止物体坠落伤人。尤其是，74m标高以下“手背”与74m标高以上“手心”墙防护应特别注意。

另外，考虑到施工操作人员心理安全，需对外脚手架外侧进行全封闭，减少因视觉造成的不安全感。

7. 结构外形复杂，异形结构多，模板放样难度大

结构在24m、54m、74m等标高部位连续转折，特别是“手背”墙在44~74m标高逐渐向外悬挑21m，“手心”墙在54~109m标高需随结构倾斜搭设“手掌”脚手架，故给施工用脚手架搭设带来极大难度。

44m标高以上“手掌”向东西方呈36°倾斜，且南北向侧水平方向有19.12°折角。异形较多，模板几何形状很难确定。而且每层内墙相对位置不一，各层墙面尺寸都不相同，每层均需重新放样，重新配模，模板周转率降低。

44~54m标高南北立面双向折线相交，模板角度计算困难。

8. 楼层层高，工人操作难度大

44m标高以上楼层，角筒内层高5m，两筒中间层高10m。

由于混凝土每层浇筑高度需达到5m，且受型钢影响，泵管不易移动，混凝土一次浇筑高度高，混凝土侧压力大，模板加固应比一般模板更为严格。

“手心”“手背”处36°斜向剪力墙为空心墙，空心墙内模受压力较大，制作时需充分考虑内模强度和抗渗漏能力。

9. 模板加固比较困难

剪力墙中设置较多型钢构件，钢筋设置密集，主筋最小间距100mm，对拉螺杆无法贯穿，给模板加固带来极大难度。

10. 型钢与钢筋施工对模板作业的影响

受型钢结构影响，材料运输困难。各楼层上方、四周均有型钢结构，底部仅余少量洞口，材料需通过塔吊堆放于上方钢梁上，人工倒运到作业部位。

型钢结构影响模板的加固和周转。对拉螺杆直接焊于型钢结构上，对模板螺栓孔与螺杆对应精度要求比较高，操作难度大；为避开型钢柱，需增加螺杆。同时因各层结构不同，型钢结构构件相对位置不同，需重新设置螺杆孔。

受型钢结构和钢筋影响，混凝土泵管挪动困难，混凝土浇筑高度不易控制。同时，型钢柱表面距混凝土表面仅125mm，之间还有箍筋和网片钢筋，阻挡混凝土流动，易造成混凝土质量缺陷。水平型钢结构构件还影响振动棒的插入。为保证混凝土密实度，振动棒插捣时间和插捣密度远大于一般工程，混凝土侧压力加大，模板加固应进一步加强。

7.3 模板支撑架设计方案

结合法门寺合十舍利塔结构特点及国内外类似工程中模架施工经验，施工单位组织成立模架技术攻关小组，自主研发倾斜结构模架工程施工技术。

根据工程特点，工程模架体系分为三个部分，分别为“手心”墙施工模架体系、“手背”墙施工模架体系及核心筒内施工模架体系。

7.3.1 “手心”墙脚手架体系设计

54～104m标高部分架体需满足掌心两边内壁混凝土结构的施工，架体搭设高度约50m，宽度约18m，长度约37.5m。架体的使用功能应满足掌心两边内壁结构的施工，并满足结构施工所需要材料的堆放和施工人员的安全操作。根据以上要求和资源状况，方案设计采用ADG60承重系列插接自锁式钢管支架产品。搭设采用中部悬跨两边沿掌心内壁阶梯的方式，在架体的内侧竖向高度方向每10m设置一个上料平台，考虑到架体的均布受力，水平方向设置四个平台，在每个平台通向施工操作面的位置预留一个人行通道，方便人员和材料的通行。

7.3.2 “手背”墙脚手架体系设计

“手背”剪力墙施工采用台阶式斜挑架。该脚手架架体既可保证有足够的安全性，又具有足够的刚度；在施工中，架体又可作为临时转料平台使用，故脚手架设计既要考虑安全性，又要兼顾使用的方便性（图7-1）。

根据计算结果，选择悬挑工字钢的规格，一般采用16号，长度在1.8～2.2m，其中伸入墙体内不得小于500mm，悬挑剩余长度。工字钢钢梁焊接在钢牛腿上表面，通过计算间距得出不大于4.5m，纵向间距1.8～2m。悬挑梁外端分别焊接两个ϕ25的钢筋头，作为立杆固定之用。脚手架选用ϕ48mm×3.5mm钢管搭设，立杆纵向间距为1.5m，横向呈三角形状，步高1.8m，第一步用钢管扣件搭设成内外桁架，下弦增设一道大横杆，在钢梁上安装的立杆用钢管扣件搭设成单片桁架式主框架。架体外侧满搭剪刀撑，每步设置钢管扶手。

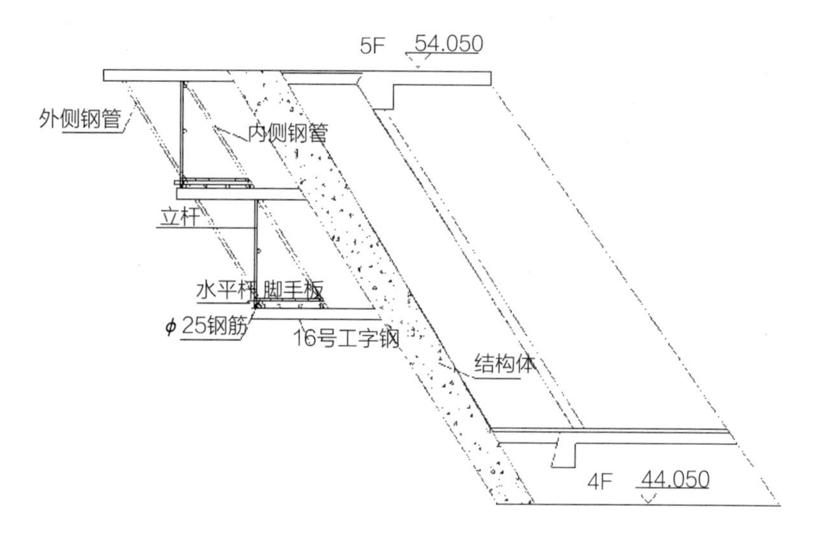

图7-1 44～74m标高“手背”施工模架示意图

搭设前，加固并利用下部的脚手架，沿纵向在钢梁（立杆底部）上铺设置大横杆，插装立杆，先立内侧立杆，再立外侧立杆，用临时附墙杆支撑，调整好各杆件尺寸后，及时安装上部的大小横杆。搭设顺序由一端逐渐向前延伸。架底排好后，再向上逐步搭设。

同一步里外两根大横杆、大横杆接头应相互错开，且不宜设置在同一跨度内。大横杆搭好后，安装小横杆，其两头应伸出大横杆外边100mm以上。同一步纵向水平高低差不得超过20mm。

7.3.3 核心筒内施工脚手架体系设计

主塔结构核心筒内采用模块式插接自锁式钢管支架搭设，斜墙部分搭设悬挑架体（图7-2）。

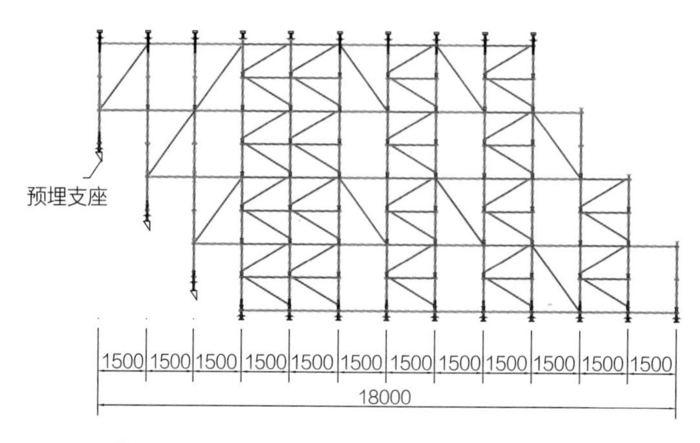

图7-2 54～104m标高核心筒内脚手架搭设示意图

7.4　倾斜混凝土墙模架施工技术

7.4.1　倾斜混凝土墙爬升模架工作原理

在外架上安装爬模滑道，模板上方型钢梁上安装工具式型钢吊梁，将3t手动葫芦挂在钢梁上，利用丝杠将模板托住，平稳地放在滑道上，使模板钢横肋接触到滑轨面，拉动葫芦，将模板升起。到位后，利用下部混凝土墙上的穿墙螺栓孔安装支撑托架，用丝杠将模板支承到墙面上，松动吊装链条，将模板落在托架上，托架部位弹出控制标高线，方木找平。模板校正后，及时与内模穿出的对拉螺栓连接（图7–3）。

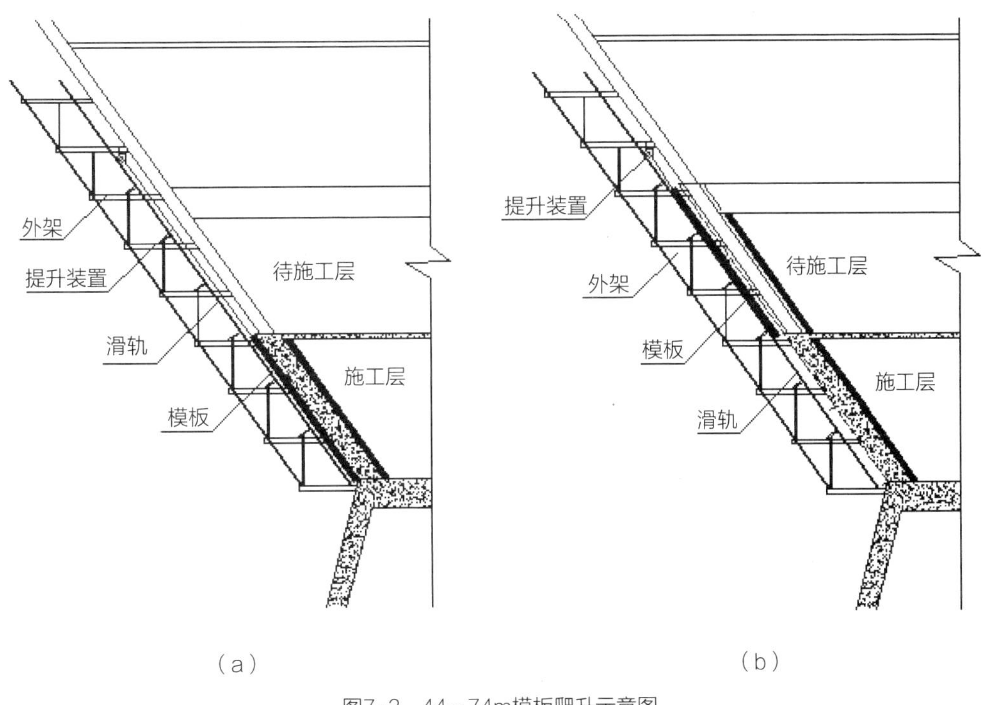

图7–3　44～74m模板爬升示意图

7.4.2　墙模板设计

墙模板采用ϕ16对拉螺杆，间距800mm×800mm，在遇到型钢梁或型钢柱无法对拉时，按照800mm×800mm间距上下100mm调整，尽量错开型钢结构，避免在型钢结构上焊接对拉螺杆。墙体竖向龙骨为60mm×100mm方木，间距200mm；方木后面背两根10号背靠背的槽钢，槽钢与对拉螺杆连接固定。墙根部向上1/3高度内对拉螺杆采用双螺母，其余2/3高度采用单螺母；对拉螺杆安装PVC管和塑料堵头，以防止模板螺栓孔部位漏浆。

7.4.3 施工准备

1. 技术准备

1）脚手架搭设前应具备必要的技术文件，如架体构造、连墙件、立杆间距设计等。由项目技术负责人和施工管理人员按照施工方案有关脚手架的要求，进行作业人员技术交底。

2）对模板的侧压力、螺栓的承载能力、脚手架搭设的安全稳定性等相关项目进行验算。

2. 材料准备

1）外脚手架钢管采用国家标准《直缝电焊钢管》GB/T 13793中规定的3号普通钢管，其质量、性能应符合现行国家标准《碳素结构钢》GB/T 700中Q235-A级钢的规定。钢管外径48mm，壁厚3.5mm，无严重锈蚀、弯曲、压偏、裂纹的钢管。

2）扣件式钢管脚手架应用可锻铸铁制作的扣件，其材质应符合现行国家标准《钢管脚手架扣件》GB 15831的规定，在螺栓拧紧力矩达到65N・m时不得发生破坏。铸件不得有裂纹、气孔，不宜有缩松、砂眼或其他影响使用的铸造缺陷。扣件与钢管的接触面必须严格整形，应保证与钢管扣紧时接触良好。扣件活动部位应能够灵活转动，旋转扣件的两端旋转面间隙应小于1mm。

3）脚手板采用50mm厚木质脚手板。为便于人工操作，脚手板每块重量均不宜大于30kg。

4）采用钢管加焊穿墙螺杆，穿过对拉螺栓孔与墙体进行螺栓连接作为连墙件，另一端用扣件与架体立杆连接。间距按两步三跨设置，架体上部采用钢管扣件与型钢柱连接。

5）覆膜木质胶合板规格为2440mm×1220mm×15mm，方木规格为60mm×100mm。

7.4.4 施工部署

1）合理划分脚手架搭设施工的流水区段，外架采用悬挑式扣件钢管脚手架，内架搭设插接自锁式钢管支架。先外后里，架体搭设高度与钢筋绑扎同步，保证与其他施工作业面交叉且不矛盾。

2）合理考虑脚手架施工的技术措施，提前编制专项施工方案，做好细部节点的策划。

3）劳动力进场后，先进行进场培训和教育工作，培训内容包括规章制度、安全文明施工及操作技术等方面。

4）施工操作前，项目技术负责人应亲自向全体操作人员进行技术交底。

5）承重支撑架的搭设施工应由专业施工队伍承担，施工人员应持有建筑登高特种作业上岗证。

6）搭设完成后，项目有关人员应认真进行检查验收。应依据专项施工方案确定的各项检查指标要求，逐一检查验收。

7）严格控制实际施工荷载不超过设计荷载，在荷载计算时应考虑出现的最大荷载，并提出控制要求，在施工中设专人对施工荷载进行监控。

8）技术人员应仔细阅读图纸，结合工程实际，设计经济、合理的模板配板图，并对操作工人进行技术交底。将配板图发放到制作模板的工人手中，并由技术人员负责在加工车间指导工人安装制作。

9）将制作好的大模板按图编号，堆放整齐，以便吊装。

7.4.5　工艺流程

倾斜混凝土墙模架施工工艺流程如图7-4所示。

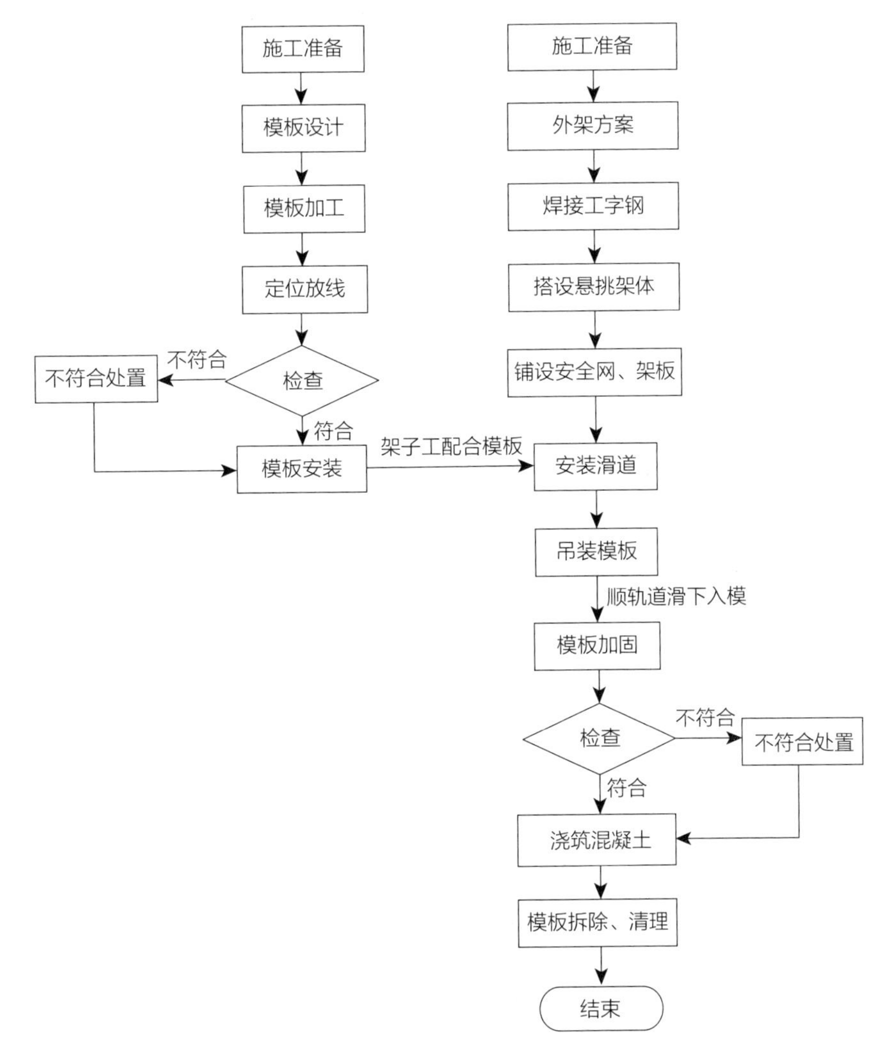

图7-4　倾斜混凝土墙模架施工工艺流程

7.4.6 施工工艺

1. 悬挑架搭设（图7-5）

根据计算结果，选择悬挑工字钢的规格，一般采用16号，长度在1.8～2.2m，其中不得小于500mm（经过焊缝计算得出）伸入墙体内，悬挑剩余长度。工字钢钢梁焊接在钢牛腿上表面，间距通过计算得出不大于4.5m，纵向间距1.8～2m。悬挑梁外端分别焊接两个ϕ25的钢筋头，作为立杆生根之用。脚手架与建筑物的连墙拉结采用钢管焊接穿墙螺杆通过穿墙螺杆孔与墙体连接的方式。

脚手架选用ϕ48×3.5钢管搭设，立杆纵向间距为1.5m，横向呈三角形状，步高1.8m，第一步用钢管扣件搭设成内外桁架，下弦增设一道大横杆；在钢梁上安装的立杆用钢管扣件搭设成单片桁架式主框架。架体外侧满搭剪刀撑，每步设置钢管扶手。

搭设前，加固并利用下部的脚手架，沿纵向在钢梁（立杆底部）上铺设置大横杆，紧跟着插装立杆，先立内侧，再立外侧立杆，用临时附墙杆支撑，调整好各杆件尺寸后，及时安装上部的大小横杆。搭设顺序由一端逐渐向前延伸。架底排好后，再向上逐步搭设。

同一步里外两根大横杆、大横杆接头应相互错开，且不宜设置在同一跨度内。大横杆搭好后，安装小横杆，其两头应伸出大横杆外边100mm以上。同一步纵向水平高低差不得超过20mm。

脚手架搭好部分后，为了防止空中作业坠落材料，用密目网或钢板网将架体的下部及侧面封闭，再在上面铺设脚手板。脚手板应满铺稳铺，不得铺成翘头板、弹簧板。在靠墙

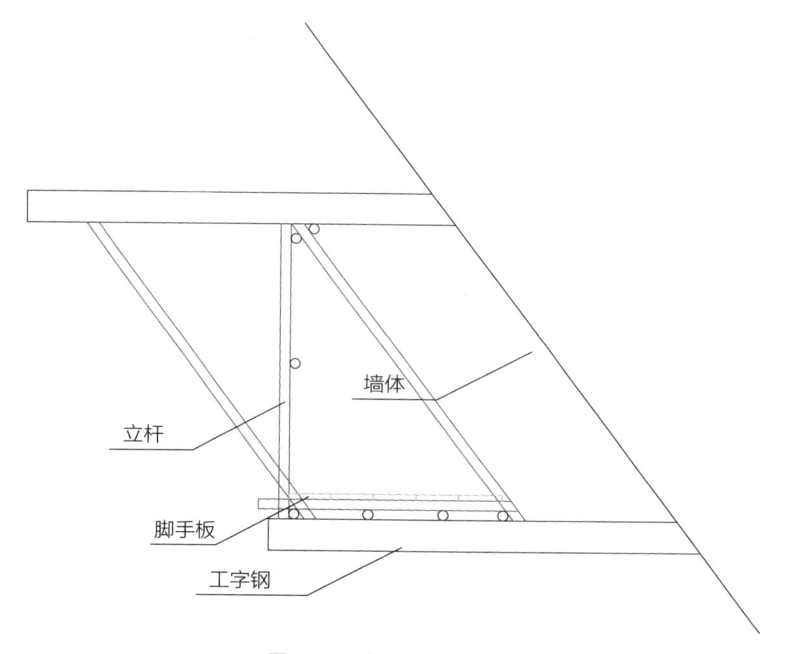

图7-5 悬挑架搭设示意图

一侧及端部必须与小横杆绑牢，以防滑出。在对头铺时，在每块板端头下应有小横杆，小横杆离脚手架端头应为100～150mm。脚手架搭设要求符合《建筑施工扣件式钢管脚手架安全技术规范》JGJ 130中的规定。

2. 模板安装（图7-6～图7-9）

脚手架搭设好后，三角形架体侧面安装滑道，将配置好的模板用塔吊吊装顺滑道入模，入模后及时加固到位。模板定位筋采用在型钢柱、梁上焊接ϕ16T形钢筋控制，提模前，按照控制线预先将定位筋控制到模板支设的位置，焊接定位筋间距1～1.5m左右。

3. 模板接缝处处理

模板下口首次支设应采用砂浆找平，二次安装接口（高度为50～100mm）贴双面胶带。模板间接缝贴双面胶带，相邻木龙骨用螺栓连接。角部采用定型模板，相邻模板做企口镶扣合缝。钢围檩接头处用双钢管加强，穿墙螺栓外套PVC塑料管和防漏塞口，T形墙等拐角特殊部位将穿墙螺栓（三节头型）焊接在型钢柱上。

4. 模板拆除

当一个施工层面施工完毕，混凝土浇筑24h后，墙体模板即可松动穿墙螺栓，但不可拆除。应在混凝土浇筑3d后，上部具备支模条件时，在上部预先挂好起吊葫芦，并预紧吊模钢丝绳，用丝杠连接住模板后，方可分别依次拆除穿墙螺栓和模板。梁板底部模板须在混凝土强度达到100%后方可拆除。提升后爬升模板下部用支撑架和木方支垫，上部与型钢柱做临时拉结，并及时将内侧模板与其用穿墙螺栓固定。

拆除的模板应及时清理，涂刷脱模剂。损坏的模板、连接件，应及时更换。

7.4.7 质量要求

倾斜结构模架工程安装质量检查标准除个别项目外，基本与常规模板工程相同（表7-1）。

1. 主控项目

钢管、扣件、密目网等的规格和性能应符合设计要求。进场的钢管、扣件、密目网等应有性能检测报告、产品合格证。

模板及配件的质量应符合《混凝土结构工程施工质量验收规范》GB 50204。

在涂刷模板脱模剂时，不得污染钢筋和混凝土接槎处。

模板拆除时，混凝土强度应满足相关技术要求。

2. 一般项目

应设置纵、横向水平杆和立杆，三杆交会处用直角扣件互相连接，并应尽量紧靠。

扣件螺栓拧紧扭力矩应在40～65N·m之间，以保证脚手架的节点具有必要的刚性和承受荷载的能力。

桁架中部应起拱10mm，主框架内立杆两侧设置八字撑，以防止不均匀或过大的变形。

整个架体应连成环形整体，外部用密目网或钢板网进行全封闭。

钢管杆件刷黄色油漆，剪刀撑刷红白相间油漆。

模板与混凝土的接触面应清理干净并涂刷脱模剂，不得采用影响结构性能或妨碍装饰工程施工的脱模剂。脱模剂宜采用混合机、柴油，比例视气温环境调整。

浇筑混凝土前，模板内应清理干净。

模板的接缝不应漏浆，固定在模板上的预埋件、预留孔洞均不得遗漏，且应安装牢固，其偏差应符合表7–2的规定。

拆除的模板和支架应分开堆放，存放模板的地方应平整、牢固，码放整齐，周边不得有积水。

模板钻孔应根据施工方案配模图设计的位置进行施工，孔径大小、位置误差不得大于2mm，施工中模板上多余的孔应进行及时封堵。

倾斜结构模架安装允许偏差及检验方法　　表7–1

<table>
<tr><th>序号</th><th colspan="2">项目</th><th>允许偏差</th><th>检验方法</th></tr>
<tr><td>1</td><td colspan="2">轴线位置</td><td>5mm</td><td>钢尺检查</td></tr>
<tr><td>2</td><td colspan="2">底模上表面标高</td><td>±5mm</td><td>水准仪或拉线、钢尺检查</td></tr>
<tr><td>3</td><td rowspan="2">截面内部尺寸</td><td>基础</td><td>±10mm</td><td>钢尺检查</td></tr>
<tr><td>4</td><td>柱、墙、梁</td><td>+4，-5mm</td><td>钢尺检查</td></tr>
<tr><td>5</td><td rowspan="2">层高垂直度</td><td>不大于5m</td><td>6mm</td><td>经纬仪或吊线、钢尺检查</td></tr>
<tr><td>6</td><td>大于5m</td><td>8mm</td><td>经纬仪或吊线、钢尺检查</td></tr>
<tr><td>7</td><td colspan="2">相邻两块模板表面的高低差</td><td>2mm</td><td>钢尺检查</td></tr>
<tr><td>8</td><td colspan="2">表面平整度</td><td>5mm</td><td>2m靠尺和塞尺检查</td></tr>
<tr><td>9</td><td colspan="2">倾斜角度</td><td>0.2°</td><td>定型角度尺和塞尺检查</td></tr>
<tr><td>10</td><td colspan="2">倾斜模板安装位置</td><td>±2mm</td><td>钢尺检查</td></tr>
<tr><td>11</td><td colspan="2">倾斜模板上口宽度</td><td>±3mm</td><td>钢尺检查</td></tr>
</table>

续表

序号	项目	允许偏差	检验方法
12	倾斜模板标高	±10mm	钢尺检查
13	挑梁内外端顶面标高高度差	±3mm	钢尺检查

预埋件和预留孔洞的允许偏差　表7-2

序号	项目		允许偏差（mm）
1	预埋钢板中心线位置		3
2	预埋管、预留孔中心线位置		3
3	预埋螺栓	中心线位置	2
4		外露长度	+10，0
5	预留洞	中心线位置	10
6		尺寸	+10，0

7.4.8　效益分析

倾斜混凝土墙模架施工技术工艺简单，操作方便，施工进度快。在法门寺合十舍利塔主体结构施工中应用，保证了每月20m的施工进度要求，极大地缩短了结构工程整体施工工期。

常规爬升模板技术每次安装就位一般需要10～14d，而倾斜混凝土墙模架施工技术每次安装仅需要7d，并且其中3～5d属于穿插作业，并不占用主导关键线路。以法门寺合十舍利塔施工为例，如果采用常规爬升模板施工，模板需要两次安装，仅安装就需要20～30d工期。而倾斜混凝土墙模架施工技术只需一次模板安装就位，所需时间为3～5d，与前者相比加快施工进度、缩短施工工期的技术优势十分明显。

由于倾斜混凝土墙模架施工技术成果具有创新性，无类似工程进行对比，在法门寺合十舍利塔工程使用的模板体系与国内先进的重型液压爬模相比，直接降低施工费用为238.8万元。

此项技术创新成果与国内先进的重型液压爬模相比，用钢量少，投入低，工艺设备简单，造价低廉，安装精度容易保证，倾角可以任意调整，特别适用于复杂造型高耸建筑任意倾斜角度外墙模板施工。该技术成果在法门寺合十舍利塔44m标高以上往复折线倾斜的型钢混凝土“双塔”结构外用模架和提升模板的施工中，发挥了巨大的作用。通过实践证明，其创新技术是成熟的，施工全过程处于安全稳定、快捷、优质的可控状态，极大地降低了倾斜结构施工中存在的各种安全隐患。

现场施工见图7–6～图7–9。

图7-6　爬升模板吊装就位

图7-7　爬升模板入轨道

图7-8　爬升模板就位

图7-9　内侧斜墙模板

7.5　插接自锁式钢管支架技术

7.5.1　技术概况

插接自锁式钢管支架是由立杆、水平杆、斜杆、可调底座、可调托座等构配件组成。在立杆上设U形插座，在水平杆端部设置C形卡头，挂置后以楔形插销连接，受载后自动锁紧，形成结构几何不变体系的钢管支架。根据其用途，可分为脚手架和支撑架（图7-10～图7-20）。

插接自锁式钢管支架的水平杆、斜杆两端的C形卡与立杆上的U形插座采用插销连接，接头传力安全可靠；立杆与立杆的连接为同轴心承插；各杆件轴心交于一点。由于有斜拉杆的连接，使得架体的每个单元近似于格构柱，因而承载力高，不易发生失稳。

插接自锁式钢管支架搭拆速度快，工效高。全部杆件系列化、标准化，便于仓储、运输和堆放，节省材料、绿色环保。由于采用低合金结构钢为主要材料，在表面热浸镀锌处理后，与钢管扣件脚手架、碗扣式钢管脚手架相比，在同等荷载情况下，材料可以节省

1/3左右，节省材料费和相应的运输费、搭拆人工费、管理费、材料损耗等费用，产品寿命长，技术经济效益明显。插接自锁式钢管支架主要适用于建筑工程、市政工程、桥梁工程及其他架设工程，也可应用于搭建临时舞台、看台工程和灯光架、广告架等工程。

法门寺合十舍利塔工程因为结构往复折线倾斜36° 大角度倾斜，主塔及裙楼结构存在大量高大空间和超大荷载模架施工。根据工程实际情况，采用插接自锁式钢管支架技术，可以较好地解决这一施工难题。

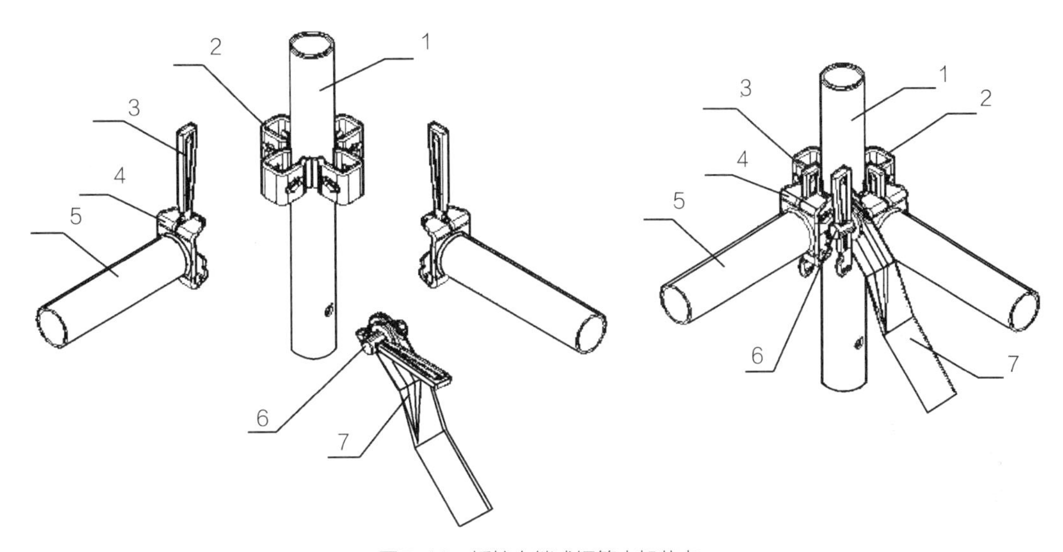

图7-10　插接自锁式钢管支架节点

1-立杆；2-U形插座；3-插销；4-C形卡头；5-水平杆；6-斜杆连接件；7-斜杆

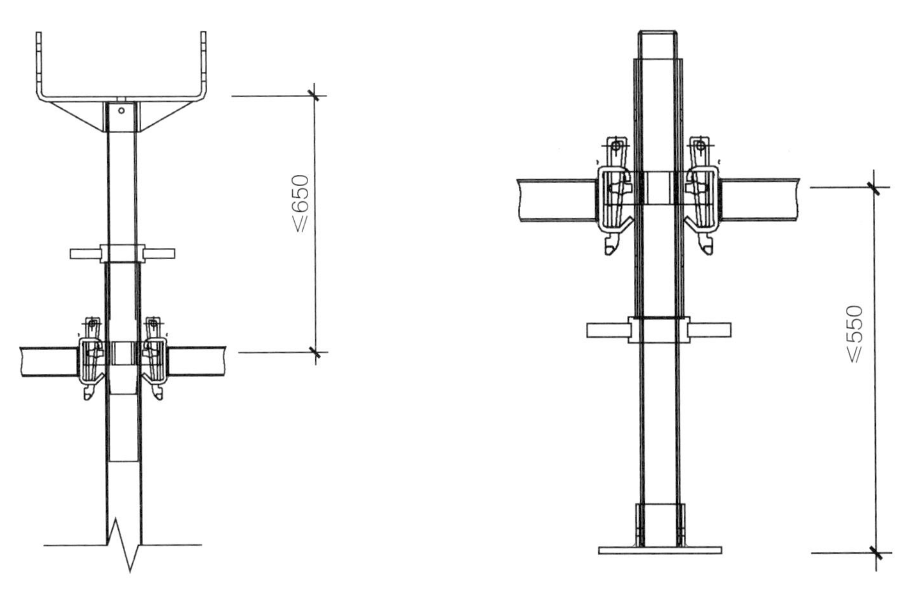

图7-11　可调托座伸出顶层水平杆长度

图7-12　可调底座距底层水平杆长度

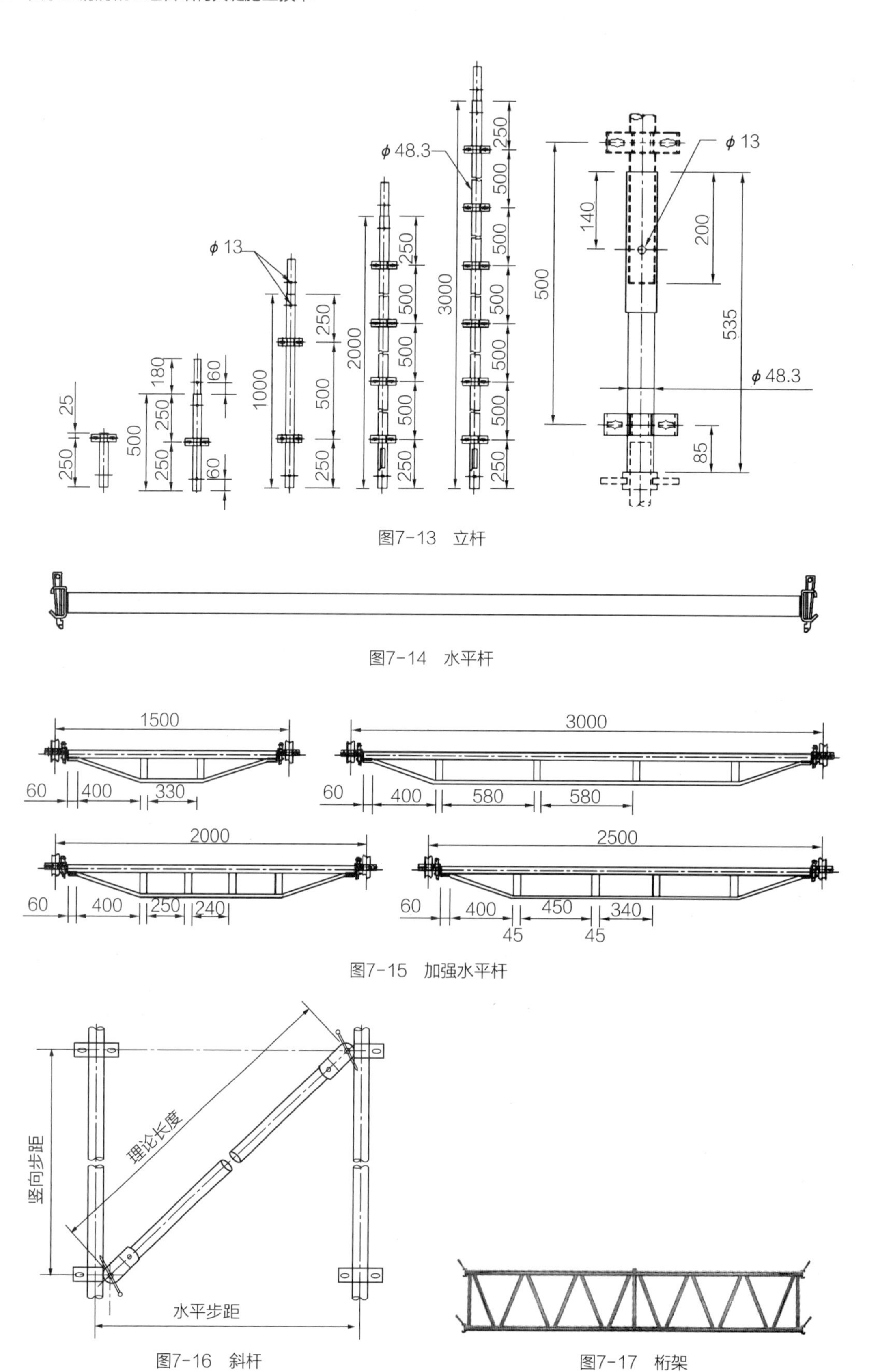

图7-13 立杆

图7-14 水平杆

图7-15 加强水平杆

图7-16 斜杆

图7-17 桁架

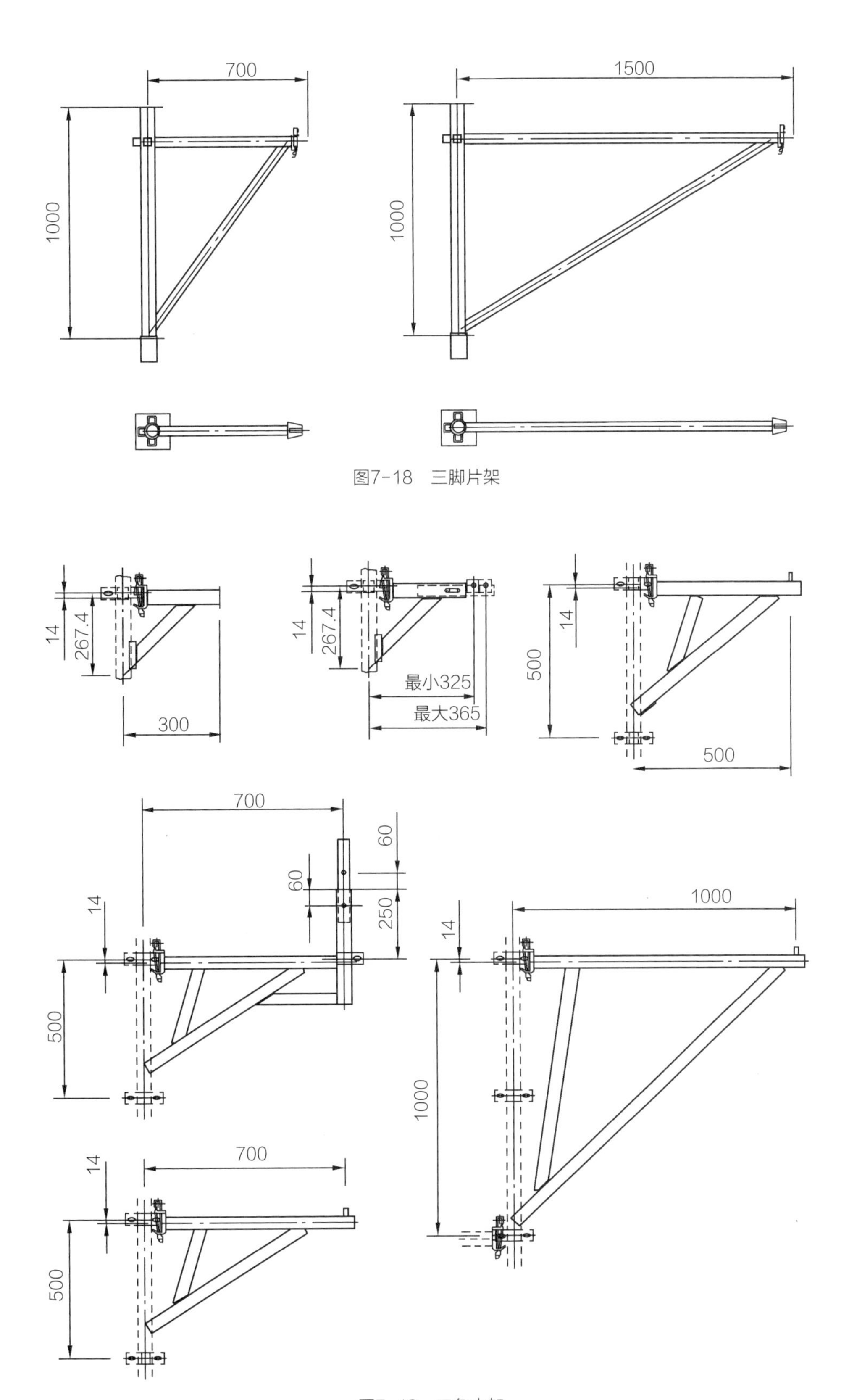

图7-18　三脚片架

图7-19　三角支架

图7-20　可调底座、底座、可调托座

7.5.2　主塔与裙楼间27m跨应用

法门寺合十舍利塔主塔建筑四周为裙楼建筑，主塔建筑与裙楼建筑轴线距离为27m，顶部楼板标高为24m，顶板为井字梁与型钢桁架梁混凝土组合结构（图7-21）。

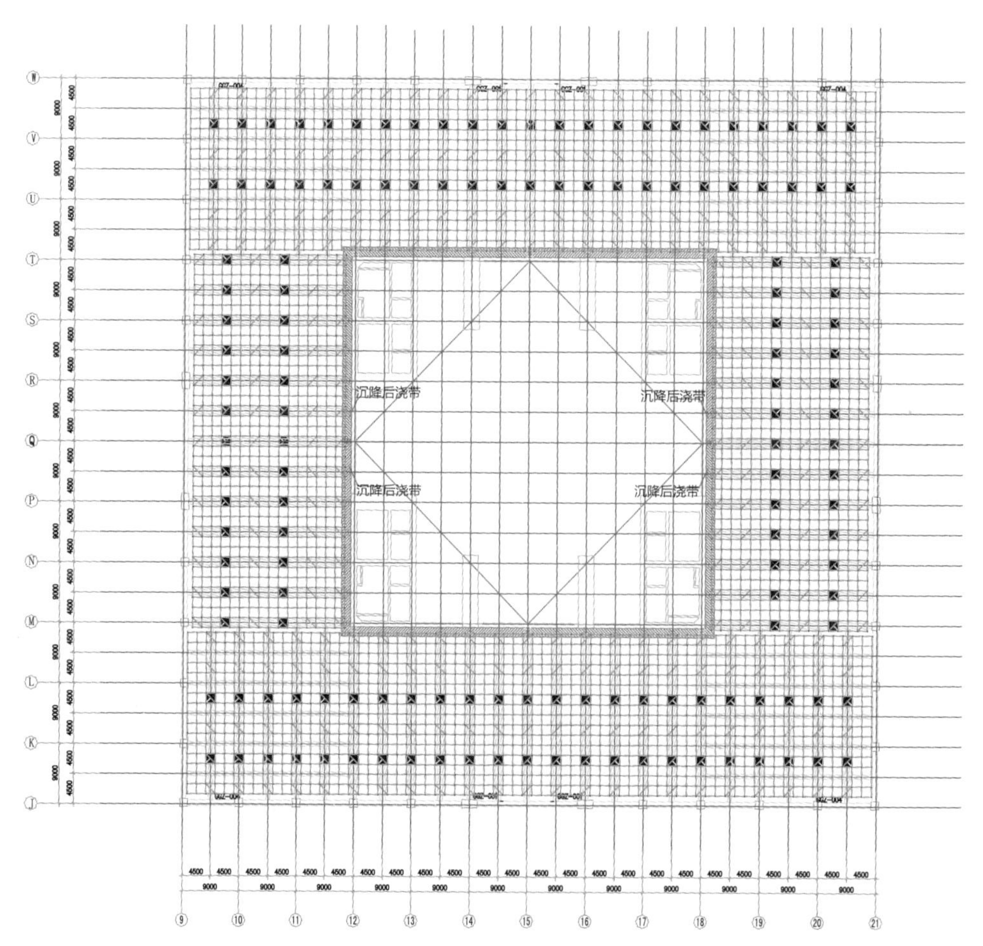

图7-21　24m标高27m跨平面布置图

1. 支架搭设范围

搭设共分两部分：Q ~ W轴/9 ~ 21轴，Q ~ J轴/9 ~ 21轴。应满足梁及楼板的施工操作架和梁板模的承重支架，搭设面垂直投影面积约3888m^2，高度24m（图7-22、图7-23）。

搭设条件：框架梁截面较高，混凝土自重较大，梁板同时使用支架支撑，架体还需穿插支撑型钢梁的节点，以满足型钢梁的连接施工。根据要求在条件允许的情况下，进行其他工序的穿插作业。

支架底座基础要求：基础应满足支架自重荷载和施工荷载的要求，需要设计单位提供楼板的承载力参数。

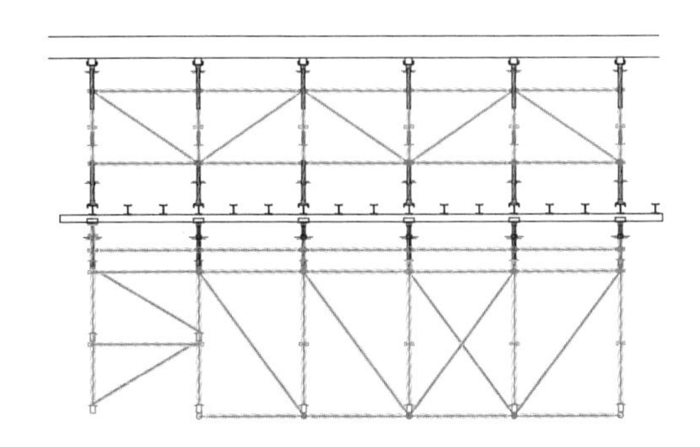

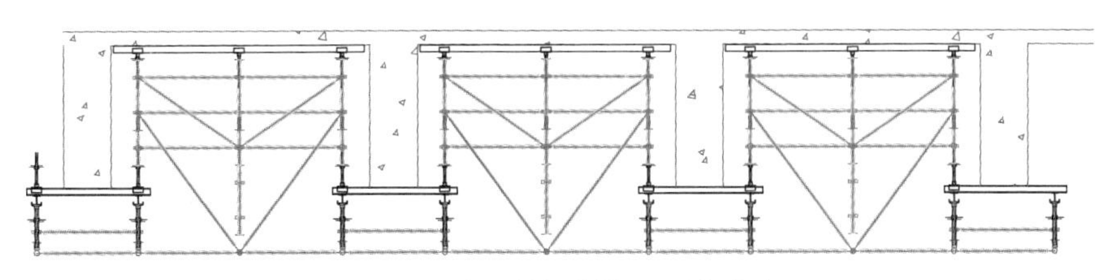

图7-22　梁及楼板支撑和二次架方案

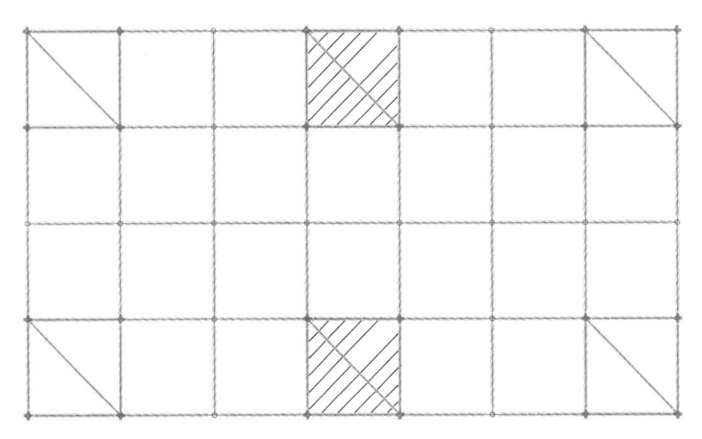

图7-23　杆件示意图

2. 插接自锁式钢管支架支撑系统具体参数及设置

支撑系统由ADG60系列塔架及预制的立柱、横杆、斜杆等构件，通过新型卡件连接而成。

材料属性：横杆与立杆的材料均选择Q345号钢，斜杆的材料为Q235号钢。

构件截面：塔架部分的立杆为ϕ60.3mm，壁厚为3mm的圆钢管；连接架体的横杆与立杆外径为ϕ48.3mm，壁厚为2.7mm的圆钢管；斜撑则选择外径为ϕ38mm，壁厚为3mm的圆钢管。

节点设置：底层立杆基础设置为固定铰支点，立杆间的连接设计为刚性连接。横杆与立杆间的连接设置为铰节点。斜撑与横、立杆间的连接也设置为铰节点。

横向支撑、剪刀撑的压杆容许长细比为200。

3. 架体受力经过三维仿真计算模型计算，计算模型如下

结构计算采用SAP2000（V9.09）软件进行，选取N～W区间12～15轴、T～W轴之间的支撑架体进行结构分析。平面布置图如图7-24所示。

计算模型参见图7-25。

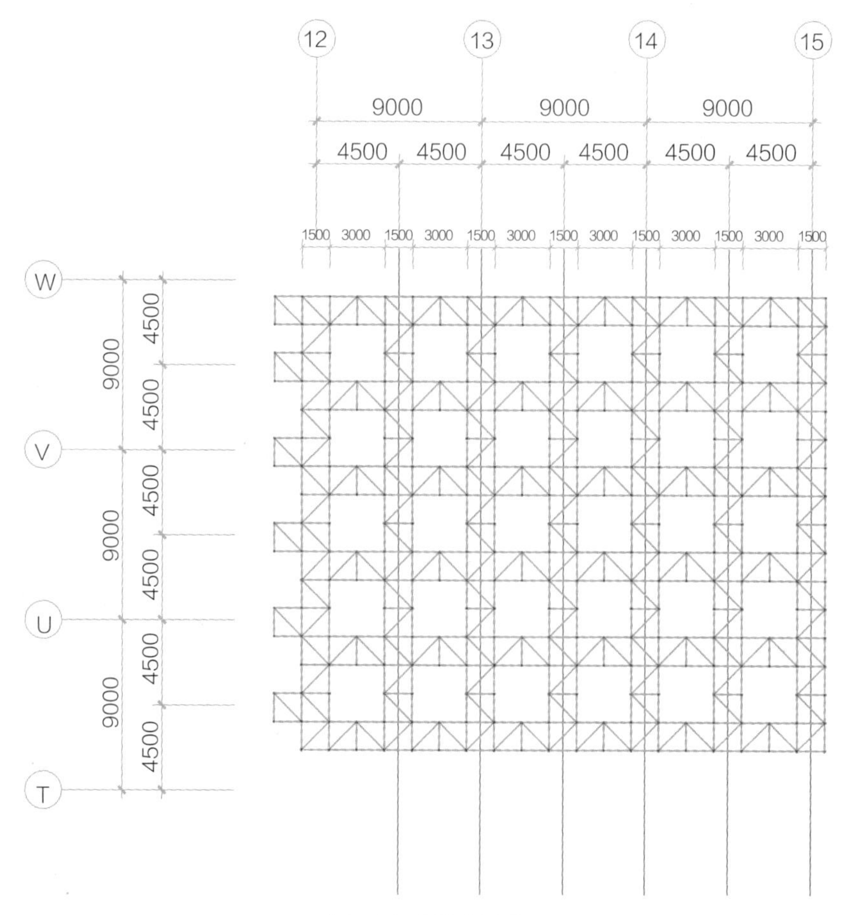

图7-24 平面布置图

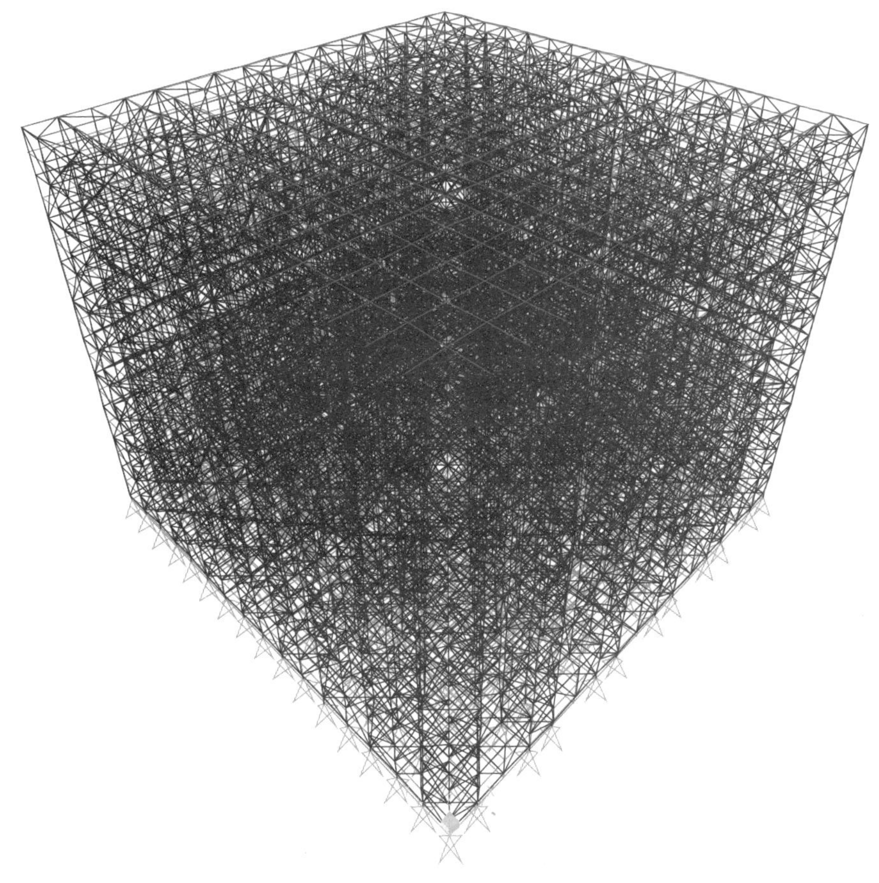

图7-25　三维计算模型

结构分析结果参见表7-3、图7-26。

各杆件的最大轴力及荷载组合一览表　　表7-3

杆件	轴力（kN）	组合
立杆	-75.17	COMB2
横杆	-22.40	COMB2
斜撑	+15.92	COMB2

注：正号表示拉力，负号表示压力。

根据极限状态的概念，立杆最大承载力为160kN>75.17kN；斜撑最大承载力为24kN>15.9kN，满足要求。

结构最大应力比为0.75<0.95，满足规范要求。

施工中实际应用效果较好，快捷轻便，安全可靠，提高了工作效率，经济效益良好。

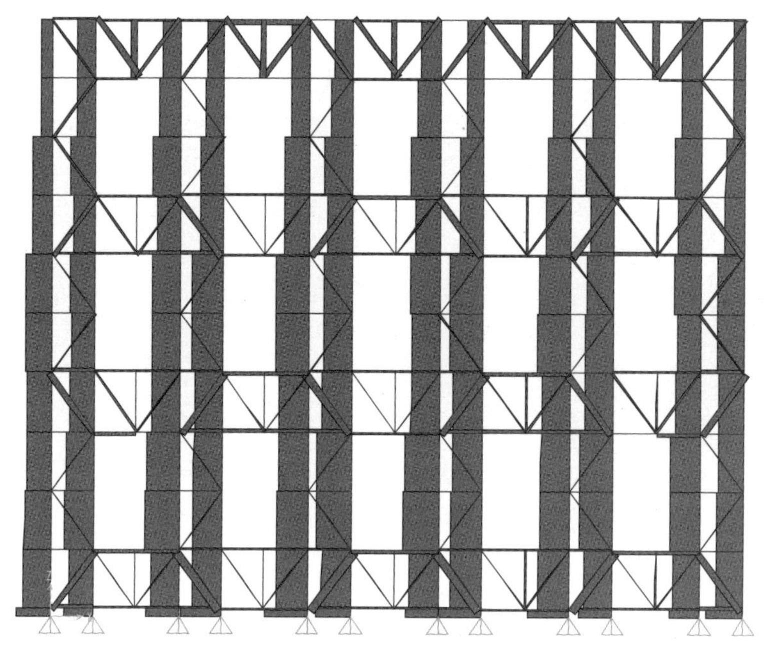

图7-26 x、z向轴力图

4. 支架搭设技术要求

1）梁板支架支撑要求

本着节约资源、降低成本的原则，梁板支架支撑采用组合搭设的方式，利用插接自锁式钢管支架的特点，梁底采用承重塔架支搭，楼板支撑采用二次搭设，二次架底座落在承重支撑架主梁上。这种搭设方式既节约资源又提高搭设速度，缩短工期。

2）支架搭设要求（图7-27）

为了缩短施工工期，提高施工效率，降低成本，采用6m×10.5m格构形式搭设，7.5m悬挑及3m悬挑结合的形式。6组1m×1.5m三角架为主要承重格构，每两组间2根1.5m横杆悬跨连接，其中6组塔架中的2组（填充塔架）为可移动性塔架。在混凝土浇筑前搭设，等浇筑完成24h后拆除可移动塔架，推到另一个浇筑施工区域。

3）脚手架整体搭设要求

考虑到施工承载力的要求及结构施工结束后装修要求，顶部支撑3m悬跨采用6m高（3步）悬跨。结构施工结束后，顶部拆除2m（1步）悬跨，铺设木踏板，用于装修工作面。

裙楼与主塔轴线间距为27m，根据外墙装修要求，脚手架整体搭设宽度为24m，架体距离主塔墙面为900mm，距离裙房墙面750mm，满足外墙装修要求。

4）步梯设置

设置四道10跑步梯，分布在东南、西南、东北、西北角，步梯搭设长4.5m，宽2m，高20.5m。

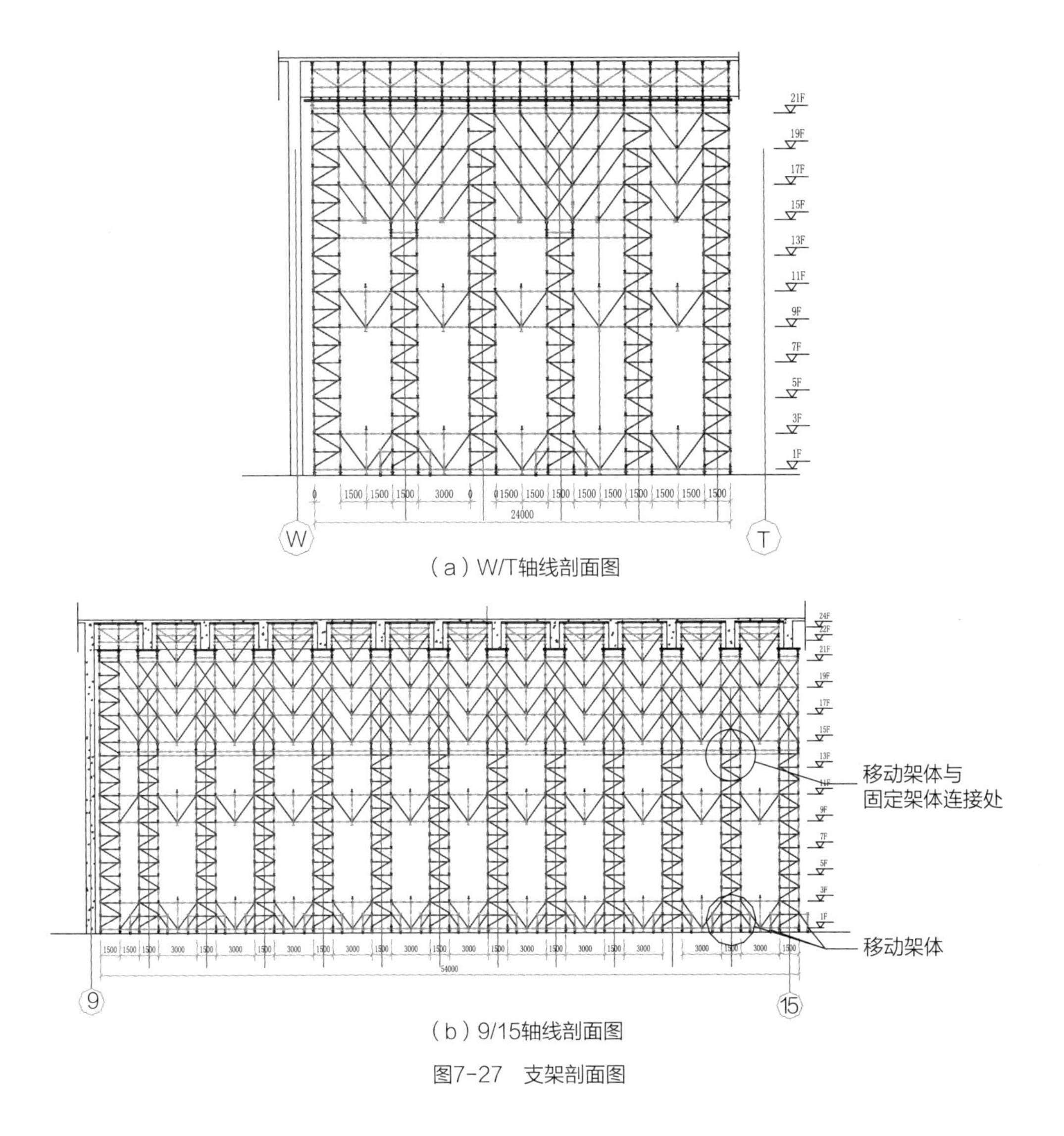

（a）W/T轴线剖面图

（b）9/15轴线剖面图

图7-27　支架剖面图

5）安全防护

按规范要求，设置两道安全网，架体10m标高处设置一道和18m标高处设置一道。

为了保证工程工期，提高施工速度，缩短架体的搭拆时间，提高施工效率，根据插接自锁式钢管支架的特点，采用承重架与非承重架组合搭设的方式进行施工，实现一架多用。

5. 支架搭设

在搭设前，应将支架搭设现场进行清理，符合支架搭设要求。按照指定场地堆放材料。

根据支架设计图纸，进行支架底座的定位放线，定出底座的准确位置，具体工序如下：铺木垫板→摆放底座→基础架搭设→调整水平→架体搭设（塔架）→连接架搭设→悬挑架搭设→安装可调顶托→安装主梁→铺设踏板→安装防护栏→检查验收。

为了保证架体的安全稳定，支架搭设完成后，派专人对架体的底座螺母、横杆和斜拉杆的楔销进行全面检查，一是检查楔销是否打紧，二是检查楔销是否与立杆垂直。

为了保证施工安全和人员安全，操作层安装防护栏，防护栏高度不低于1.2m，并且挂密目防护立网，操作层下布置水平网。操作人员应佩戴安全帽和安全带进行施工。另外，为了保证架下人员的安全，在架下范围内设置安全警示区，施工过程中架下严禁安排其他作业。

7.5.3 主塔54m标高以上施工应用

由于主塔双手合十的特殊造型，54m标高平台以上内侧塔体竖向呈54° 向外倾斜，到达74m时由外向内呈54° 倾斜，折线形双向倾斜结构，工况复杂，传统的钢管脚手架及碗扣脚手架不能满足此特殊性的要求。

插接自锁式钢管支架操作简单，不仅能够满足异形结构的构造要求，而且架体轻，便于运输（图7-28、图7-29）。

（a）

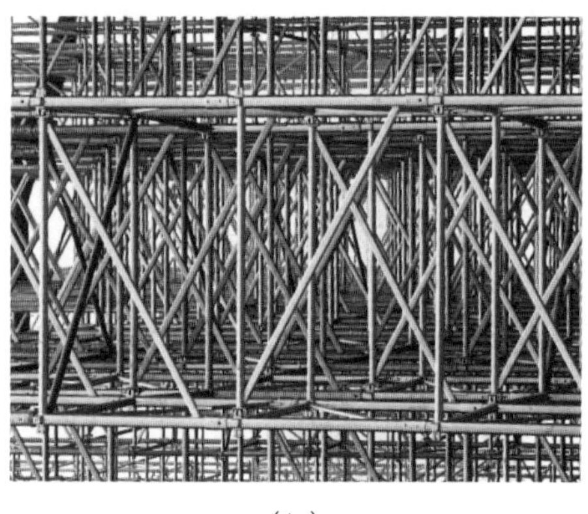

（b）

（c）

图7-28 插接自锁式钢管支架架体搭设构造

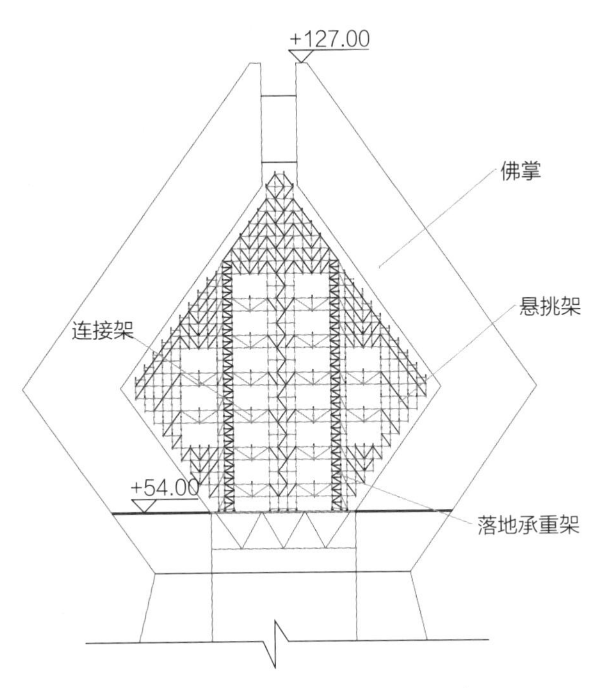

图7-29　掌心佛龛安装脚手架搭设示意图

主塔空腔顶板支撑脚手架，空腔为菱形结构，局部需沿54°角度搭设。由于脚手架为承重支架，不能做悬挑架，因此结构施工时应预先作预埋件，脚手架底座需放置在预埋件上。

脚手架搭设范围共分两部分：

1）54～104m标高，该部分架体应满足“掌心”两边内壁混凝土结构绑扎钢筋和支设模板施工，架体搭设水平投影面积1866.6m^2；架体搭设高度约50m，宽度约18m，长度约37.5m。架体的使用功能应可以满足“掌心”两边内壁结构的施工，以及结构施工所需要材料的堆放和施工人员的安全操作。根据以上的要求和资源状况，方案设计采用ADG60插接自锁式钢管支架承重系列产品，搭设采用中部悬跨两边沿掌心内壁阶梯的方式，在架体的内侧竖向高度方向每10m设置一个上料平台。考虑到架体的均布受力，水平方向设置4个平台，在每个平台通向施工操作面的位置预留一个人行通道，方便人员和材料的通行。

2）空腔脚手架支撑应满足“掌心”两边外壁内侧施工操作、内壁内侧施工操作及顶板支模施工的要求，空腔楼层层高为10m，楼板厚度200mm，梁高0.6～1m。该部分脚手架为一架两用，可分别满足墙体和梁板支模施工。方案采用ADG60系列插接自锁式钢管支架架体满堂搭设，斜坡位置的底座放在结构的预埋件上。

“掌心”及空腔的支模条件：“掌心”和空腔脚手架基础应坐落在54m标高的楼板上，基本无妨碍脚手架搭设的障碍物，搭设条件良好。

使用条件：架体需要作为材料的堆放、运输通道、绑扎钢筋和支设模板的操作平台。

3）脚手架底座基础要求：基础应满足脚手架自重和施工荷载的要求，并需要设计单位提供楼板的承载力参数。

脚手架搭设技术要求：

（1）“掌心”结构施工脚手架：“掌心”脚手架为结构施工架，但由于架体较高和架体使用功能的原因（如材料堆放平台），整个架体采用ADG60系列插接自锁式钢管承重支架为主。根据要求架体的一部分落在54m标高穹顶平台上，一部分落在“手掌”的斜面上（底座落在预埋加上），并且每10m预留施工平台，平台位置满铺脚手板。

（2）脚手架的搭设：脚手架的立杆平面布置为1.5m×1.5m，步距为2m。

（3）空腔脚手架支撑：空腔脚手架为承重架，架体随着施工到顶板下方时，需加可调顶托，顶托上放置主梁（工字钢或方钢管）。

（4）支撑架的搭设：立杆平面布置为1.5m×1.5m，步距为2m。顶托调整高度不大于300mm。斜面上的底座同样要放置在预埋件上。

为了保证工程工期提高施工速度，缩短架体的搭拆时间，提高施工效率，根据插接自锁式钢管支架的特点采用承重架搭设的方式进行施工，实现一架多用。

“手掌”内空腔脚手架的搭设要求：“手掌”内空腔呈54°斜角（下半部为外倾，上半部为内倾），空腔宽度约14.5m，该部分支架应满足“手掌”壁混凝土绑扎钢筋的施工，又要作为顶板和梁的支撑，而且还是在斜面上进行搭设，难度较大。钢筋施工时，脚手架为悬挑架（悬挑约3m）。梁板支撑架为落地脚手架，底座落在预埋件上（图7-30）。

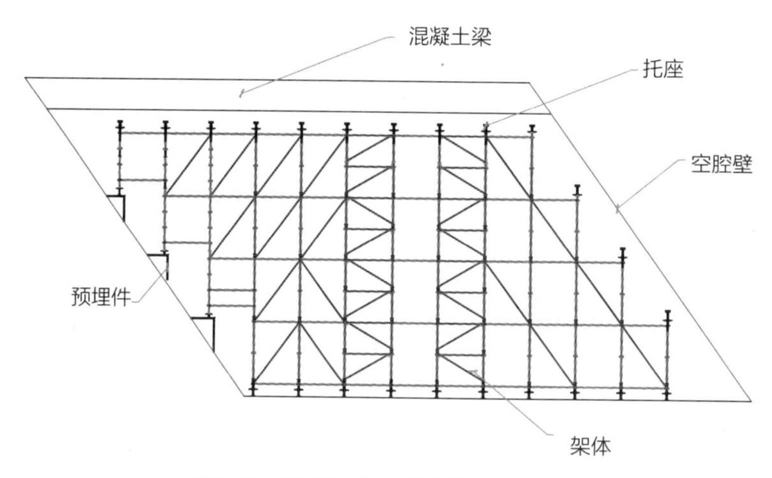

图7-30 “手掌”内空腔脚手架形式示意图

7.5.4 其他部位应用

在施工现场，应用插接自锁式钢管支架架体搭设施工安全通道，室内可移动门架，施工爬梯等（图7-31），使用效果良好。

图7-31 裙楼安全通道

第8章

复杂型钢混凝土组合结构钢筋工程施工技术

8.1 施工特点和难点

复杂型钢混凝土组合结构中，十字形和箱形等钢梁、柱钢筋绑扎施工困难，其中型钢梁有箱形钢梁和焊接工字形钢单、双型钢拉梁，型钢柱有箱形柱、日字形柱、箱形组合柱及倾斜柱等。应在型钢柱柱芯混凝土浇筑完毕后，再进行竖向结构钢筋的施工。柱主筋多为ϕ20～ϕ32钢筋，可采用直螺纹套筒机械连接。水平方向设有ϕ12～ϕ18多肢箍筋组成的箍筋组及拉钩。箍筋是型钢混凝土组合结构中对混凝土起约束作用的重要钢筋构件，应保证其完全闭合，并与主筋牢固连接。

复杂型钢混凝土组合结构钢筋工程施工特点和难点有：

1）型钢混凝土组合结构不受含钢率限制，刚度大，承载能力高。

2）钢筋绑扎在型钢构件施工完毕后进行，型钢构件表面布满剪力钉，结构设计钢筋密集，钢筋安装就位非常困难。

3）竖向结构模板安装应避免碰撞已经施工完毕的密集的型钢梁柱，型钢梁柱部位无法设置对拉螺栓，模板设计需全面考虑条件限制。

4）竖向结构模板与型钢柱间空隙狭小，且钢筋和栓钉非常密集，模板上口分布有型钢梁柱，混凝土通过异常困难，对混凝土的浇筑施工提出更高的要求。

8.2 十字形钢柱钢筋绑扎

8.2.1 十字形钢柱钢筋绑扎

1）工艺流程

绑扎或焊接定位筋→立四角竖筋→绑扎第一道底部箍筋→距底部箍筋1.5m绑扎第二道箍筋→绑扎剩余竖筋→在四角竖筋上按设计间距画出绑扎线→按线绑扎外箍筋→绑扎小箍筋→绑扎八字箍→竖筋接长→绑扎上部钢筋。

2）为了便于十字形钢柱施工，应将钢筋绑扎安排在十字形钢柱施工后。刚开始立竖向钢筋时比较困难，可在型钢柱上绑扎或焊接临时辅助钢筋予以定位。

3）为了保证柱箍形状和尺寸准确，现场配备专业的技术人员组织实施，为实际施工提供详细准确的依据。十字形钢柱箍筋加工时，应先放出柱箍大样，焊接短钢筋头，制作柱箍加工胎具，并确定箍筋的接头位置。绑扎前，应先在型钢柱四角画出箍筋间距，按所画线绑扎箍筋，保证箍筋水平与竖筋垂直。

4）十字形钢柱竖筋底端按规范要求做90°弯头，插入基础深度按设计要求。设计未注明时，插至基础底层钢筋网片绑扎固定。弯头长度应满足设计及规范要求。基础筏板中每层钢筋网片的位置均设置定位筋，定位筋直径不小于ϕ12。定位筋的位置复核无误后，进行插筋的绑扎。

5）柱竖向筋采用滚压直螺纹套筒机械连接，按规范要求错开50%接头位置，上下层接头间距大于35*d*，第一步接头距楼板面大于500mm，且大于层高*h*/6。

6）ϕ12以上的封闭箍筋采用滚压直螺纹套筒机械连接，绑扎时接头位置应对角交叉布置。

7）在型钢柱拐点处（即型钢柱倾斜处）竖向受力筋全部采用搭接绑扎，接头的搭接长度应符合设计要求，或按表8-1选用。

竖向受力筋接头的搭接长度一览表　　表8-1

项次	钢筋类型 混凝土强度等级		C35	C60	C35	C60	C35	C60
			搭接接头面积百分率≤25%		搭接接头面积百分率≤50%		搭接接头面积百分率≤100%	
1	HPB235		30d	23d	35d	27d	40d	31d
2	HRB335	钢筋直径≤25	38d	29d	44d	34d	50d	39d
3	HRB400	钢筋直径≤25	45d	35d	52d	41d	60d	47d

注：1. 当Ⅰ、Ⅱ级钢筋直径*d*≥25mm时，其搭接长度应按表中数值增加5*d*。
2. 当Ⅰ、Ⅱ级钢筋直径*d*＜25mm时，其受拉钢筋的搭接长度按表中数值减少5*d*采用。
3. 任何情况下搭接长度均不小于500mm，绑扎接头的位置应相互错开。从任一绑扎接头中心到搭接长度的1.3倍区域范围内，有绑扎接头的受力钢筋截面积与受力钢筋总截面面积百分率：受拉区不得超过25%，受压区不得超过50%。

8）柱箍筋绑扎

（1）画箍筋间距线：在立好的柱子竖向钢筋上，按图纸要求用粉笔画箍筋间距线。

（2）套柱箍筋：按图纸设计间距，计算好每根柱箍筋数量，将箍筋分类堆放在型钢柱子周围，先套外圈大箍筋，然后套小箍筋，最后绑扎八字形箍筋。型钢柱截面较大时，封闭箍筋不易套入，可将封闭箍筋制作成两部分，采用滚压直螺纹正反丝套筒机械连接。在箍筋加密区，每套一个箍筋，就应用扳手上紧，避免遗漏后箍筋过密扳手无法操作。

（3）按已画好的箍筋位置线，将已套好的箍筋往上移动，由上往下绑扎，采用缠扣绑扎。

（4）箍筋与主筋应垂直，箍筋转角处与主筋交点均应绑扎，主筋与箍筋非转角部分的相交点成梅花交错绑扎。

（5）箍筋的弯钩叠合处应沿柱子竖筋交错布置，并绑扎牢固。

（6）柱上下两端箍筋应加密，加密区长度及加密区内箍筋间距应符合设计图纸及施工规范，加密间距小于等于100mm，且不大于5*d*。如设计要求箍筋设拉筋时，拉筋应钩住箍筋。

9）柱筋保护层厚度应符合设计及规范要求，垫块应绑在柱竖筋外皮上，间距1000mm，或用塑料卡卡在外侧竖筋上，以保证主筋保护层厚度准确。同时，可采用钢筋定距框来保证钢筋位置的正确。

8.2.2 十字形钢柱与箱形梁相交处钢筋绑扎

1）十字形钢柱竖向钢筋遇箱形钢梁时，竖向钢筋弯折90°，锚入箱形钢梁底部混凝土中（箍筋内），锚固长度应符合规范要求。被截断的竖向钢筋按相同数量、规格、间距重新在型钢梁上生根，钢筋端部采用套筒焊接在箱形钢梁翼缘上，钢筋同套筒连接，或电弧焊围焊箱形钢梁翼缘上，也可端部弯折90°锚于箱形钢梁混凝土中（箍筋内），弯折平直段长度不小于15d。

2）十字形钢柱箍筋紧贴箱形钢梁纵向上、下主筋绑扎下部最后一道和上部第一道。遇箱形钢梁段箍筋从下向上依次穿过腹板预留钻孔，用滚压直螺纹正反丝套筒连接，相邻两箍筋接头应错开，每套一个箍筋，就应用扳手上紧，避免遗漏后箍筋过密扳手无法操作。

3）箱形钢梁截面宽度大于十字形钢柱截面宽度时，箱形钢梁两侧及上、下部未被截断主筋穿过十字形钢柱或按规范规定锚入柱内。遇翼缘板的主筋端部弯折15d，竖向焊接在翼缘板上，单面焊10d，双面焊5d。遇腹板的主筋，腹板距柱边距离满足梁主筋锚固长度的，主筋按规范规定长度锚固在十字形钢柱内；距离不足时主筋端部弯折15d，竖向焊接在腹板上，单面焊10d，双面焊5d。

4）箱形钢梁截面宽度小于等于十字形钢柱截面宽度时，箱形钢梁上、下纵钢筋做法同上。箱形钢梁梁侧纵向钢筋被翼缘板截断时，平行于箱形钢梁腹板在十字形钢柱上加焊小牛腿（钢板），材质同十字形钢柱，厚度同十字形钢柱翼缘板且不小于15mm。

小牛腿高度h=（箱形钢梁高度−35×2−100），宽度w=（纵筋焊缝长度+50），焊缝等级、高度同箱形钢梁与十字形钢柱焊接等级、高度。

箱形钢梁梁侧纵筋焊接在小牛腿上，单面焊10d，双面焊5d。箱形钢梁梁侧纵筋遇腹板时，腹板距柱边距离满足梁主筋锚固长度的，纵筋按规范规定长度锚固在十字形钢柱内；距离不足时纵筋端部弯折15d，水平焊接在腹板上，十字形钢柱翼缘板平行紧贴纵向钢筋时，纵向钢筋焊接在翼缘板上，单面焊10d，双面焊5d。

5）箱形钢梁第一道箍筋紧贴十字形钢柱主筋绑扎，箍筋不进入十字形钢柱主筋内。

8.2.3 十字形钢柱与工字形钢梁相交处钢筋绑扎

1）十字形钢柱竖向钢筋遇工字形钢梁时，竖向钢筋弯折90°，锚入工字形钢梁底部混凝土中（箍筋内），锚固长度满足规范规定要求。被截断钢筋竖向钢筋按相同数量、规格、间距重新在工字形钢梁上生根，钢筋端部采用套筒焊接在箱形钢梁翼缘上，钢筋同套筒连接，或电弧焊围焊箱形钢梁翼缘上，也可端部弯折90°锚于型钢梁混凝土中（箍筋内），弯折平直段长度不小于15d。

2）十字形钢柱箍筋紧贴工字形钢梁纵向上、下主筋，绑扎下部最后一道和上部第一道。遇工字形钢梁段，箍筋从下向上依次穿过腹板预留钻孔，用滚压直螺纹正反丝套筒机械连接，相邻两箍筋接头应错开，每套一个箍筋，就应用扳手上紧，避免遗漏后箍筋过密扳手无法操作。工字形钢梁腹板不允许预留钻孔时，箍筋遇腹板弯折15d，水平焊接在腹板上，单面焊10d，双面焊5d。

3）工字形钢梁遇十字形钢柱纵筋及箍筋做法，同箱形钢骨梁与十字形钢柱相交处做法。

4）工字形钢梁第一道箍筋紧贴十字形钢柱主筋绑扎，箍筋不进入十字形钢柱主筋内。

8.2.4　十字形钢柱与混凝土墙体相交处钢筋绑扎

1）混凝土墙边与十字形钢柱柱边齐时，与柱边齐的外排水平钢筋应通过柱截面90°弯折勾住十字形钢柱另一边，弯折长度满足规范规定要求。混凝土墙内排水平钢筋端头弯折90° 锚入十字形钢柱最内一道箍筋内，弯折长度15d。

2）混凝土墙一边与十字形钢柱柱边齐，另一边在柱截面内时，与柱边齐的外排水平钢筋及内排水平钢筋做法同上；另一边外排水平钢筋做法，同上混凝土墙内排水平钢筋做法。

3）混凝土墙截面在十字形钢柱截面内时，墙体水平钢筋端头弯折90° 锚入十字形钢柱最内一道箍筋内，弯折长度15d。

4）当混凝土墙水平钢筋从十字形钢柱截面外通过时，按混凝土墙体S箍规格、间距设置箍筋，箍筋应勾住十字形钢柱最内一道箍筋。

8.3　箱形钢柱钢筋绑扎

8.3.1　箱形钢柱钢筋绑扎

1）工艺流程

绑扎或焊接定位筋→立四角竖筋→绑扎第一道底部箍筋→距底部箍筋1.5m绑扎第二道箍筋→绑扎剩余竖筋→在四角竖筋上按设计间距画绑扎线→按线绑扎箍筋→竖筋接长→绑扎上部钢筋。

2）为了便于箱形钢柱施工，应将箱形钢柱钢筋的绑扎安排在箱形钢柱施工后。刚开始立竖向钢筋时比较困难，可在箱形钢柱上绑扎或焊接临时辅助钢筋予以定位。

3）为了保证柱箍形状和尺寸准确，现场配备专业的技术人员组织实施，为实际施工提供详细准确的依据。箱形钢柱箍筋加工时，先在钢板上放出柱箍大样，焊接短钢筋头，制作柱箍加工胎具，并确定箍筋的接头位置。绑扎前应先在型钢柱四角画出箍筋间距，按所画线绑扎箍筋，保证箍筋水平与竖筋垂直。

4）箱形钢柱竖筋底端按设计或规范要求做90° 弯头，插入基础深度按设计要求，设计未注明时，插至基础底层钢筋网片绑扎固定。弯头长度应满足设计及规范要求。基础筏板中每层钢筋网片的位置均设置定位筋，定位筋直径不小于ϕ12，定位筋的位置复核无误后进行插筋的绑扎。

5）柱竖向筋采用滚压直螺纹套筒机械连接，按规范要求错开50%接头位置，上下层接头间距大于35d。第一步接头距楼板面大于500mm且大于h/6。

6）箱形钢柱的箍筋采用开口焊接箍，接头位置应对角布置，绑扎时应掉头错开。开口焊接箍90° 弯头长5d。

7）在箱形钢柱拐点处（即型钢柱倾斜处），竖向受力筋全部采用绑扎搭接焊接，绑扎搭接焊接接头的长度应符合设计要求。

8）箱形钢柱箍筋绑扎

（1）画箍筋间距线：在立好的柱子竖向钢筋上，按图纸要求用粉笔画箍筋间距线。

（2）套柱箍筋：按图纸设计间距，计算好每根柱箍筋数量，将箍筋堆放在箱形钢柱子周围，先将箍筋全部套在箱形钢柱上，然后从上向下绑扎，套箍筋时应将开口错开放置。

（3）按已画好的箍筋位置线，将已套好的箍筋往上移动，由上往下绑扎，采用缠扣绑扎。

（4）箍筋与主筋应垂直，箍筋转角处与主筋交点均要绑扎，主筋与箍筋非转角部分的相交点成梅花交错绑扎。

（5）箍筋的弯钩叠合处，应沿柱子竖筋交错布置，采用电弧焊将箍筋的弯钩叠合处焊接在一起，焊缝长度10d，焊缝高度大于1/3d。

（6）柱上下两端箍筋应加密，加密区长度及加密区内箍筋距应符合设计图纸及施工规范，加密间距小于等于100mm，且不大于5d。

9）柱筋保护层厚度应符合设计及规范要求，垫块应绑在柱竖筋外皮上，间距1000mm。或用塑料卡卡在外竖筋上，以保证主筋保护层厚度准确。同时，可采用钢筋定距框来保证钢筋位置的正确性。

8.3.2 箱形钢柱与工字形钢骨梁相交处钢筋绑扎

1）箱形钢柱竖向钢筋遇工字形钢骨梁时，竖向钢筋弯折90°，锚入箱形钢梁底部混凝土中（箍筋内），锚固长度满足规范规定要求。被截断竖向钢筋按相同数量、规格、间距重新在工字形钢梁上生根，钢筋端部采用电弧焊围焊箱形钢梁翼缘上，或端部弯折90° 锚于箱形钢梁混凝土中（箍筋内），弯折平直段长度不小于15d。

2）箱形钢柱箍筋紧贴工字形钢梁纵向上、下主筋，绑扎下部最后一道和上部第一道。遇工字形钢梁段，箍筋从下向上依次穿过腹板预留钻孔，用滚压直螺纹正反丝套筒机械连接，相邻两箍筋接头应错开，每套一个箍筋，就应用扳手上紧，避免遗漏后箍筋过密扳手无法操作。工字形钢梁腹板不允许预留钻孔时，箍筋遇腹板弯折15d，水平焊接在腹板上，单面焊10d，双面焊5d。

3）工字形钢梁遇箱形钢柱，纵向钢筋施工方法同箱形钢梁遇十字形钢柱施工方法。

4）工字形钢梁第一道箍筋紧贴箱形钢柱主筋绑扎，箍筋不进入十字形钢柱主筋内。

8.3.3 箱形钢柱与混凝土墙体相交处钢筋绑扎

1）混凝土墙边与箱形钢柱柱边齐时，与柱边齐的外排水平钢筋应通过柱截面90° 弯折勾住箱形钢柱另一边，弯折长度满足规范规定要求。混凝土墙内排水平钢筋端头弯折90° 锚入箱形钢柱箍筋内，弯折长度15d。

2）混凝土墙一边与箱形钢柱柱边齐，另一边在柱截面内时，与柱边齐的外排水平钢筋及内排水平钢筋做法同上；另一边外排水平钢筋做法同上混凝土墙内排水平钢筋做法。

3）混凝土墙截面在箱形钢柱截面内时，墙体水平钢筋端头弯折90° 锚入箱形钢柱箍筋内，弯折长度15d。

4）当混凝土墙水平钢筋从箱形钢柱截面外通过时，按混凝土墙体S箍规格、间距设置箍筋，箍筋应勾住箱形钢柱箍筋，使墙体与箱形钢柱连接成整体。

8.3.4 箱形钢柱与混凝土梁相交处钢筋绑扎

箱形钢柱遇混凝土梁主筋及箍筋不变，梁纵筋被箱形钢柱截断时，在型钢上焊接小牛腿，然后将梁纵筋焊接在小牛腿上，单面焊10d，双面焊5d。小牛腿材质、厚度同箱形钢柱，且不小于15mm。小牛腿的高度和宽度计算原则如下：

当（梁宽－70）＜型钢柱翼缘宽度时，小牛腿的截面尺寸为：高度$h=h_1-35\times2-(d+3)$；宽度$w=w_1-35\times2$。

当（梁宽－70）≥型钢柱翼缘宽度时，小牛腿的截面尺寸为：高度$h=h_1-35\times2-(d+3)$；宽度$w=w_1$。

其中h_1为梁高，w_1为梁宽，d为梁主筋上部钢筋直径。小牛腿、拉结板与型钢柱的焊缝等级为二级，焊缝高度为12mm。

8.3.5 倾斜箱形钢柱钢筋绑扎

1）倾斜箱形钢柱钢筋绑扎前，先在型钢柱上面的栓钉上每隔2.5m水平焊接一道ϕ20定位钢筋，定位钢筋长度同型钢柱箍筋宽度。定位钢筋焊接高度（距型钢面距离）及左右偏差应能保证箱形钢柱钢筋保护层厚度。

2）焊接完定位钢筋后，先在定位钢筋上摆放箱形钢柱上面主筋，并与定位钢筋绑扎好后，再套箍筋穿其他三面主筋，然后上下端各绑扎好一个定位箍筋，最后从上向下依次绑扎。

3）箍筋制作、绑扎、焊接及主筋接长等施工方法同上。

4）若为倾斜混凝土墙体内箱形钢柱，混凝土墙钢筋可能会扶在型钢柱上，在两个箱形钢柱间每隔2.5m水平焊接一道墙体钢筋定位撑。两个箱形钢柱间距及墙体钢筋自重较大时，可采用钢管或5号槽钢做定位撑，定位撑刚度应满足墙体钢筋在自重下不弯曲变形。

5）定位撑焊接高度应能保证箱形钢柱钢筋和混凝土墙体钢筋保护层厚度，定位撑连续通长设置时可代替箱形钢柱上的定位钢筋。

8.4 工字形钢梁钢筋绑扎

8.4.1 工字形钢梁钢筋绑扎

1）工字形钢梁钢筋绑扎工艺流程

焊接ϕ32的横担定位钢筋→焊接梁端用于焊接主筋的牛腿（或钢板）→安装梁面钢筋→套梁箍筋→安装梁底钢筋→绑扎梁腰筋→绑扎梁穿钢梁腹板的拉钩→支设梁模板。

2）工字形钢梁钢筋接头全部采用A级直螺纹套筒机械连接，同一截面内的接头数量控制在50%以内。

3）放置梁面钢筋前先在钢梁上焊接横向支撑钢筋，采用ϕ32的钢筋做横撑定位，其长度为梁宽减去50mm，纵向间距2m一道，焊接高度应满足钢筋保护层厚度，用于固定梁钢筋的上下位置。上层钢筋直接搁置在钢梁上面接成通长筋，底层筋则加工成跨长加两端锚固长度的形式穿入箍筋后再连接。

4）板、次梁与工字形钢梁交叉处，板的钢筋在上，次梁的钢筋在中，工字形钢梁的钢筋在下。

5）箍筋在叠合处的弯钩，在梁中应交错布置，弯钩采用135°，平直部分长度为10d。梁端第一个箍筋应设置在距离柱节点边缘50mm处。梁与柱交接处箍筋应加密，其间距与加密区长度均应符合设计要求。梁柱节点处，由于梁筋穿在柱筋内侧，导致梁筋保护层加大，应采用渐变箍筋，渐变长度一般为600mm，以保证箍筋与梁筋紧密绑扎。

6）受力筋为双排时，可用短钢筋垫在两层钢筋之间，钢筋排距应符合设计规范要求。

7）穿过型钢梁腹板的单支箍，应勾到梁箍筋外侧，并勾住腰筋。钢筋骨架绑扎结束后，用花岗岩加工成50mm×50mm垫块将底层主筋垫起，使底层筋贴紧钢梁，保证梁底筋保护层。

8.4.2　工字形钢梁与箱形钢梁相交处钢筋绑扎

当工字形钢梁遇箱形钢梁时，即工字形钢梁为次梁，箱形钢梁为主梁。工字形钢梁纵筋在上，箱形钢梁纵筋在下；若工字形钢梁截面高度小于箱形钢梁，即下层纵筋被截断，则应弯折90° 锚入箱形钢梁内（箍筋内），或同箱形梁遇十字形钢柱焊接钢板，再将纵筋焊接在钢板上，锚固及焊接均应满足规范规定要求。

8.4.3　工字形钢梁与工字形钢梁相交处钢筋绑扎

工字形钢梁遇工字形钢梁，长度较短的纵筋在下，长度较长的纵筋在上，腰筋弯折90° 锚入另一工字形钢梁箍筋内，锚固长度应满足规范规定。

若两工字形钢梁截面不同时，截面较小的工字形钢梁下层钢筋弯折90° 锚入截面较大工字形钢梁箍筋内，腰筋做法同上，锚固长度应满足规范规定。上层纵筋截面较大工字形钢梁在上，截面较小的工字形钢梁纵筋在上。

8.4.4　工字形钢梁与混凝土梁相交处钢筋绑扎

工字形钢梁遇混凝土梁，若两梁截面高度相同，则工字形钢梁纵筋在下，混凝土梁纵筋在上，腰筋弯折90° 锚入另一梁箍筋内。若混凝土梁截面高度较低时，则混凝土梁下层纵筋弯折90° 锚入工字形钢梁内，腰筋做法同上，锚固长度应满足规范规定。

8.5　箱形钢梁钢筋绑扎

8.5.1　箱形钢梁钢筋绑扎

1）箱形钢梁钢筋绑扎工艺流程

焊接ϕ48的横担定位钢管→焊接梁端用于焊接主筋的牛腿（或钢板）→安装梁面钢筋→套梁箍筋→安装梁底钢筋→绑扎梁腰筋→绑扎梁穿型钢梁腹板的拉钩→支设梁模板。

2）主筋接头全部采用A级直螺纹套筒连接，接头不宜位于构件最大弯矩处，同一截面内的接头数量控制在50%以内。

3）若箱形钢梁截面较大时，箍筋制作成两部分，采用A级直螺纹套筒机械连接，接头位置应相互错开，同一位置接头数量控制在50%以内。

4）定位钢管长度同箱形钢梁箍筋宽度，其焊接高度应能满足梁钢筋保护层厚度，纵向间距2m一道，用于固定梁钢筋的上下位置。

5）板、次梁与箱形钢梁交叉处，板的钢筋在上，次梁的钢筋在中，箱形钢梁的钢筋在下。

6）受力筋为多排时，可用短钢筋垫在两层钢筋之间，钢筋排距应符合设计规范要求。直螺纹套筒机械连接接头应相互交叉错开。

7）箍筋在叠合处的弯钩，应交错布置，弯钩采用135°，平直部分长度为10d。梁端第一个箍筋应设置在距离柱节点边缘50mm处。梁与柱交接处箍筋应加密，其间距与加密区长度均应符合设计要求。梁柱节点处，由于梁筋穿在柱筋内侧，导致梁筋保护层加大，应采用渐变箍筋，渐变长度一般为600mm以保证箍筋与梁筋紧密绑扎。

8）先定位钢管支架，在支架上安装面筋，然后套上箍筋，并在两边纵筋上画出箍筋间距，摆放箍筋。

9）穿箱形钢梁的下部纵向受力钢筋及弯起钢筋，将箍筋按已画好的间距逐个分开；穿次梁的下部纵向受力钢筋及弯起钢筋，并套好箍筋；放主次梁的架立筋；隔一定间距将架立筋与箍筋绑扎牢固；调整箍筋间距，保证间距符合设计要求，绑架立筋，再绑主筋，主次同时配合进行。

8.5.2 箱形钢梁与箱形钢梁相交处钢筋绑扎

箱形钢梁遇箱形钢梁，主箱形钢梁的纵筋在下，次箱形钢梁的纵筋在上，腰筋弯折90°锚入另一箱形钢梁箍筋内，锚固长度应满足规范规定。

若两箱形钢梁截面高度不同时，截面高度较小的箱形钢梁下层钢筋弯折90°锚入截面较大箱形钢梁箍筋内，腰筋做法同上，锚固长度应满足规范规定。上层纵筋截面高度较大箱形钢梁在上，截面高度较小的箱形钢梁纵筋在上。

两箱形钢梁交叉处有加掖的，加掖钢筋应按设计全数设置，锚固长度应满足规范规定要求。

8.5.3 箱形钢梁与混凝土梁相交处钢筋绑扎

箱形钢梁遇混凝土梁时，箱形钢梁纵筋全数通过，混凝土上层纵筋在箱形钢梁上层纵筋之上按规范锚入箱形钢梁中。在混凝土梁连接部位焊接牛腿连接混凝土腰筋及下层纵筋。牛腿竖向钢板上开孔，使箱形钢梁侧面纵筋穿过。混凝土梁纵筋与牛腿焊接焊缝长度为单面10d，双面5d，焊缝高度大于等于2/3d。

牛腿材质、厚度同箱形钢梁，且不小于15mm。牛腿的高度和宽度计算原则同本章8.3.4要求。

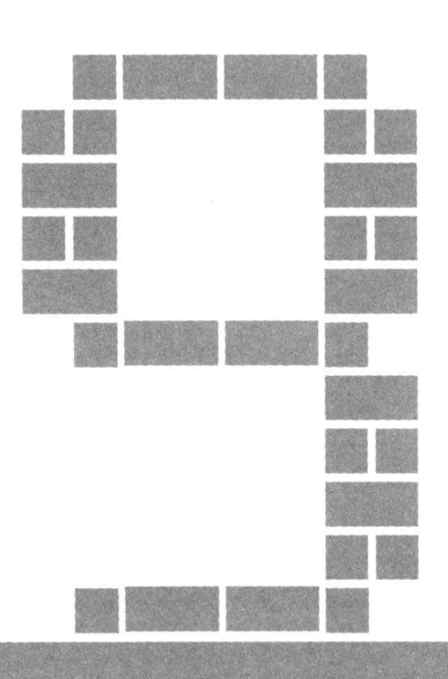

第9章

施工过程结构稳定性及施工预变形分析

9.1 概况

传统的结构设计理论只对使用阶段的结构在不同荷载工况及其组合作用下的效应进行分析，以此来保证建筑结构的安全性和适用性。实际上一个建筑从设计、施工到交付使用，经历多个不同的阶段，每个阶段都对应着不同的位形和受力模式。设计阶段其结构是一次整体设计，荷载验算是一次性施加在结构上考虑。而实际工程中，结构的构件都是按照一定的施工顺序进行安装，其受力方式和变形方式会与设计状态存在一定的差别。

现阶段，随着我国综合国力的提高和经济的发展，建筑形式也呈现出多样化发展趋势。随着建筑结构形式的不断创新和发展，复杂钢结构的大跨、高层建筑在施工过程中的力学问题越来越受到广泛的关注。对于这些结构形式复杂的建筑，已不能简单套用传统的结构设计理论，只考虑结构的三维空间属性，已经不能满足结构的安全和正常使用要求。施工过程对结构的影响已经不能忽视，否则会造成重大的结构安全事故或不能满足建筑使用功能的要求，因此必须对施工过程进行分析。由于施工过程是一个涉及时间的过程，所以结构分析从传统的三维力学变成增加一个时间变量的四维时变力学分析。

随着计算机技术发展，利用计算机仿真分析可以取代或减少部分实物试验工作。如计算机模拟三维交互环境，既经济便捷，又安全可靠，还具有试验周期短等传统技术无可比拟的特殊功效。现在计算机模拟试验，已较为广泛地应用到建筑施工领域。

例如，上海正大广场工程虚拟施工技术的研究和应用，是国内首次对传统建筑施工技术进行改造和提高的典范。苏通长江公路大桥施工过程仿真将ANSYS最优化计算工具引入斜拉桥主梁吊装设计中，中央电视台新台址建设工程（A标段）施工过程仿真，计算分析采用大型有限元分析软件ANSYS以设置结构预调值的形式对主体结构进行变形控制。

正如上述工程一样，法门寺合十舍利塔为一座大型异形复杂结构工程，设计与施工必须分析关键力学问题，预测和控制施工过程中结构的内力与变形，是工程的关键核心技术课题。

大型复杂工程的建设，给现有设计和施工带来的关键力学问题就是如何预测和控制施工过程中结构的内力和变形。解决的办法，主要是按照拟定的施工方案对施工过程进行全过程跟踪分析，合理准确地确定施工过程中结构内力和变形变化的情况，为设计和施工提供参考。目前，施工过程跟踪分析的方法主要有时变单元法、拓扑变化法和有限单元法，其中有限单元法应用较为广泛，其基本原理是利用单元的“生死”来模拟施工过程中杆件出现的先后顺序。工程采用有限元的方法对法门寺合十舍利塔进行施工全过程跟踪分析，模拟施工过程结构内力、变形的发展和变化过程，以此确定合理的施工方案。

9.2　工程难点与特点

法门寺合十舍利塔主塔为高耸倾斜、造型不规则结构，塔身结构在高度24m、44m（手背）、54m（手心）、74m等标高分别设置塔体拐点。其中，24m标高以下为规则竖直筒体，24～44m标高手背侧以15°向内倾斜，44～54m标高间手背侧及手心侧以双向倾斜面转换，44～74m标高手背侧（54～74m手心侧）以36°向外倾斜，74～127m标高手背及74～104m标高手心以36°向内倾斜，在顶部相互连接形成连体结构，结构受力极其复杂（图9-1、图9-2）。

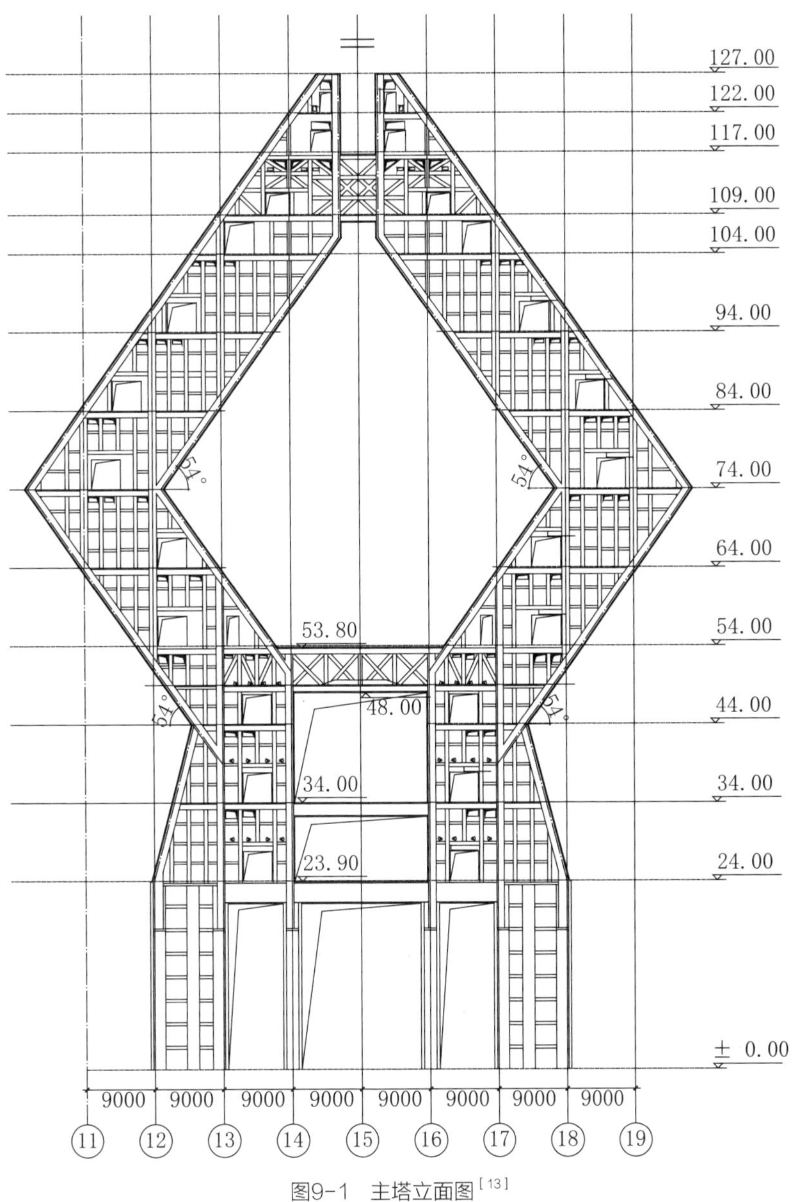

图9-1　主塔立面图[13]

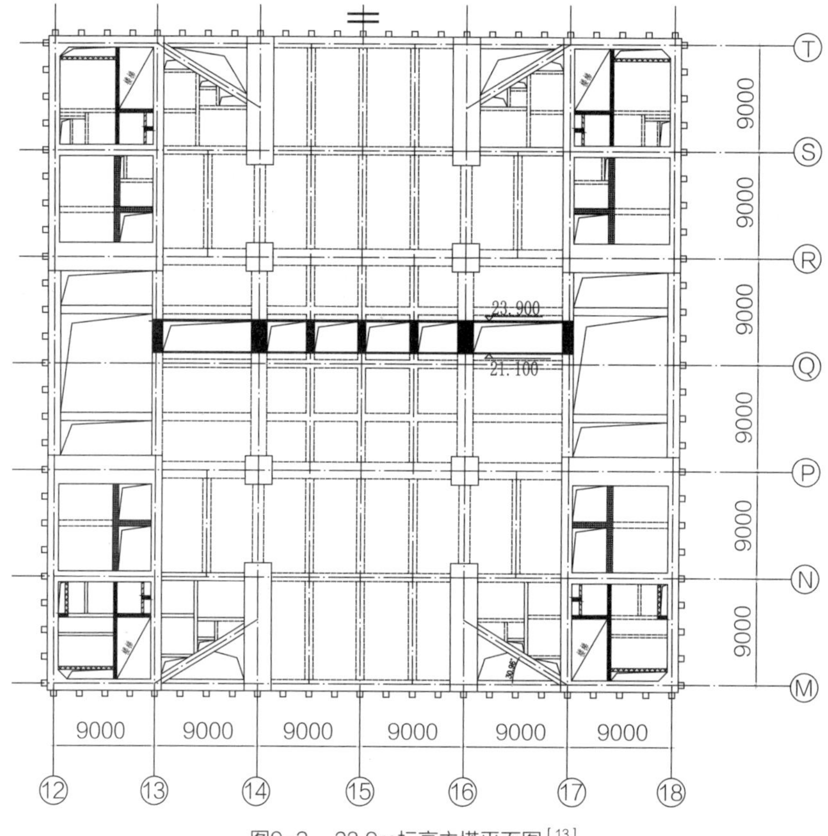

图9-2 23.9m标高主塔平面图[13]

9.2.1 型钢混凝土结构的不稳定性

从型钢混凝土结构组成看，体系在荷载作用下累加变形大，控位影响因素多。54m标高是最重要的转换层，54m标高以上东西两“手掌”开始独立工作承受荷载。施工过程中结构在自重、施工荷载和风荷载共同作用下，内力和变形的变化非常复杂。特别是在54~74m、74~109m标高悬臂施工各个阶段，型钢结构的整体性较差，其抗侧刚度稳定性较弱。其结构含钢率为4%，中央电视台新台址塔楼含钢率为29%，一般SRC结构含钢率为8%~9%。因此，型钢柱、梁超前混凝土结构施工20m安装，其安装变形值需要不断进行预调，只有这样才能确保结构成型后与设计变形相符合。

9.2.2 安装精度要求高

箱形柱的位置和方向性极强，安装受现场环境和温度变化等多方面的影响，安装精度极难控制。施工时必须采取必要措施，提前考虑好如何对安装误差进行调整和消除，如何进行测量和控制，使变形在受控状态下完成，以保证每个构件在空间的三维定位准确。

9.2.3　大倾斜结构变形控制难度大

对于法门寺合十舍利塔主体结构往复倾斜36° 可能产生的位形变化，其因素是多方面的：1）结构自重产生的挠度值。2）结构的整体沉降。3）施工安装和焊接产生的应力变形。4）温度变形。5）风荷载变形。6）施工荷载。

这些因素对结构的最终位移产生一定的影响。如何保证结构施工位形达到设计变形值的要求，始终是工程型钢结构安装的主要难点。

9.2.4　构件就位精确测量及校正难度大

对于单根杆件安装，确保正确变形是关系整个结构平面及竖面变形达到设计要求的最重要的关键环节。应考虑各种影响，特别是大倾斜的影响、杆件互相交错的影响、焊接作用影响和自然环境影响等。要求从精细的技术及措施入手，才可保证杆件和结构的精确位置。

9.2.5　焊接量大且质量要求高

各层均安装有160根型钢柱对接，20根型钢梁与柱连接，近千根槽钢墙肢梁需要焊接。工程一级全熔透焊缝总长度约15万m，检验等级B级，评定等级Ⅰ级，焊接位置涉及平焊、立焊和仰焊，且焊接工作跨越整个冬期，加之与土建工序交叉，可焊时间短暂。

9.3　结构施工模拟分析及预变形计算的必要性

建筑物从无到有，是一个分步施工、依次建造的时间过程。由于建造过程中，建筑结构的几何形状、物理参数和荷载条件等均处于变化之中，结构将会经历一个依次建造、分步变形和逐渐增长的复杂力学过程，因而使得整个结构在施工开始直至建造完成期间内，结构构件的内力及变形也十分复杂。

随着仿真技术的不断发展，带动了施工安全技术的不断提高。但是对于许多问题，特别是一些特殊荷载条件下的结构，由于试验难度大，缺少或无法得到试验资料，只能依靠数据分析结果，这样更需要对问题进行仔细的分析。了解对结构可能有重要影响的原因所在，才能达到在施工过程中准确地模拟和再现，为各阶段的施工提供正确的依据。

法门寺合十舍利塔工程竖向体型的严重不规则和特殊的建筑功能要求，施工建造过程亦十分复杂。按照“主塔双手同时施工，钢构超前土建20m，土建外墙采用爬模体系，内部采用常规模架体系”的总体施工思路，主塔结构将会经历一个依次建造、分布变形和逐渐增长的复杂力学变形。早于法门寺合十舍利塔建设的中央电视台新台址主楼与法门寺合十舍利塔同属于倾斜高层建筑物，其在设计和施工中的一些成功经验对法门寺合十舍利塔的施工有着重要的指导意义。

法门寺合十舍利塔结构施工需重点解决以下问题：

首先，施工控制的基本要求是确保施工结构安全。按照总体施工思路，上部钢结构施工阶段，重力荷载将引起结构平面变形和结构完工后位形变化等问题，要求施工过程中钢结构超前施工的稳定性问题必须通过模拟试验加以论证。

其次，必须使完工建筑的几何尺寸符合建筑设计的要求和施工期间的结构变形在要求范围之内，确保“两只手”能够顺利合龙，且竣工时位形满足设计要求。为了达到上述目的，就要求有一套完整的足够精度的控制系统来测量挠度和应力，结合拟采用的施工方法，以设置结构预调值的形式对主体结构进行变形控制。

最后，对于法门寺合十舍利塔工程而言，在施工建造过程中结构体系会发生较大转变，即“双手”合龙前，两塔楼单独工作，合龙后两塔楼则连为一体，协同工作、共同受力，呈现不同的受力状况。因此，施工前必须进行模拟施工及结构预变形计算分析。

9.3.1 设计计算与施工模拟变形分析

如不进行结构施工过程模拟及预变形分析，且不采取加固措施，当结构施工完成后（图9-3），法门寺合十舍利塔的实际位形与结构设计变形有一定差别。此时，计算出结构顶点A与设计变形三个方向的距离依次为5.3mm（水平x方向）、1.9mm（水平y方向）及-24.6mm（竖向z方向）；74m拐点B与设计变形三个方向的距离依次为-10.4mm（水平x方向）、0.1mm（水平y方向）及-14.8mm（竖向z方向）。

进行结构施工过程模拟及预变形分析，并采取必要的加固措施后（图9-4），结构施工完成后，法门寺合十舍利塔的实际位形与结构设计变形较为吻合。此时，计算得到的结构顶点A与设计变形三个方向的距离依次为0.2mm（水平x方向）、0.1mm（水平y方向）及0.3mm（竖向z方向）；74m拐点B与设计位形三个方向的距离依次为0.1mm（水平x方向）、0.04mm（水平y方向）及0.02mm（竖向z方向）。

通过数据对比可得知，是否进行施工过程模拟和是否考虑预变形，对结构位形变化很大，必须对法门寺合十舍利塔结构进行模拟施工及结构预变形分析。

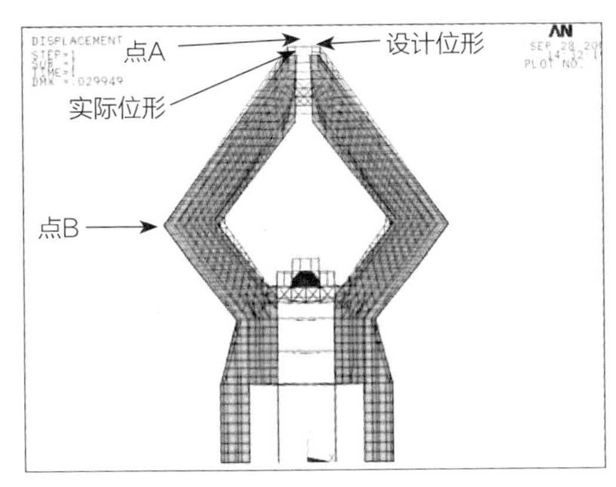

图9-3　不进行施工过程模拟和预变形分析结构变形图[13]

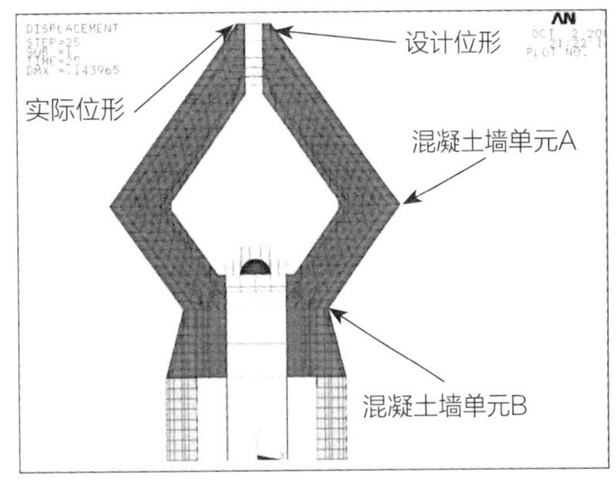

图9-4　进行施工过程模拟和预变形分析结构变形图[13]

9.3.2　施工过程结构受力情况（主要拐点处）

通过对法门寺合十舍利塔特殊节点受力情况的分析，考虑模拟施工构件内、外受力情况有显著差别。

如图9-5、图9-6所示为54m标高位置左“手心”P轴型钢柱（型钢柱截面为GGZ4）及74m标高位置及左“手背”N轴型钢柱（型钢柱截面为GGZ4）截面内（靠近“手心”）、外（靠近“手背”）两侧应力，进行结构施工过程模拟的计算分析结果。

可以看到，是否进行结构施工过程模拟，对型钢柱应力有明显差别。一方面当结构建造完成时，二者在受力状态及数值上明显不同；以图9-5为例，施工模拟内表

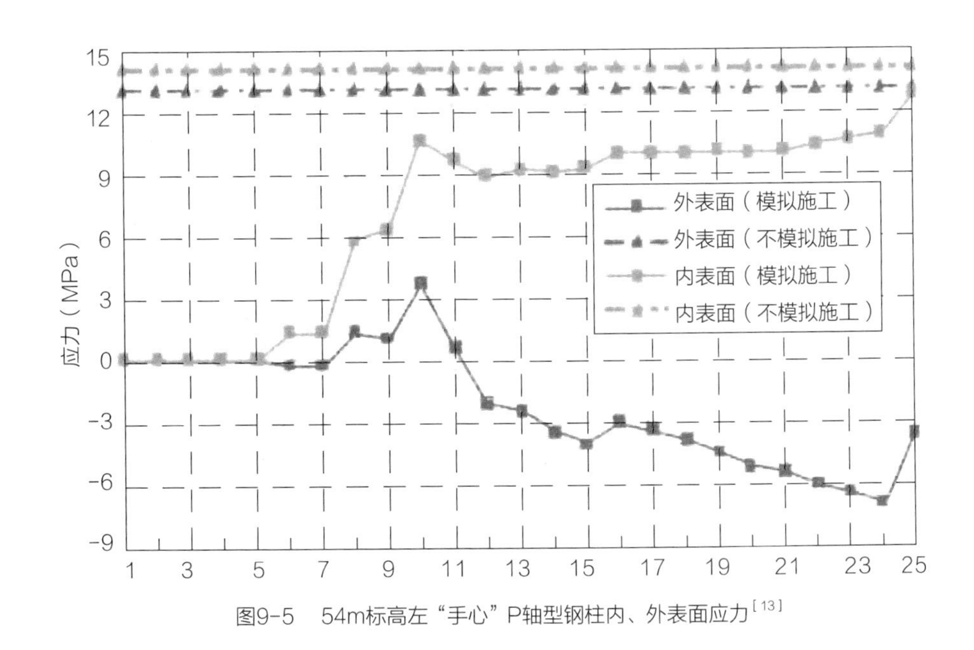

图9-5　54m标高左“手心”P轴型钢柱内、外表面应力[13]

面为拉应力12.5MPa，外表面则为压应力-3.7MPa，而建成后设计计算则均为拉应力（内表面13.8MPa，外表面12.9MPa）；更为重要的是，由于考虑了结构施工建造过程，前者型钢柱应力随施工过程不断变化。以图9-6为例，型钢柱外侧表面在构件安装前无应力，安装后首先为受压，随着上部结构的建造逐渐由受压转变为受拉，而后者则受拉且为恒定值。应该指出的是，9.3.1节关于结构各位置的位移，亦随施工过程而具有变化性。

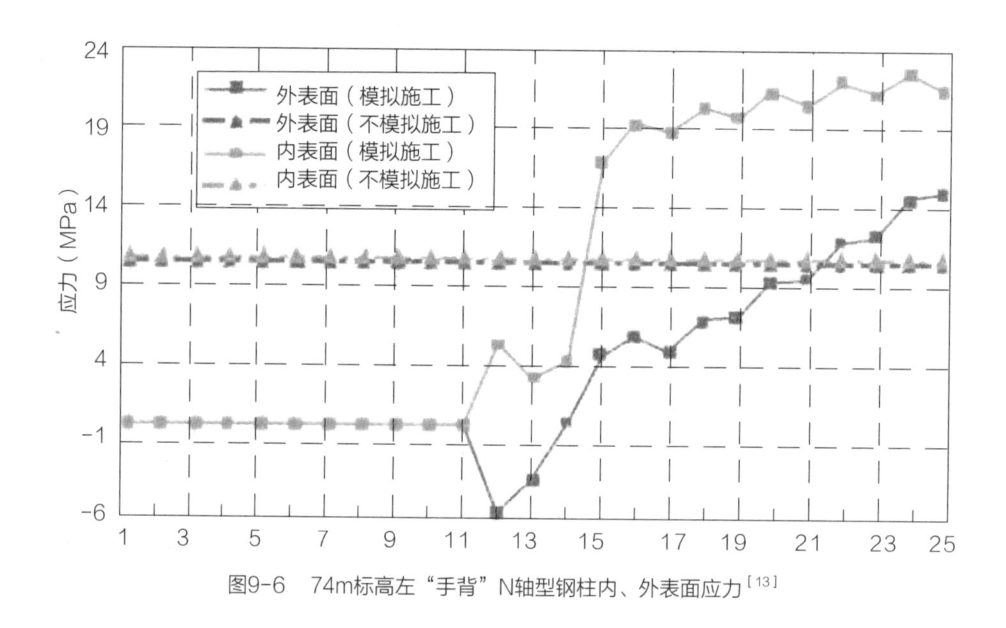

图9-6　74m标高左“手背”N轴型钢柱内、外表面应力[13]

综上所述，法门寺合十舍利塔主体结构考虑施工过程模拟和预变形与否，结构终态变形及结构构件内力均有显著差别。显然，将结构建造过程考虑在计算分析过程中的模拟方法，与实际情况更为吻合，其计算结果也更为真实地反映结构的实际受力状况。

9.3.3　结构施工模拟分析及预变形分析计算的主要内容与目的

为满足结构施工的稳定性与方案的可行性，拟从三个方面进行分析研究，从而解决现场施工难题。

1）依照结构施工方案和荷载条件，对主塔结构进行详细的结构施工过程模拟分析。模拟施工过程中结构位形及构件复杂的受力情况，分析钢结构超前施工的可行性及方案是否满足规范要求。

2）根据施工过程模拟分析结果，对比结构变形及构件受力的差异，尤其是构件内力及应力大小状态，提出结构施工预调值，以便过程修正。在类似工程中推广施工全过程的模拟分析，一方面可以对确定的施工方案进行数值模拟分析，检验其可行性、可控性及有效性，同时提出改进意见；另一方面，可以更为准确地掌握施工过程中结构的受力机制和变形特点，保障结构安全。

3）对施工过程中结构整体稳定进行验算。当发现稳定性不足时，提出相应的建议和加强方案。从而满足结构施工完成后，结构的实际位形与设计位形之间实现一致。

9.4　结构施工模拟及预变形分析计算方法选择

9.4.1　结构施工预变形的基本原理

通常，普通建筑物（尤其是钢结构）在施工建造完成后的实际位形与建筑的设计变形之间会存在一定差别。为了使结构施工完成后，结构位形在重力荷载作用下控制在建筑和结构设计要求的范围以内，需要在施工阶段对构件的加工尺寸和结构的安装位置进行一定调整，即称为结构施工阶段的预变形，见图9-7。

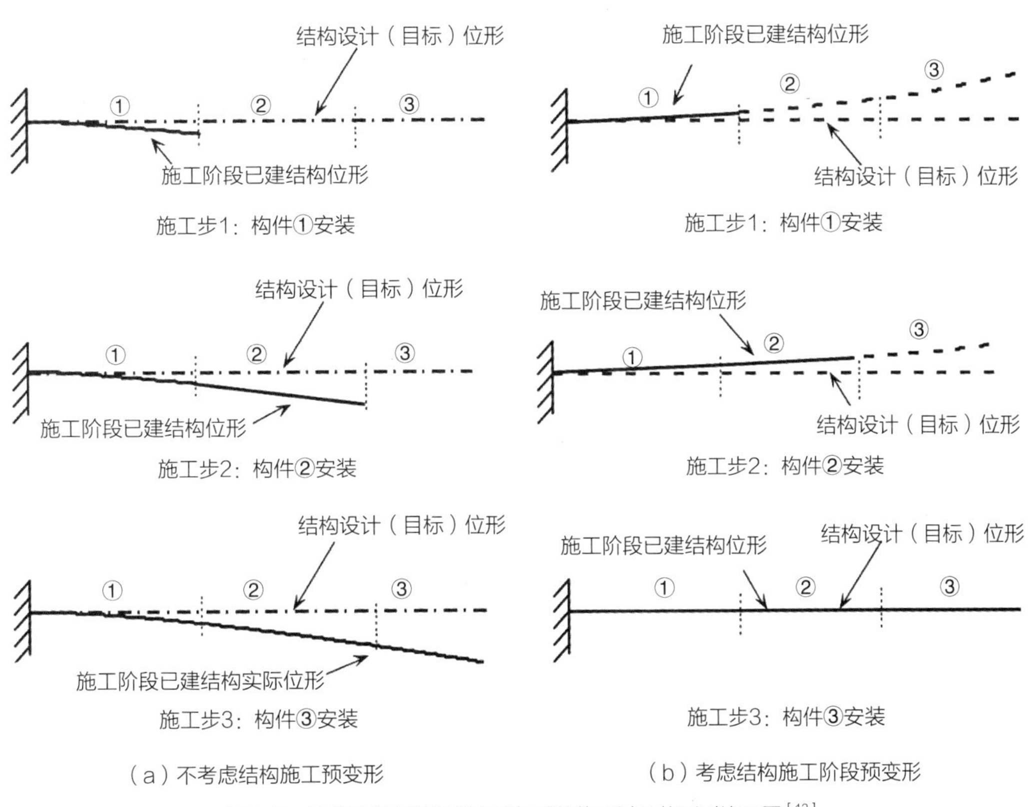

图9-7　悬臂梁考虑施工预变形与否的施工过程位形对比示图[13]

结构施工阶段的预变形分析是指根据建筑结构的设计参数，通过数值模拟计算寻找出结构施工的初始位形，以及各施工分步阶段结构位形及其相应施工预变形值，使得在采用既定施工方案、建造次序和构件预变形等措施后，建成结构的实际位形满足设计变形目标和要求。

9.4.2 结构施工模拟与与预变形方法选择

目前，施工过程模拟跟踪分析的方法主要有时变单元法、拓扑变化法、有限单元法三种，其中有限单元法应用较为广泛。对比上述三种方法，有限单元法能够利用单元的“生死”来模拟施工过程中杆件出现的先后顺序，逐步将施工步骤激活，并施加相应施工步骤的荷载，从而跟踪分析施工过程中的内力发展和变形变化情况，故模型建立采用有限单元法。

由于工程竖向体型的严重不规则及建筑功能的要求，对变形的控制非常严格，必须通过施工过程的力学模型来计算结构预调值。对于复杂结构预调值计算方法通常有一般迭代法、正装迭代法、倒拆迭代法、分阶段综合迭代法四种计算方法，因正装迭代法可以考虑结构的几何、材料等非线性影响，计算精度较高，适用于任意结构和施工方案下的变形预调值。综合考虑法门寺合十舍利塔施工计算精度的要求，预调值采用正装迭代法进行计算。

9.4.3 法门寺主塔结构预变形分析的计算原理及方法

法门寺合十舍利塔主塔结构中，两“手掌”结构分别向外侧倾斜36°、悬挑约22m后，再向内侧倾斜36°，最后在距地面109m标高位置通过钢桁架连接实现合龙。工程结构在施工过程中经历了复杂的力学变化过程，同时结构体系也发生了较大转变：结构体系合拢前，两“手掌”结构单独工作；合拢后，结构连成整体，共同受力。根据工程结构特点，通过对比多种计算方法后，确定结构的施工预变形分析采用模拟施工依次建造、迭代计算找形（施工阶段结构预变形形态）分析的两阶段综合迭代方法进行（图9-8）。

9.5 施工模拟及预变形分析模型

9.5.1 计算分析模型及方法

1）计算分析依据：结构图、勘察报告、试桩报告、桩基筏板计算程序TBSP计算报

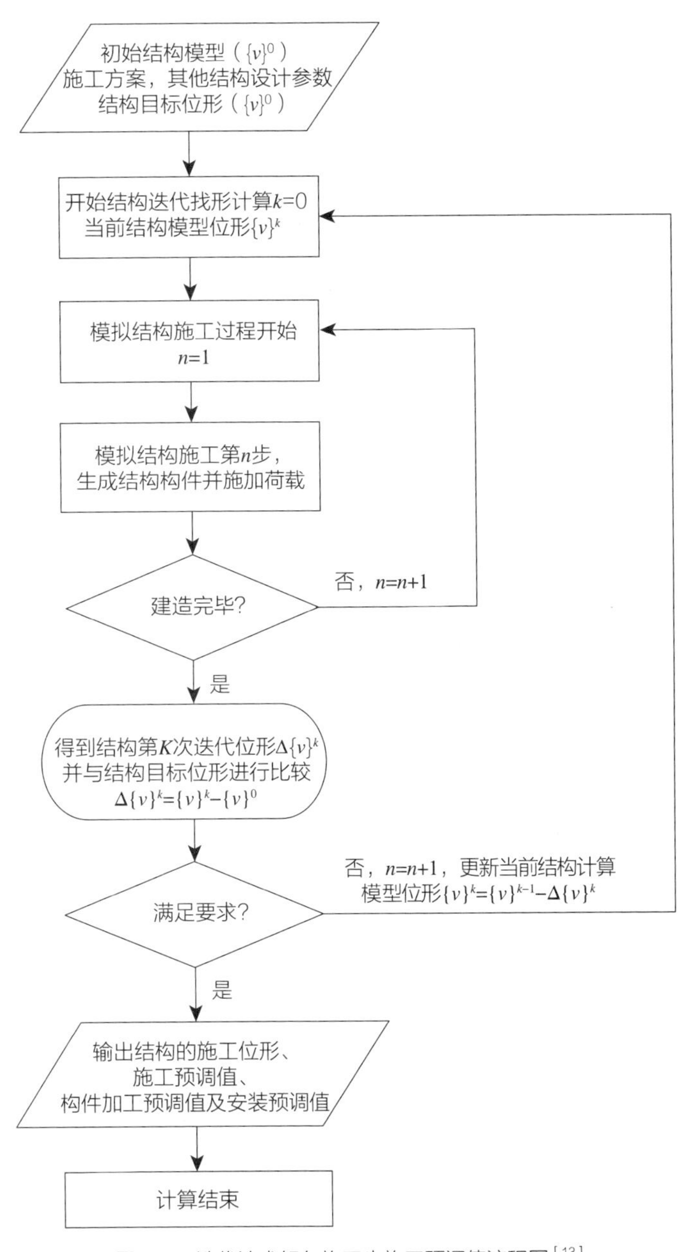

图9-8　迭代法求解各施工步施工预调值流程图[13]

告、Midas电算模型、相关设计文件及会议纪要。

2）结构荷载

根据施工单位提供的《土建施工荷载情况说明》，除结构构件自重外，施工过程附加荷载如下：

（1）模架自重：24m以下标高每6m层高为1.5kN/m^2；24m以上标高筒体以外每10m层高为2.5kN/m^2，筒体以内每10m层高为2.0kN/m^2；

（2）施工活荷载：整个结构内部为1.0kN/m^2；

（3）斜墙内外模板荷载：内外模板厚度均为18mm，内外模板总重为18.1kN/m^2；

（4）挑梁荷载：挑梁上轨道质量、上部架子荷载为1500kN/m^2；

（5）钢结构施工荷载：54m以下标高施工阶段，上层施工面活荷载2.0kN/m^2，下层施工面活荷载2.0kN/m^2；54m以上标高施工阶段，施工活荷载2.5kN/m^2。计算模型中，该荷载作为均布线荷载加在梁单元上。

3）计算软件及方法

采用数值模拟计算软件ANSYS进行模拟计算，结构材料（混凝土及钢材）均视为线弹性材料。材料参数如表9-1所示。

结构材料参数表[13]　　表9-1

结构材料名称	弹性模量（MPa）	密度（kg/m^3）	说明
C60混凝土	3.6×10^4	2.5×10^3	混凝土剪力墙及所有混凝土竖向构件
C60混凝土	3.6×10^4	2.5×10^3	混凝土楼板、混凝土梁及型钢混凝土梁
Q345钢材	2×10^5	7.85×10^3	型钢、型钢梁、型钢横撑、钢柱

4）结构整体分析模型及局部构件示意图（图9-9）

结构模型中采用的坐标系与结构施工图中完全一致，即以结构平面中部对称轴交点为原点，以结构标高±0.000m为竖向起始点。整体结构有限元模型正投影及坐标系如图9-10～图9-12所示。

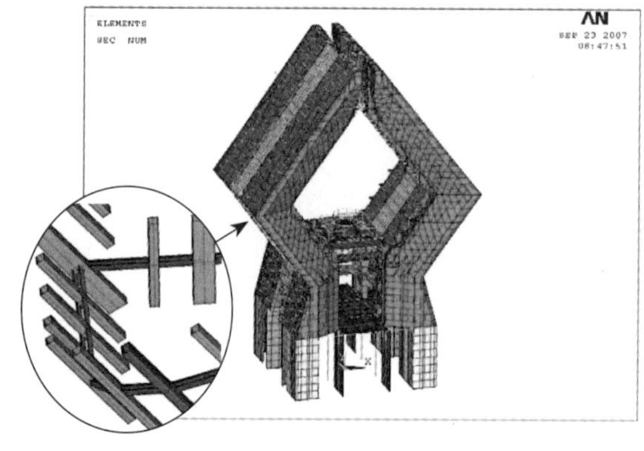

图9-9　结构整体分析模型图[13]

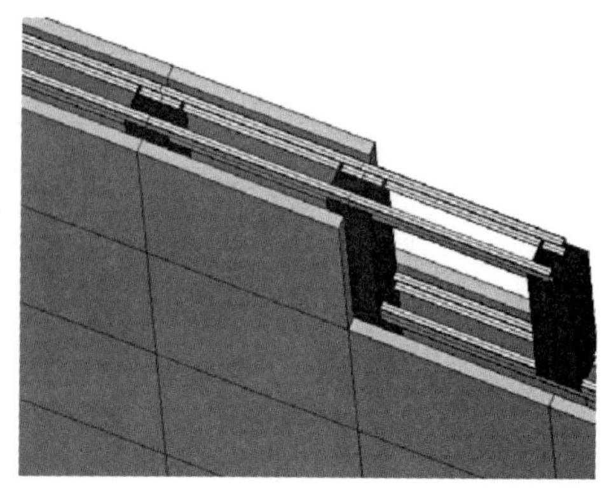
图9-10　空心混凝土墙、型钢及横撑[13]

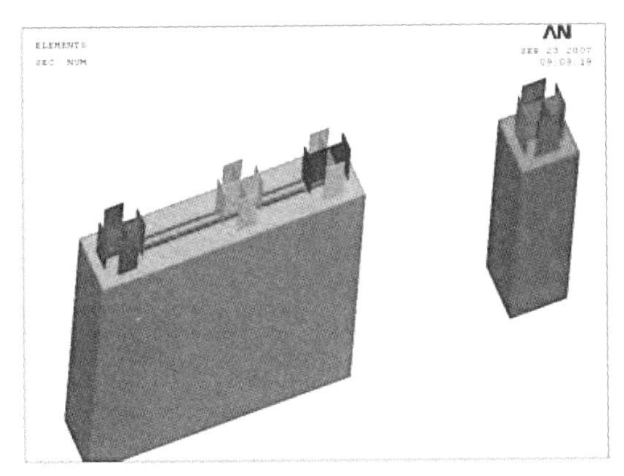

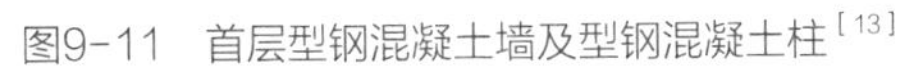
图9-11　首层型钢混凝土墙及型钢混凝土柱[13]

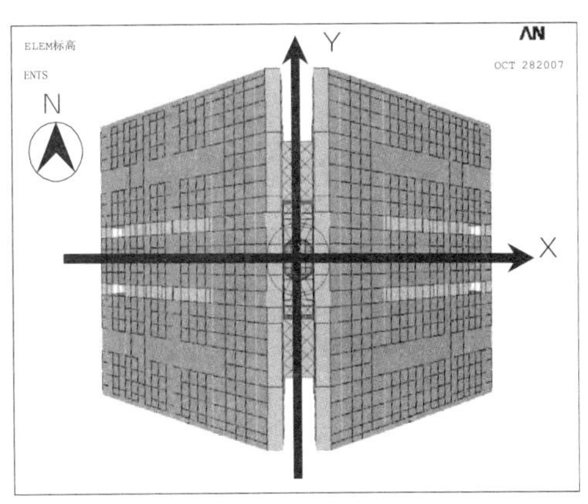

图9-12　结构计算模型正投影及坐标系[13]

9.5.2　施工过程的划分

根据进度计划，将主塔结构划分为25个施工建造步。以钢结构施工至24m、74m以及127m标高时计算模型为例（图9-13～图9-15）。上述施工模拟过程中，除结构构件的生成顺序与施工过程一致外，施加到结构构件上的各种荷载也与施工过程一致。

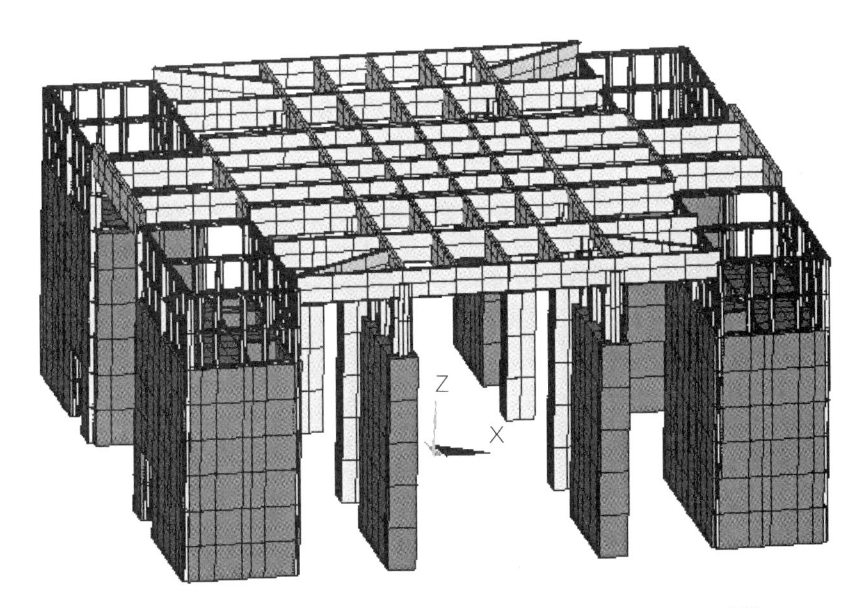

图9-13　钢结构施工至24m标高，混凝土施工至18m标高建造步[13]

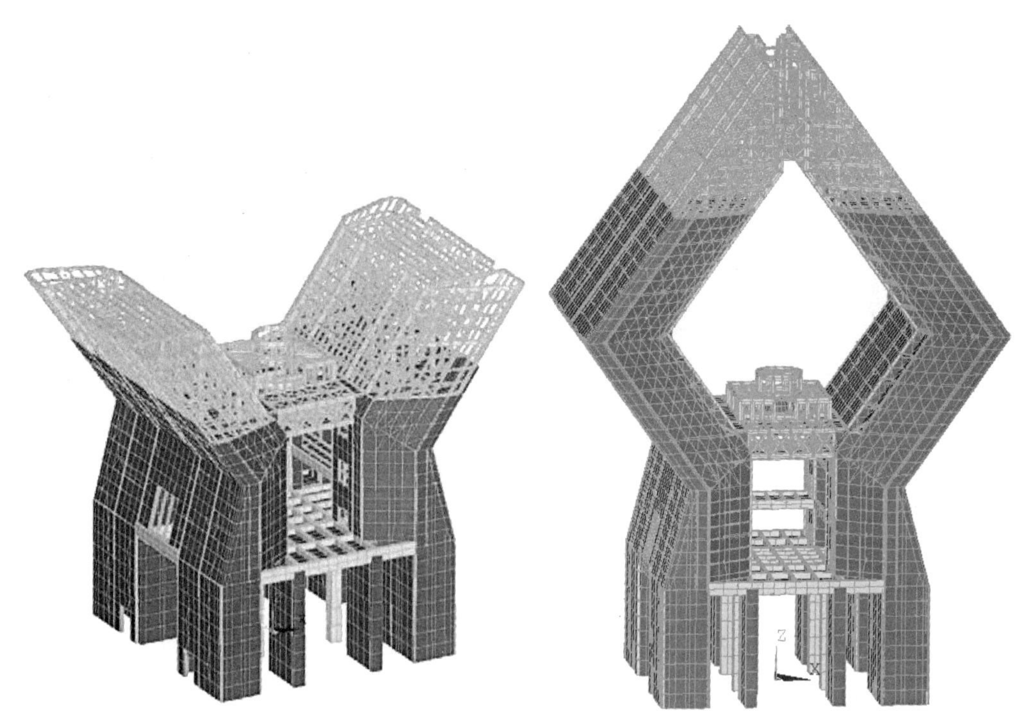

图9-14 钢结构施工至74m标高，混凝土施工至54m标高建造步[13]

图9-15 钢结构施工至127m标高，混凝土施工至99m标高建造步[13]

9.5.3 计算模型的验证

通过结构自振特性分析以及自重作用下的变形分析，将所得计算结果与设计单位Midas数据对比（表9-2），两个计算模型在结构自振特性、顶点竖向位移以及74m标高拐点位置的水平及竖向位移等数据均吻合，从而验证模型的正确性。

ANSYS与Midas计算结果对比表[13] 表9-2

项目	ANSYS	Midas
结构自重*（kN）	1.32×10^{6}	1.20×10^{6}
T_1（s）	1.06	1.097
T_2（s）	0.76	0.76
T_3（s）	0.57	0.544
T_4（s）	0.33	0.308
T_5（s）	0.31	0.301
顶点竖向位移（m）	0.0246	0.0236

续表

项目	ANSYS	Midas
74m标高拐点U_Z（m）	0.0143	0.0139
74m标高拐点U_X（m）	-0.0101	-0.0096

注：*仅包括结构构件自重。

9.5.4　基础沉降和地下室的影响研究

1）基础沉降的影响分析

因法门寺合十舍利塔底部荷载超大（基地压力1000kPa，总荷载320000t），设计选用直径1.2m旋挖式钻孔灌注桩，桩长55m。根据桩基检测报告，单桩极限承载力为25600kN。主塔核心区域桩布置采用平筏板群桩分布形式，筏板厚度为2m，局部厚度为5m和8m。为验证基础沉降的影响，在主塔设置观测点，对沉降量进行观测。测点布置如图9-16所示，由于结构的对称性，选取测点3、测点4、测点5、测点6、测点7、测点24、测点25、测点26等8个点沉降量汇总如图9-17所示。

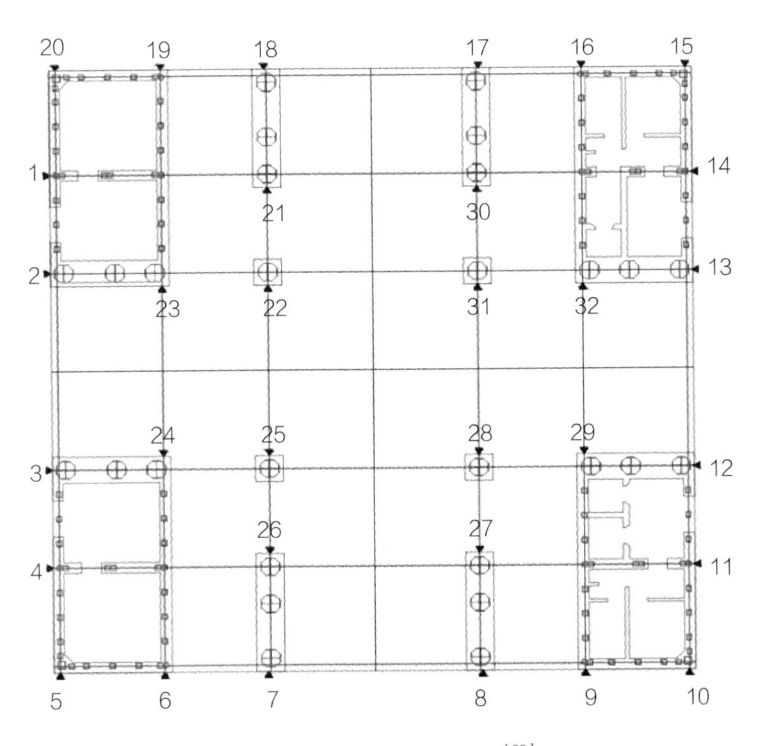

图9-16　主塔观测点位置图[32]

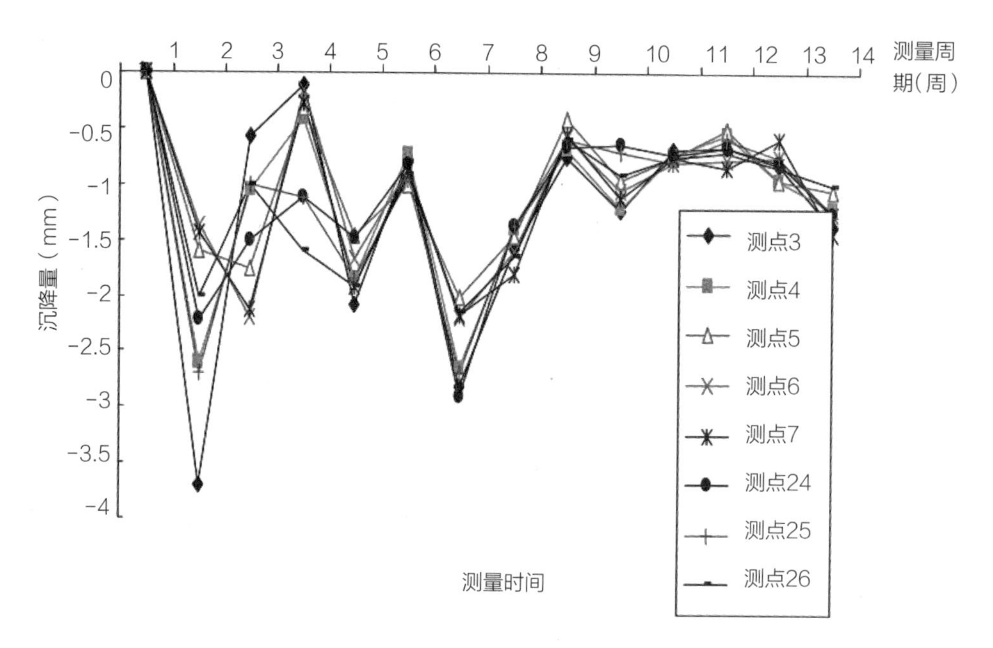

图9-17　主塔部分点沉降量汇总情况[32]

图9-17横坐标表示测量周期，从建造开始每周测量一次。可以看出，基础沉降较小且均匀。从计算可知，法门寺合十舍利塔主塔结构对基础不均匀沉降具有较大的协调能力，基础沉降对上部结构侧向位移造成的影响十分有限。所以，直接采用地上结构进行结构模拟施工分析和施工预变形分析，是合理、可行的。

2）考虑地下室与基础共同影响

采用9.5.1节计算模型及9.5.2节模拟施工方法，增加地下室结构及基础筏板分部，进行表9-3所列四种工况的计算对比分析研究（图9-18）。

基础沉降及地下室影响研究分析工况表[13]　表9-3

施工阶段	工况1	工况2	工况3	工况4
地上结构	混凝土浇筑至79m标高 钢结构施工至94m标高	混凝土浇筑至79m标高 钢结构施工至94m标高	建造完成	建造完成
考虑地下室	是	否	是	否
考虑基础沉降	是	否	是	否
模拟施工过程	是			

（1）混凝土结构浇筑至79m标高，钢结构施工至94m标高高度。工况1及工况2对比结果如表9-4所示。

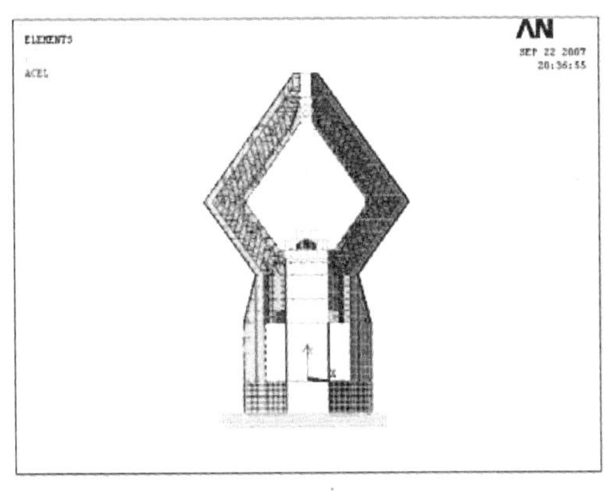

（a）工况1

（b）工况2

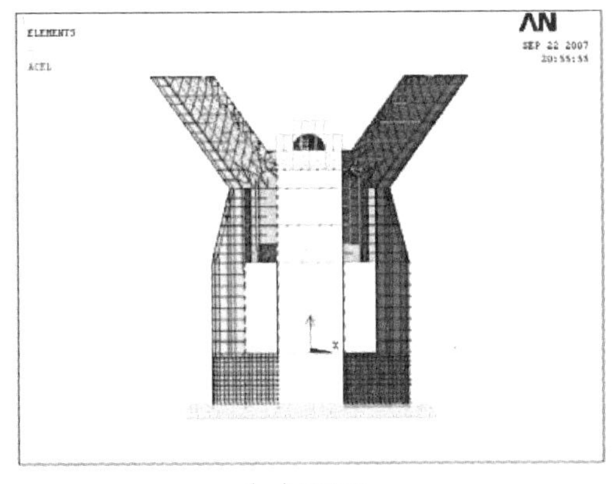

（c）工况3

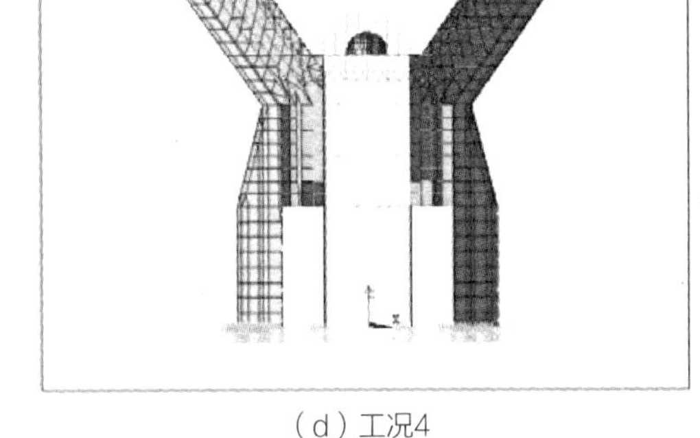

（d）工况4

图9-18　四种工况模型[13]

工况1及工况2计算结果对比[13]（单位：m）　　表9-4

工况	74m标高左手背角点侧移	差值
工况1	-0.038	0.005
工况2	-0.043	

当结构混凝土施工浇筑至79m标高，钢结构施工至94m标高高度时，地下室及基础沉降与否，对74m标高手背角点位置侧向位移的影响十分有限。

（2）施工完成，结构竣工。工况1及工况2对比结果如表9-5所示。

工况1及工况2计算结果对比[13]（单位：m）　　表9-5

左手手背角点侧向位移	工况3	工况4	差值
74m标高	-0.045	-0.052	0.007
127m标高	0.034	0.035	0.001

当结构竣工时，地下室及基础沉降与否，对74m和127m标高手背角点位置侧向位移的影响亦较小。

通过数据对比，因结构双向体型对称，基础底板厚度较大，以及下部结构刚度较大，故结构对基础不均匀沉降具有较大的协调能力。下部基础不均匀沉降，对上部结构侧向位移造成的影响十分有限。

9.6 主塔结构施工过程中的薄弱因素分析及加强措施

工程如采用常规施工方法，型钢结构合龙后再行混凝土浇筑，不安全因素可以控制在最小，但施工进度就将受到很大影响。为了满足工程进度要求，上部钢结构施工与下部混凝土施工将存在20m的流水间隙，故必须考虑下部混凝土未硬化期间钢结构的稳定问题。因此，在进行结构施工预变形值分析之前，需对上述施工方案进行论证，论证施工方案的可行性及安全性。以结构施工至第11施工步（此时钢结构施工至74m，混凝土施工至54m，也就是独立悬臂施工状）为例，进行分析验证。

9.6.1 结构第11施工步计算结果

图9-19、图9-20依次为模拟结构施工第11步（此时钢结构施工至74m标高，混凝土施工至54m标高）结构最大位移点位移云图及最大应力云图。

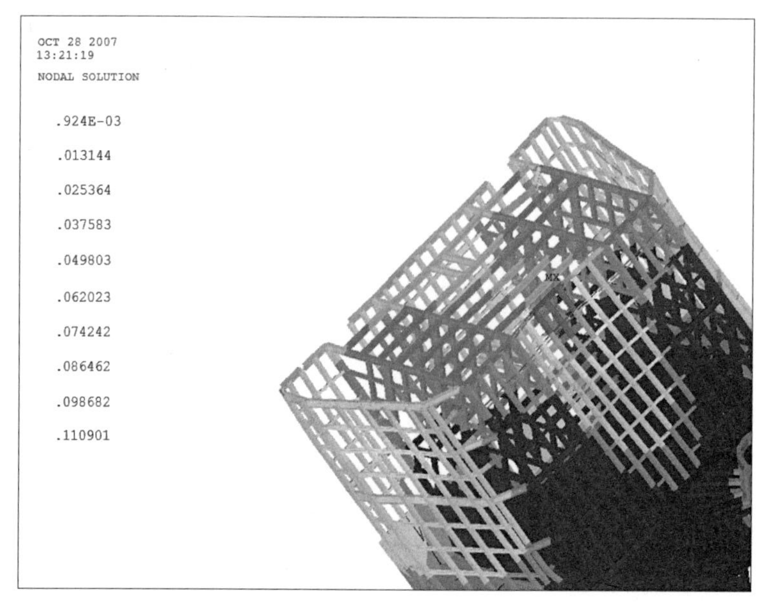

图9-19　第11步各型钢柱构件位移云图[13]（单位：m）

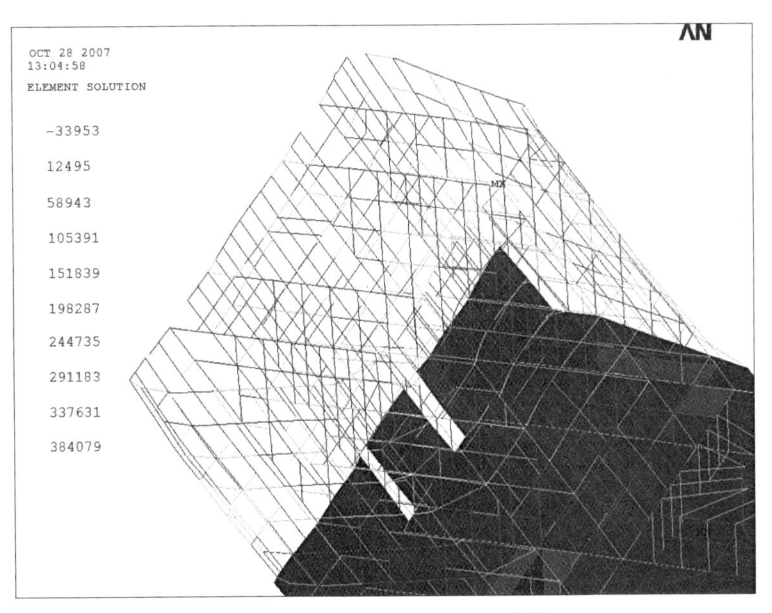

图9-20　第11步各钢结构构件最大应力云图[13]（单位：kPa）

施工步骤第11步，结构的最大位移为111mm，该点位于结构74m标高处，Q轴附近的型钢柱柱顶位置；钢结构的最大应力为384MPa，最大应力单元为位于标高74m手心位置截面为［32a槽钢的横撑单元。

进一步复核可知，此时型钢柱顶端侧向位移角（侧向位移与其竖直高差之比）约为1/180，远大于《钢结构设计规范》GB 50017中1/500的要求；且超前钢结构最大应力也超过了材料屈服强度标准值。显然，按照既定的施工方案及施工计划，主塔结构在施工过程中将会出现稳定性、安全性问题，故必须采取有效的加强措施，以保证整个结构施工建造的顺利进行。

9.6.2　施工过程中的加强措施

通过分析，造成超前钢结构施工过程中发生较大侧向位移以及钢构件应力水平较高的主要原因，在于超前20m施工钢结构的整体性较差，其抗侧刚度稳定性较弱。

1）主要原因

（1）水平横撑与型钢柱连接偏于铰接。难以发挥型钢柱相互连接成为整体的空间框架效应，因而也造成了超前钢结构整体侧向刚度较弱。

（2）“手心”“手背”中部型钢柱面外刚度弱。由于建筑造型等要求，“手心”“手背”中部设置了长度为18m，且面外无侧向支撑的单榀型钢柱，不利于控制型钢柱在重力荷载作用下的面外侧向位移。

（3）相互联系弱。由于建筑功能要求所设置在“手心”“手背”侧多道手缝的分隔，使得主塔内型钢柱形成了多个刚度较大而彼此联系较弱的区域，同时也是造成型钢柱水平位移较大、应力水平偏高的因素之一。

2）加强措施

为了提高超前施工钢结构的整体稳定性，在施工过程中采用如下加强措施进行加强：

1）44m以上标高结构空间内，所有横撑与型钢柱之间均采用刚性连接（图9-21）。

2）在楼板下皮以下200mm高度处进行连接加强（图9-22），拉结杆件截面为ϕ180×10（Q345），与型钢柱连接节点做法为铰接（64m标高以下为2∟140×12角钢组合构造┼）。

3）对“手心”与“手背”之间型钢，54m标高以上采用交叉撑进行加强（双手对称），杆件截面为∟110×14，斜撑与型钢柱焊接（图9-23）。

4）54m标高以上，结构P轴、N轴、S轴及R轴采用交叉撑进行加强（双手对称），构件截面为ϕ180×10，斜撑与型钢柱连接节点做法为铰接（图9-24）。

5）在施工过程中，79～84m标高、两手之间设置连接桁架进行加强（图9-25）。

采用上述加强措施后，当施工第11步完成后，计算结构的最大位移减小为34mm；钢结构的最大应力减小为212MPa（截面为［32a槽钢的横撑单元）。加强措施有效提高了施工过程中结构的整体性及抗侧刚度，大大减小了结构在重力及施工荷载作用下的变形及构件的应力。

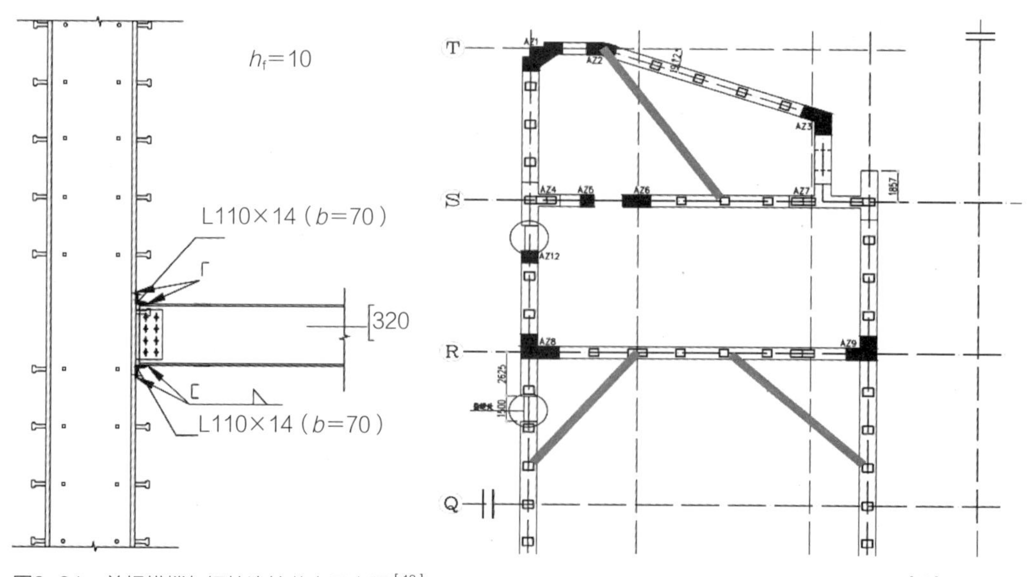

图9-21　单根横撑与钢柱连接节点示意图[13]

图9-22　楼面内加强拉接杆件布置示意图[13]

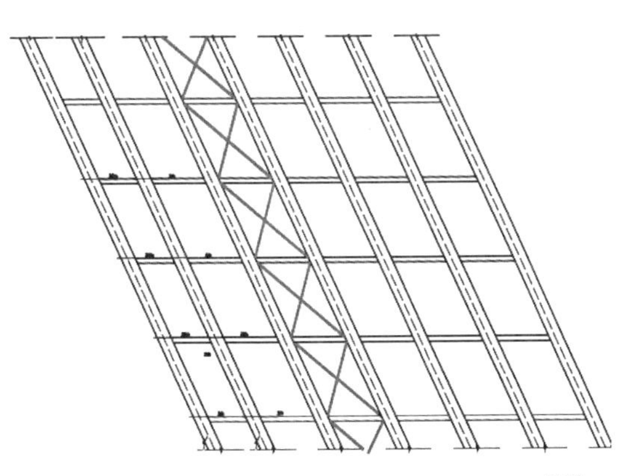

图9-23　手侧型钢柱柱间加强杆件布置示意图[13]

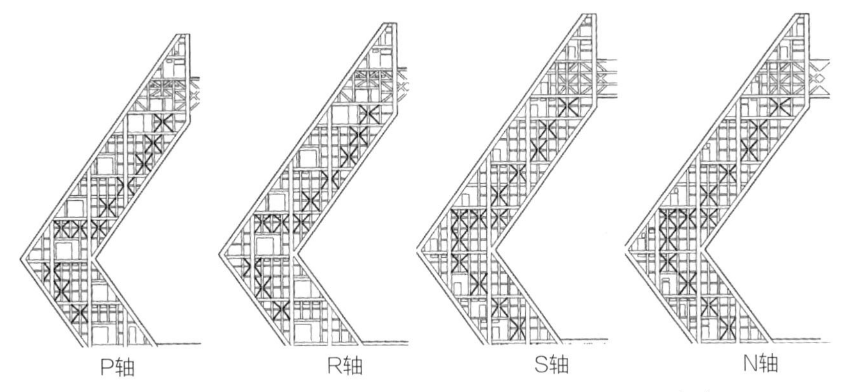

图9-24　主塔各剖面型钢柱柱间加强斜撑布置示意图[13]

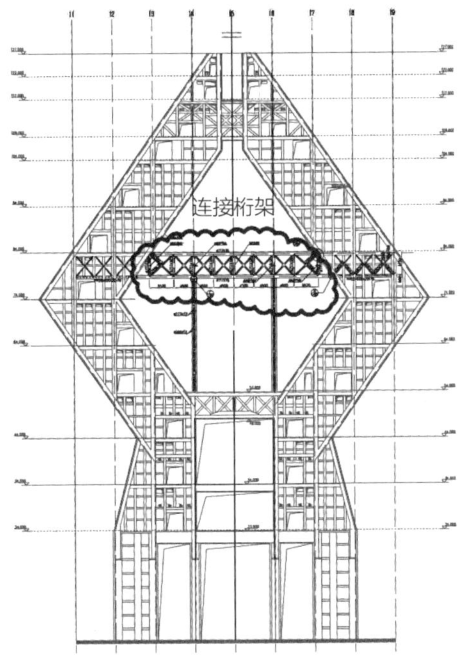

图9-25　施工过程中连接加强桁架布置示意图[13]

9.7 采用加强措施后主塔的施工阶段稳定性及预变形分析

根据建筑施工图纸的几何信息，建立法门寺合十舍利塔整体结构的分析模型。

9.7.1 结构变形分析

工程结构布置基本呈双轴对称，仅列出左手结构74m标高关键位置的计算结果。74m标高位置关键点x、z位移变化曲线（图9-26、图9-27）。

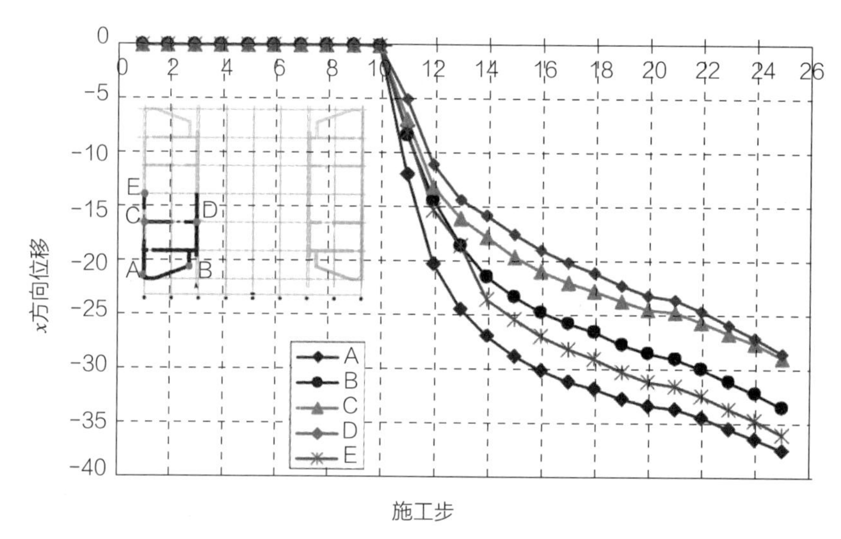

图9-26 74m标高位置关键点X向位移变化曲线[13]

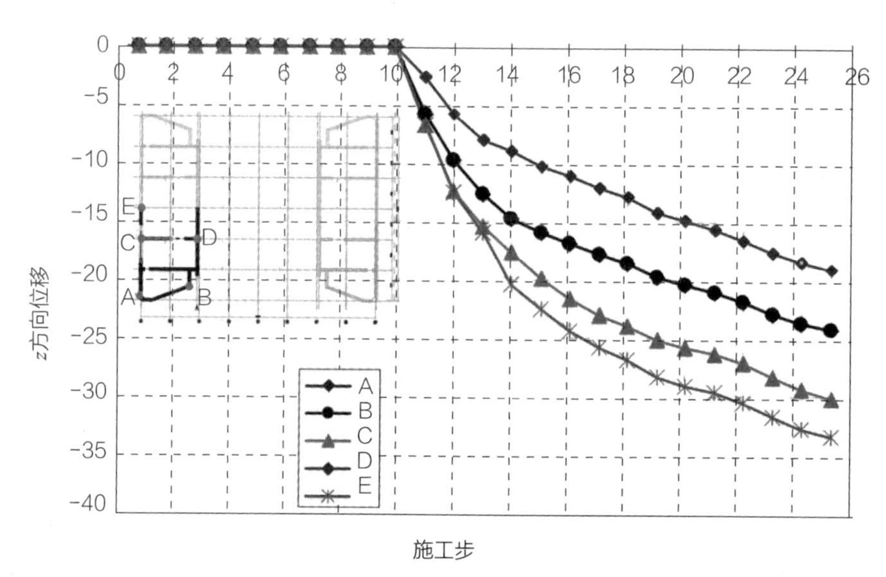

图9-27 74m标高位置关键点Z向位移变化曲线[13]

可以看出，在74m标高结构构件施工前，该位置关键节点无位移；施工安装后，在重力荷载及施工荷载作用下，开始产生水平及竖向位移，并随着施工的继续而不断增大。当结构施工至104～109m标高连接桁架时，法门寺合十舍利塔双手结构连接成为一体共同工作，使得该位置水平及竖向位移增大趋势变缓。此外，观察手背侧A、C、E三点水平位移可以看出，虽然三点设计位形共线，但施工过程中由于荷载作用下三点水平位移不同，从而造成结构位形与设计位形产生差别，可见在施工过程中对结构采取预变形予以纠正是十分必要的。

9.7.2　型钢柱应力分析

结构54m和74m标高型钢柱内外表面应力在施工过程中变化曲线如图9-28～图9-31所示，其中内、外表面是指型钢柱截面面向“手心”“手背”侧表面。

1）54m型钢柱应力变化曲线（图9-28、图9-29）

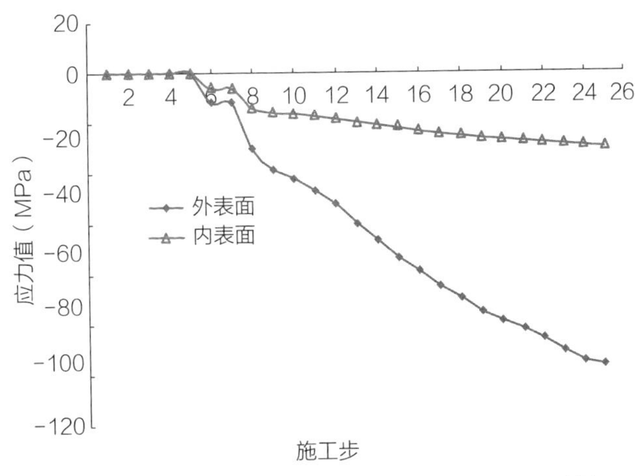

图9-28　54m标高R轴手背位置型钢柱内外表面应力[13]

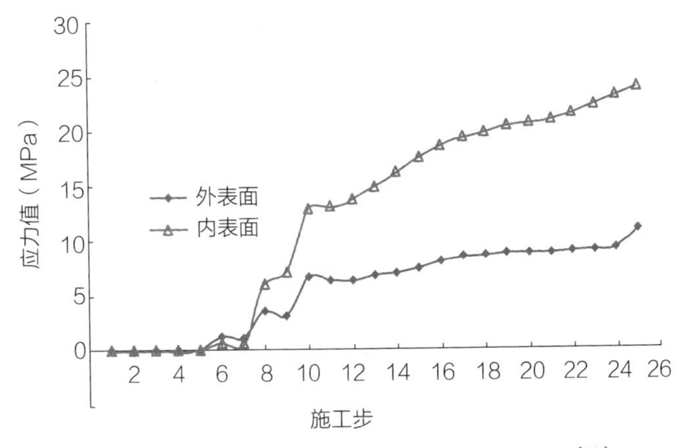

图9-29　54m标高R轴手心位置型钢柱内外表面应力[13]

2）74m标高型钢柱应力变化曲线（图9-30、图9-31）

可以看出，两个标高位置型钢柱内外侧表面应力变化随施工过程变化显著，甚至出现应力拉、压状态转变的现象。

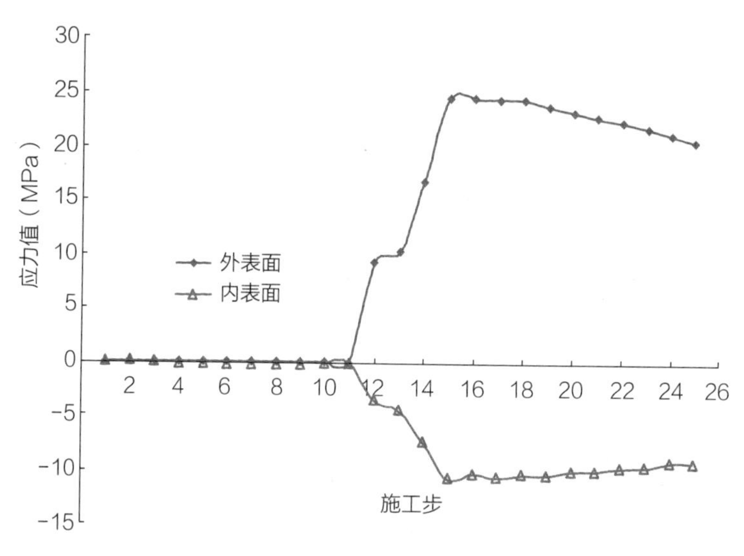

图9-30 74m标高R轴手背位置型钢柱内外表面应力[13]

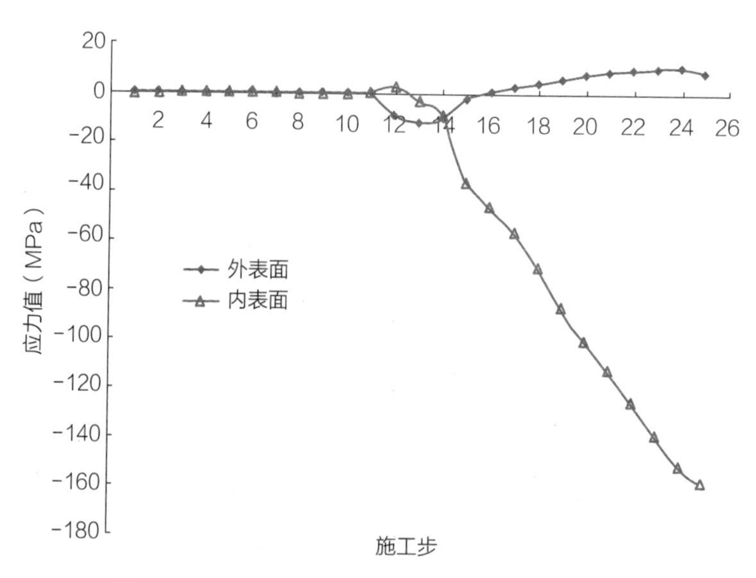

图9-31 74m标高R轴手心位置型钢柱内外表面应力[13]

3）型钢柱分区、分段应力统计

以主塔右手构件为例，对不同标高区间内、平面不同部位进行统计。分区如图9-32所示。

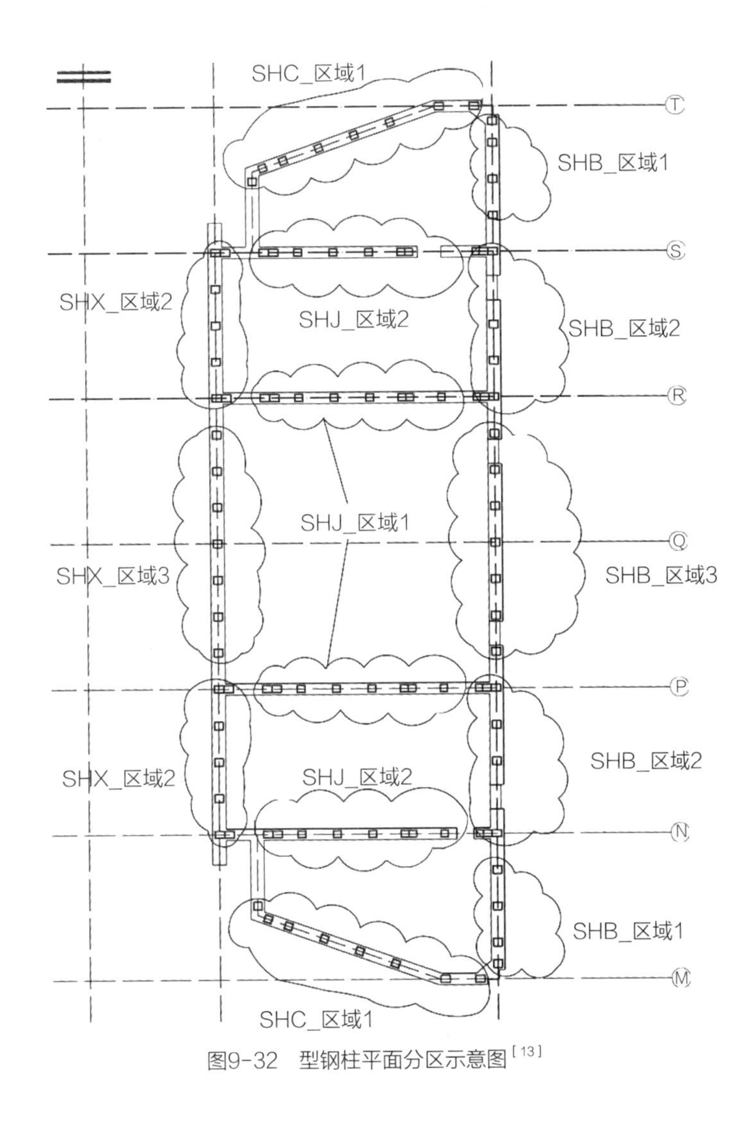

图9-32　型钢柱平面分区示意图[13]

（1）“手背”区域型钢柱施工过程应力统计见表9-6。

“手背”区域一（SHB—区域1）型钢柱各高度应力最大值和应力区间单元数[13]（单位：MPa）

表9-6

标高区域	施工过程中	施工完毕	单元数目（个）				
			应力值 $S \leqslant 50$	应力值 $50 < S \leqslant 80$	应力值 $80 < S \leqslant 100$	应力值 $100 < S \leqslant 140$	应力值 $140 < S$
44～54m	123	123	27	21	11	5	0
54～64m	65.2	65.2	56	8	0	0	0
64～74m	58.4	50.6	61	3	0	0	0
74～84m	43.5	42.2	48	0	0	0	0

续表

标高区域	施工过程中	施工完毕	单元数目（个）				
			应力值 $S \leqslant 50$	应力值 $50<S \leqslant 80$	应力值 $80<S \leqslant 100$	应力值 $100<S \leqslant 140$	应力值 $140<S$
84～94m	29.1	29.1	48	0	0	0	0
94～104m	27	26.2	48	0	0	0	0
104～109m	16.5	11	28	0	0	0	0
109～117m	13.7	13.4	40	0	0	0	0
117～122m	13.7	13.7	24	0	0	0	0
122～127m	8.5	7.6	24	0	0	0	0

（2）“手心”区域型钢柱施工过程应力统计见表9-7。

“手心”区域三（SHX_区域3）型钢柱各高度应力最大值和应力区间单元数[13]（单位：MPa）

表9-7

标高区域	施工过程中	施工完毕	单元数目（个）				
			应力值 $S \leqslant 50$	应力值 $50<S \leqslant 80$	应力值 $80<S \leqslant 100$	应力值 $100<S \leqslant 140$	应力值 $140<S$
44～54m	91.3	91.3	210	42	8	0	0
54～64m	123.9	123.9	85	62	9	8	0
64～74m	140.7	140.7	78	49	13	3	1
74～84m	115.6	115.6	119	27	4	2	0
84～94m	70.1	70.1	131	15	0	0	0
94～104m	62.3	62.3	144	4	0	0	0
104～109m	64.2	64.2	45	11	0	0	0
109～117m	51.3	49.8	54	2	0	0	0
117～122m	28	24.9	24	0	0	0	0
122～127m	23.5	15.5	4	0	0	0	0

（3）手侧区域型钢柱施工过程应力统计见表9-8。

手侧区域一（SHC_区域1）型钢柱各高度应力最大值和应力区间单元数[13]（单位：MPa）

表9-8

标高区域	施工过程中	施工完毕	单元数目（个）				
			应力值 $S\leq 50$	应力值 $50<S\leq 80$	应力值 $80<S\leq 100$	应力值 $100<S\leq 140$	应力值 $140<S$
44～54m	106.2	106.2	75	41	5	4	0
54～64m	99.8	95.2	66	51	11	0	0
64～74m	137.3	137.3	57	60	6	5	0
74～84m	152.6	152.6	69	47	7	4	3
84～94m	62.7	62.7	112	16	0	0	0
94～104m	55.5	54.6	124	4	0	0	0
104～109m	32.3	32.2	64	0	0	0	0
109～117m	51.1	40.5	55	1	0	0	0
117～122m	23.4	20.3	32	0	0	0	0
122～127m	20.3	13.8	44	0	0	0	0

（4）手间区域型钢柱施工过程应力统计见表9-9、表9-10。

手间区域一（SHJ_区域1）型钢柱各高度应力最大值和应力区间单元数[13]（单位：MPa）

表9-9

<table>
<tr><th rowspan="2">标高区域</th><th rowspan="2">施工过程中</th><th rowspan="2">施工完毕</th><th colspan="5">单元数目（个）</th></tr>
<tr><th>应力值 $S\leq 50$</th><th>应力值 $50<S\leq 80$</th><th>应力值 $80<S\leq 100$</th><th>应力值 $100<S\leq 140$</th><th>应力值 $140<S$</th></tr>
<tr><td>44～54m</td><td>148.1</td><td>148.1</td><td colspan="5">99</td></tr>
<tr><td>54～64m</td><td>126.9</td><td>126.9</td><td colspan="5">55</td></tr>
<tr><td>64～74m</td><td>171.9</td><td>171.9</td><td colspan="5">73</td></tr>
<tr><td>74～84m</td><td>115.8</td><td>107.4</td><td colspan="5">75</td></tr>
<tr><td>84～94m</td><td>77</td><td>77</td><td colspan="5">135</td></tr>
<tr><td>94～104m</td><td>60.7</td><td>60.7</td><td colspan="5">160</td></tr>
<tr><td>104～109m</td><td>67.5</td><td>64.5</td><td colspan="5">40</td></tr>
<tr><td>109～117m</td><td>34.8</td><td>33.1</td><td colspan="5">44</td></tr>
</table>

续表

标高区域	施工过程中	施工完毕	单元数目（个）				
			应力值 $S\leqslant 50$	应力值 $50<S\leqslant 80$	应力值 $80<S\leqslant 100$	应力值 $100<S\leqslant 140$	应力值 $140<S$
117～122m	25	20.4	8				
122～127m	9.3	4.3	4				

“手间”区域二（SHJ_区域2）型钢柱各高度应力最大值和应力区间单元数[13]（单位：MPa）

表9-10

标高区域	施工过程中	施工完毕	单元数目（个）				
			应力值 $S\leqslant 50$	应力值 $50<S\leqslant 80$	应力值 $80<S\leqslant 100$	应力值 $100<S\leqslant 140$	应力值 $140<S$
44～54m	91.3	91.3	210	42	8	0	0
54～64m	123.9	123.9	85	62	9	8	0
64～74m	140.7	140.7	78	49	13	3	1
74～84m	115.6	115.6	119	27	4	2	0
84～94m	70.1	70.1	131	15	0	0	0
94～104m	62.3	62.3	144	4	0	0	0
104～109m	64.2	64.2	45	11	0	0	0
109～117m	51.3	49.8	54	2	0	0	0
117～122m	28	24.9	24	0	0	0	0
122～127m	23.5	15.5	4	0	0	0	0

（5）44m以下标高型钢柱施工过程应力统计见表9-11。

44m以下标高型钢柱各高度应力最大值和应力区间单元数[13]（单位：MPa） 表9-11

标高区域	施工过程应力最大值	施工完毕应力最大值	单元数目（个）				
			应力值 $S\leqslant 50$	应力值 $50<S\leqslant 80$	应力值 $80<S\leqslant 100$	应力值 $100<S\leqslant 140$	应力值 $140<S$
0～24m	50.3	49.3	1087	1	0	0	0
24～34m	81.6	81.6	840	20	2	0	0
34～44m	101.8	101.8	788	89	16	1	0

该部分型钢柱应力大于100MPa的只有一根构件，该构件为位于39m到44m标高P轴手背型钢柱（截面为GGZ4）。

综上所述，型钢柱外侧表面在构件安装前无应力，安装后首先为受拉，随着上部结构的建造逐渐由受拉转变为受压，而后者则为恒定值受拉。

9.7.3 施工过程中混凝土墙墙体应力统计

施工区域划分如图9-33所示。

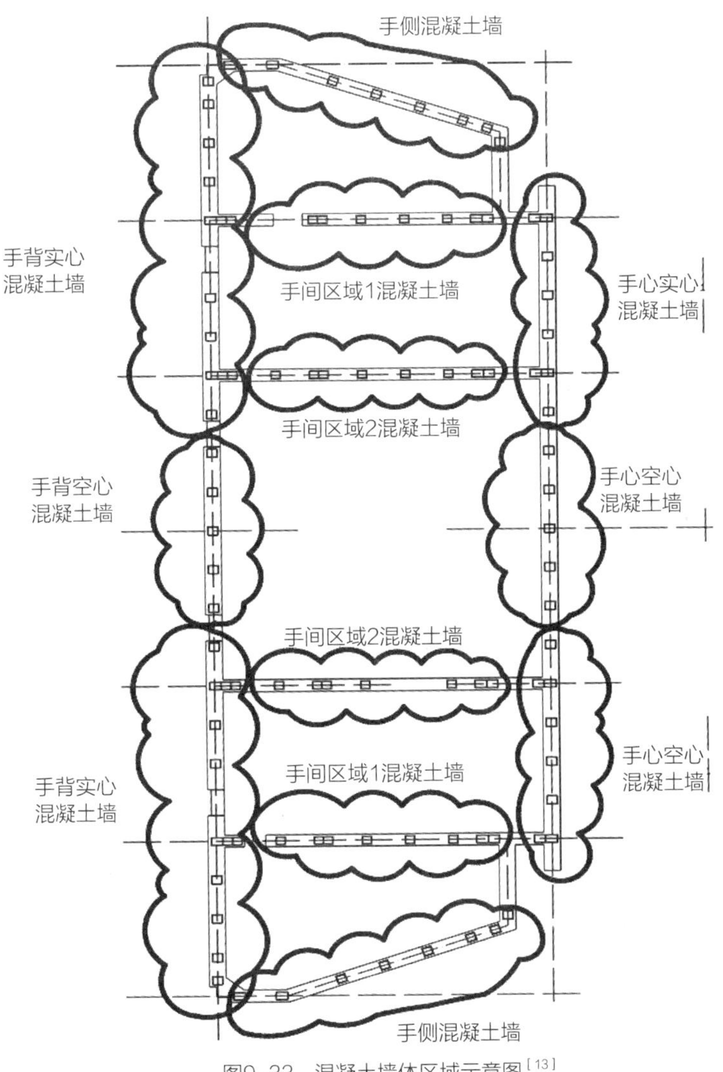

图9-33　混凝土墙体区域示意图[13]

1）“手背”区域混凝土墙施工过程应力统计见表9-12、表9-13。

“手背”区域空心墙各高度应力最大值和应力区间单元数[13]（单位：MPa） 表9-12

标高区域	施工过程最大拉应力S_{11}	施工过程最大压应力S_{33}	施工完毕最大拉应力S_{11}	施工完毕最大压应力S_{33}	最大拉应力$S_{11} \leqslant 2.85$（百分比）	最大拉应力$2.85 < S_{11}$（百分比）
24～34m	1.2	-5.4	1.2	-5.4	32.（1.00）	0.（0.00）
34～44m	0.6	-4.4	0.5	-4.4	104.（1.00）	0.（0.00）
44～54m	0.1	-3.4	0	-3.4	72.（1.00）	0.（0.00）
54～64m	0.1	-1.7	0.1	-1.5	72.（1.00）	0.（0.00）
64～74m	1.4	-0.4	1.4	-0.4	72.（1.00）	0.（0.00）
74～84m	1	-1.1	1	-0.8	64.（1.00）	0.（0.00）
84～94m	0.6	-0.6	0.6	-0.4	64.（1.00）	0.（0.00）
94～104m	0.3	-0.6	0.3	-0.5	64.（1.00）	0.（0.00）
104～109m	0.2	-0.4	0.2	-0.3	32.（1.00）	0.（0.00）
109～117m	0.4	-0.6	0.4	-0.6	56.（1.00）	0.（0.00）
117～122m	0.2	-0.3	0.2	-0.3	48.（1.00）	0.（0.00）
122～127m	0.2	-0.2	0.1	-0.2	48.（1.00）	0.（0.00）

“手背”区域实心墙各高度应力最大值和应力区间单元数[13]（单位：MPa） 表9-13

标高区域	施工过程最大拉应力S_{11}	施工过程最大压应力S_{33}	施工完毕最大拉应力S_{11}	施工完毕最大压应力S_{33}	最大拉应力$S_{11} \leqslant 2.85$（百分比）	最大拉应力$2.85 < S_{11}$（百分比）
34～44m	2.2	-9.7	2.2	-9.7	184.（1.00）	0.（0.00）
44～54m	1.7	-10.3	1.7	-10.3	210.（1.00）	0.（0.00）
54～64m	2.5	-3.5	2.5	-3.4	202.（1.00）	0.（0.00）
64～74m	3	-0.9	3	-0.8	186.（0.97）	6.（0.03）
74～84m	2.6	-0.9	2.6	-0.9	192.（1.00）	0.（0.00）
84～94m	3.2	-1.0	3.2	-0.3	157.（0.85）	27.（0.15）
94～104m	1.7	-1.5	1.7	-0.5	230.（1.00）	0.（0.00）
104～109m	0.7	-0.7	0.7	-0.7	92.（1.00）	0.（0.00）

续表

标高区域	施工过程最大拉应力S_{11}	施工过程最大压应力S_{33}	施工完毕最大拉应力S_{11}	施工完毕最大压应力S_{33}	最大拉应力S_{11}≤2.85（百分比）	最大拉应力2.85<S_{11}（百分比）
109～117m	0.7	-0.8	0.7	-0.8	160.（1.00）	0.（0.00）
117～122m	0.3	-0.5	0.3	-0.3	88.（1.00）	0.（0.00）
122～127m	0.2	-0.2	0.2	-0.1	96.（1.00）	0.（0.00）

2）“手侧”区域混凝土墙施工过程应力统计见表9-14。

“手侧”区域实心墙各高度应力最大值和应力区间单元数[13]（单位：MPa）表9-14

标高区域	施工过程最大拉应力S_{11}	施工过程最大压应力S_{33}	施工完毕最大拉应力S_{11}	施工完毕最大压应力S_{33}	最大拉应力S_{11}≤2.85（百分比）	最大拉应力2.85<S_{11}（百分比）
44～54m	4	-11.7	4	-11.7	218.（0.88）	30.（0.12）
54～64m	3.2	-4.1	3.2	-4.1	220.（0.92）	20.（0.08）
64～74m	4.2	-8.4	4.2	-8.4	241.（0.98）	5.（0.02）
74～84m	3.9	-10.1	3.9	-10.1	241.（0.98）	5.（0.02）
84～94m	1.9	-2.9	1.9	-2.9	248.（1.00）	0.（0.00）
94～104m	0.9	-1.4	0.9	-1.4	248.（1.00）	0.（0.00）
104～109m	0.5	-1.1	0.5	-1.1	162.（1.00）	0.（0.00）
109～117m	0.4	-0.8	0.4	-0.8	148.（1.00）	0.（0.00）
117～122m	0.3	-0.3	0.3	-0.3	60.（1.00）	0.（0.00）
122～127m	0.2	-0.2	0.1	-0.1	32.（1.00）	0.（0.00）

3）“手间”区域混凝土墙施工过程应力统计见表9-15、表9-16。

“手间”区域1实心墙各高度应力最大值和应力区间单元数[13]（单位：MPa）　表9-15

标高区域	施工过程最大拉应力S_{11}	施工过程最大压应力S_{33}	施工完毕最大拉应力S_{11}	施工完毕最大压应力S_{33}	最大拉应力S_{11}≤2.85（百分比）	最大拉应力2.85<S_{11}（百分比）
44～54m	5.7	-9.2	5.7	-9.2	141.（0.72）	55.（0.28）
54～64m	4.9	-11.9	4.9	-11.9	56.（0.33）	112.（0.67）
64～74m	2.6	-12.8	2.6	-12.8	152.（1.00）	0.（0.00）

续表

标高区域	施工过程最大拉应力S_{11}	施工过程最大压应力S_{33}	施工完毕最大拉应力S_{11}	施工完毕最大压应力S_{33}	最大拉应力S_{11}≤2.85（百分比）	最大拉应力2.85<S_{11}（百分比）
74～84m	3.3	-10.8	3.3	-10.8	170.（0.94）	10.（0.06）
84～94m	3.1	-3.7	3.1	-3.7	160.（0.95）	8.（0.05）
94～104m	1.5	-2.2	1.5	-2.1	158.（1.00）	0.（0.00）
104～109m	0.3	-2.2	0.3	-2.2	52.（1.00）	0.（0.00）
109～117m	0.5	-1.7	0.5	-1.7	80.（1.00）	0.（0.00）
117～122m	0.1	-0.4	0.1	-0.3	28.（1.00）	0.（0.00）
122～127m	0.2	-0.1	0.1	-0.1	16.（1.00）	0.（0.00）

“手间”区域2实心墙各高度应力最大值和应力区间单元数[13]（单位：MPa） 表9-16

标高区域	施工过程最大拉应力S_{11}	施工过程最大压应力S_{33}	施工完毕最大拉应力S_{11}	施工完毕最大压应力S_{33}	最大拉应力S_{11}≤2.85（百分比）	最大拉应力2.85<S_{11}（百分比）
54～64m	7.8	-8.7	7.8	-8.7	125.（0.60）	83.（0.40）
64～74m	6.8	-14.4	6.8	-14.4	192.（0.91）	20.（0.09）
74～84m	6	-11.6	6	-11.6	192.（0.91）	20.（0.09）
84～94m	2.1	-4.3	2.1	-4.3	204.（1.00）	0.（0.00）
94～104m	1.2	-1.9	1.2	-1.9	164.（1.00）	0.（0.00）
104～109m	0.4	-1.1	0.4	-1.1	60.（1.00）	0.（0.00）
109～117m	0.7	-1.2	0.7	-1.2	60.（1.00）	0.（0.00）
117～122m	0.2	-0.9	0.2	-0.9	40.（1.00）	0.（0.00）
122～127m	0.3	-0.5	0.3	-0.5	24.（1.00）	0.（0.00）

4）“手心”区域混凝土墙施工过程应力统计见表9-17、表9-18所示。

“手心”区域空心墙各高度应力最大值和应力区间单元数[13]（单位：MPa） 表9-17

标高区域	施工过程最大拉应力S_{11}	施工过程最大压应力S_{33}	施工完毕最大拉应力S_{11}	施工完毕最大压应力S_{33}	最大拉应力S_{11}≤2.85（百分比）	最大拉应力2.85<S_{11}（百分比）
44～54m	1.8	-0.8	1.8	-0.7	16.（1.00）	0.（0.00）
54～64m	2.2	-2.4	2.2	-2.4	96.（1.00）	0.（0.00）

续表

标高区域	施工过程最大拉应力 S_{11}	施工过程最大压应力 S_{33}	施工完毕最大拉应力 S_{11}	施工完毕最大压应力 S_{33}	最大拉应力 $S_{11} \leq 2.85$（百分比）	最大拉应力 $2.85 < S_{11}$（百分比）
64～74m	0.3	-3.3	0.3	-3.3	96.（0.46）	0.（0.00）
74～84m	0.1	-4.6	0	-4.6	96.（0.46）	0.（0.00）
84～94m	0.3	-2.6	0.2	-2.6	104.（0.46）	0.（0.00）
94～104m	0.4	-1.2	0.4	-1.2	112.（0.46）	0.（0.00）
104～109m	0.3	-0.6	0.3	-0.6	64.（0.11）	0.（0.00）
109～117m	0.1	-0.4	0.1	-0.3	104.（0.46）	0.（0.00）
117～122m	0	-0.6	0	-0.3	48.（0.46）	0.（0.00）
122～127m	9.9	-2.0	0.4	-0.3	24.（0.60）	16.（0.40）
44～54m	0.1	-4.6	0	-4.6	96.（0.46）	0.（0.00）

“手心”区域实心墙各高度应力最大值和应力区间单元数[13]（单位：MPa）　表9-18

标高区域	施工过程最大拉应力 S_{11}	施工过程最大压应力 S_{33}	施工完毕最大拉应力 S_{11}	施工完毕最大压应力 S_{33}	最大拉应力 $S_{11} \leq 2.85$（百分比）	最大拉应力 $2.85 < S_{11}$（百分比）
24～34m	1.1	-6.3	1.1	-6.1	84.（1.00）	0.（0.00）
34～44m	4.3	-3.2	4.3	-3	46.（0.58）	34.（0.42）
44～54m	3.9	-1.5	3.9	-0.3	78.（0.71）	32.（0.29）
54～64m	6	-2.8	6	-2.8	74.（0.61）	48.（0.39）
64～74m	5.1	-6.8	5.1	-6.8	118.（0.97）	4.（0.03）
74～84m	9.8	-16.4	9.8	-16.4	128.（0.89）	16.（0.11）
84～94m	0.6	-4.6	0.4	-4.2	136.（1.00）	0.（0.00）
94～104m	0.6	-1.2	0.6	-1.2	148.（1.00）	0.（0.00）
104～109m	0.5	-0.7	0.5	-0.7	68.（1.00）	0.（0.00）
109～117m	0.3	-0.4	0.3	-0.4	100.（1.00）	0.（0.00）
117～122m	0.3	-0.5	0.2	-0.5	84.（1.00）	0.（0.00）
122～127m	1	-4.6	0.2	-0.4	100.（1.00）	0.（0.00）

5）44m标高以下区域实心墙各高度施工过程应力统计见表9-19。

44m标高以下区域实心墙各高度应力最大值和应力区间单元数[13]（单位：MPa） 表9-19

标高区域	施工过程最大拉应力S_{11}	施工过程最大压应力S_{33}	施工完毕最大拉应力S_{11}	施工完毕最大压应力S_{33}	最大拉应力$S_{11} \leq 2.85$（百分比）	最大拉应力$2.85 < S_{11}$（百分比）
24～34m	2.1	-5.5	2.1	-5.5	626.（1.00）	0.（0.00）
34～44m	4	-11.7	4	-11.7	600.（0.96）	22.（0.04）

综上所述，由于工程结构形式及建造过程均十分复杂，使得各标高预变形值变化复杂；在94m标高结构及连接桁架施工前，法门寺合十舍利塔两手掌结构均为独立工作的悬臂结构，因而施工预变形值大，且均为正值；而两手连接成为一连体结构共同受力后，结构形式改变后结构整体性特点显著，因而施工预变形值亦减小。

9.7.4 结构型钢柱施工预调值及混凝土模板预调值

通过工程结构的预变形分析可以看出，为了使结构竣工实际位形与设计位形一致，结构中钢结构和混凝土模板均需要在施工中进行一定的预变形，从而满足结构施工完成后，结构的实际位形与设计位形之间实现一致。

1. 分析原则

1）以54m标高及以上标高结构构件为例进行施工预调值分析（图9-34）。

2）型钢柱预调值均是钢结构安装完成后，在重力作用下型钢在标高处截面中心点相对于其在结构施工图中的相对坐标值，坐标轴方向与结构整体坐标系方向相同。

3）型钢柱施工预调值表中所列值为各标高位置型钢柱截面中心点相对于结构施工图位置的预调值（单位为mm）。其中：dx正方向为沿12轴→15轴方向；dy正方向为沿M→T轴方向；dz正方向为标高增加方向；型钢柱节点编号见图9-33所示。

4）混凝土模板预调值表中所列值为各标高位置混凝土墙体截面中心点相对于结构施工图位置的预调值（单位为mm）。其中：dx正方向为沿12轴→15轴方向；dy正方向为沿M→T轴方向。

5）表中所列值为12轴～14轴之间混凝土模板的预调值，16轴～18轴之间混凝土模板预调值以15轴镜像对称。

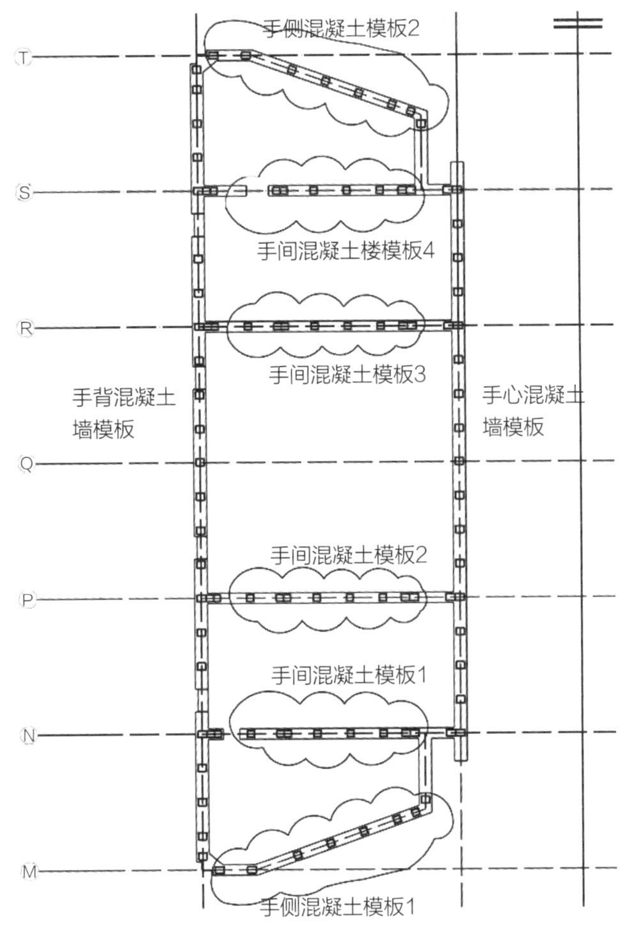

图9-34　混凝土墙体分区编号图[13]

2. 各标高型钢柱预变形值

1）54m标高位置（表9-20、表9-21）

54m标高型钢柱施工预变形值表[13]（单位：mm）　　表9-20

编号	dx	dy	dz	编号	dx	dy	dz	编号	dx	dy	dz
6083	10	-4	15	6276	7	0	14	6707	5	0	13
6084	10	-5	13	6284	2	0	3	6708	5	0	11
6090	13	-1	18	6287	2	0	2	6710	5	0	8
6098	10	-5	11	6309	5	0	14	6712	4	0	7
6100	9	-5	10	6310	5	0	11	6714	4	0	6
6102	13	-1	18	6312	5	0	8	6716	3	0	4

续表

编号	dx	dy	dz	编号	dx	dy	dz	编号	dx	dy	dz
6112	9	-5	8	6314	4	0	7	6717	3	-1	3
6116	8	-2	6	6316	4	0	6	6719	2	-1	3
6121	7	-1	5	6318	3	0	4	6720	2	0	2
6126	12	-1	17	6319	2	-1	3	6721	1	0	2
6143	6	0	3	6321	2	-1	3	6748	7	0	14
6157	9	-1	15	6322	2	0	2	6756	2	0	2
6167	5	-1	13	6323	1	0	2	6777	9	0	15
6168	5	0	11	6359	9	0	15	6788	2	0	2
6171	5	0	9	6371	2	0	3	6823	2	0	1
6173	4	0	8	6408	9	0	15	6843	6	1	13
6174	4	0	6	6420	2	0	4	6844	6	0	11
6176	3	0	4	6463	6	0	13	6847	5	0	9
6177	3	-1	3	6475	2	0	4	6849	5	0	8
6180	3	-1	2	6506	9	0	15	6850	4	0	6
6181	3	0	1	6518	2	0	5	6852	4	0	5
6182	2	0	1	6561	6	0	13	6853	4	1	3
6214	3	0	3	6573	2	0	4	6856	3	1	2
6217	2	0	1	6606	9	0	14	6857	3	0	1
6239	9	0	15	6618	2	0	4	6858	2	-1	1
6248	3	0	3	6666	8	0	15	6964	11	6	14
6252	2	0	2	6678	2	0	3	/	/	/	/

54m标高混凝土墙体施工预变形值表（单位：mm）　表9-21

混凝土墙体模板位置	dx	dy
手背	9	0
手心	3	0
手侧模板1	8	-3
手侧模板2	9	3
手间模板1	4	0
手间模板2	4	0

续表

混凝土墙体模板位置	dx	dy
手间模板3	4	0
手间模板4	4	0

2）74m标高位置（表9-22、表9-23）

74m标高型钢柱施工预变形值表[13]（单位：mm） 表9-22

编号	dx	dy	dz	编号	dx	dy	dz	编号	dx	dy	dz
9431	22	-2	23	9796	20	-1	18	9999	21	0	15
9433	22	-3	22	9798	20	0	16	10047	23	0	24
9441	22	-1	23	9800	20	0	14	10051	22	1	15
9443	22	-3	20	9802	20	-1	14	10079	23	0	24
9457	23	-5	20	9804	20	-1	14	10083	22	0	15
9459	22	-1	23	9805	20	-1	15	10122	21	0	14
9473	23	-5	19	9823	22	1	23	10137	18	1	20
9495	23	-4	17	9832	21	-1	16	10144	18	0	18
9511	21	-1	22	9843	24	1	25	10147	18	0	17
9514	22	-3	16	9852	22	0	17	10149	19	0	16
9550	22	-2	17	9863	25	1	25	10151	19	1	15
9578	19	-1	21	9872	23	0	17	10153	19	2	14
9621	18	-1	20	9893	25	0	25	10155	20	2	13
9628	18	0	18	9903	23	0	18	10156	20	0	14
9631	18	0	17	9923	24	0	25	10189	20	1	22
9633	18	0	16	9931	23	0	17	10203	24	3	17
9635	18	-1	15	9941	24	0	24	10236	22	1	23
9637	18	-1	14	9950	23	0	17	10239	24	3	17
9639	19	-2	13	9961	22	0	23	10250	24	4	18
9640	19	-1	13	9970	22	0	16	10264	24	5	19
9674	20	-1	14	9981	20	0	22	10270	23	1	24
9695	21	0	22	9986	20	0	19	10276	24	6	20
9708	20	-1	15	9988	20	1	17	10282	24	4	21

续表

编号	dx	dy	dz	编号	dx	dy	dz	编号	dx	dy	dz
9737	20	0	22	9990	20	0	16	10284	23	1	24
9748	20	-1	15	9992	20	0	14	10288	23	1	23
9789	19	0	22	9995	20	0	14	10290	24	4	23
9794	20	0	19	9998	21	0	14	/	/	/	/

74m标高混凝土墙体施工预变形值表（单位：mm） 表9-23

混凝土墙体模板位置	dx	dy
手背	22	0
手心	21	0
手侧模板1	22	-4
手侧模板2	24	4
手间模板1	18	-1
手间模板2	20	-1
手间模板3	20	0
手间模板4	19	1

法门寺合十舍利塔结构施工过程中，各标高型钢柱及混凝土墙体最大预变形值曲线如图9-35、图9-36所示。其中，预变形值为正时指向手心方向；反之，指向手背方向。可以看出，由于工程结构形式和建造过程均十分复杂，使得各标高预变形值变化复杂。在94m结构及连接桁架施工前，法门寺合十舍利塔两手掌结构均为独立工作的悬臂结构，因而施工预变形值大，且均为正值；而两手连接成为一连体结构共同受力后，结构形式改变后结构整体性特点显著，因而施工预变形值亦减小。

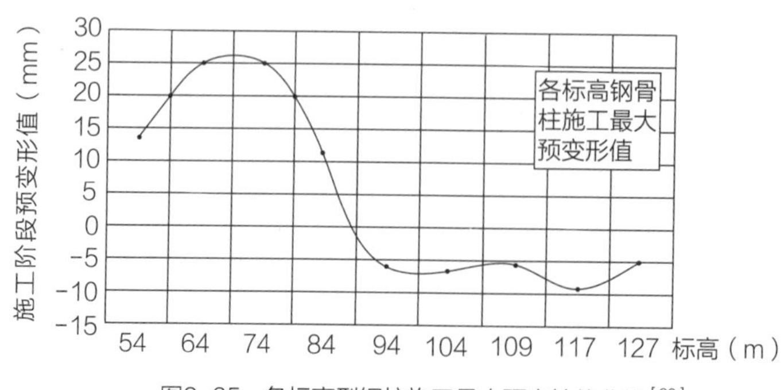

图9-35 各标高型钢柱施工最大预变性值曲线[30]

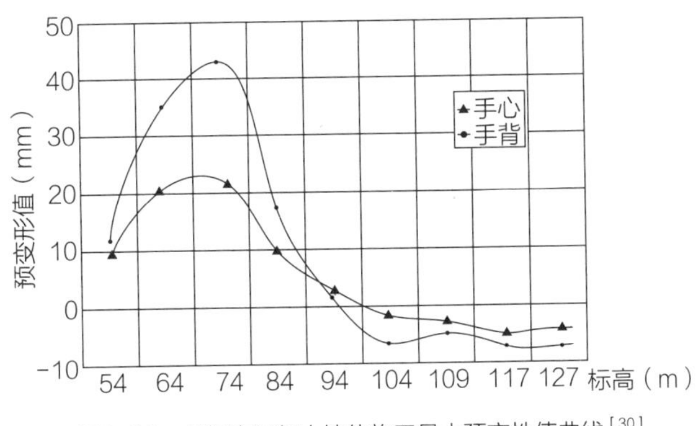

图9-36　各标高混凝土墙体施工最大预变性值曲线[30]

9.7.5　施工预调值的实施与结构变形监测

在施工过程中，根据结构稳定性及施工预变形分析的计算结果，进行结构构件安装的预调控制，并使用全站仪对型钢柱构件进行空间三维定位安装，对每层成型结构进行动态监测实际变形情况，通过连续观测至竣工，现场测量数值曲线与同一位置计算值曲线变化趋势一致，最终实现实际位形与设计位形相一致。

9.8　施工加强连接桁架设计

9.6节中已分析，为了提高法门寺合十舍利塔施工过程中结构的稳定性及安全性，应在79～84m标高位置、两手掌之间增设连接桁架进行加强，并直至整个结构施工完成后方才拆除。

9.8.1　连接桁架的设计方案

1. 桁架布置及构件截面

设置位置：79～84m标高；沿结构N、P、R、S轴共设置四榀，并在N～P轴、R～S轴之间设置连接构件形成两个空间桁架（图9-37～图9-40）。

2. 构件截面及材料

均采用圆钢管，其中：主管采用ϕ711×16（Q345C直缝管）（桁架直腹杆可替换为ϕ600×20Q235B焊管）；桁架斜腹杆采用ϕ299×20（Q345B无缝管）；桁架水平系杆采用ϕ273×12（20号无缝钢管）；桁架下部支撑柱采用ϕ168×12（Q345B焊管）。

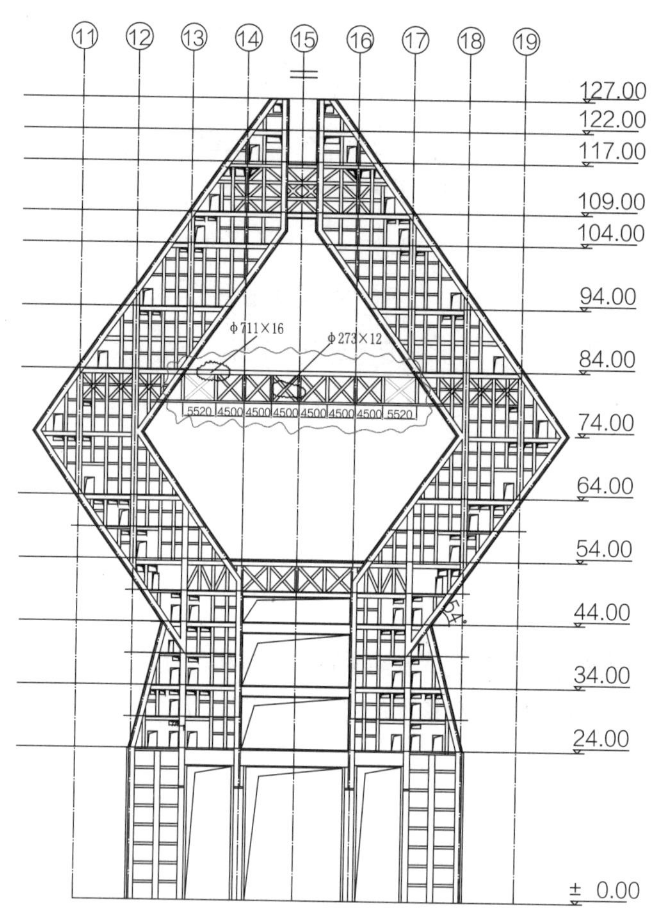

图9-37 施工过程中连接桁架立面图[13]

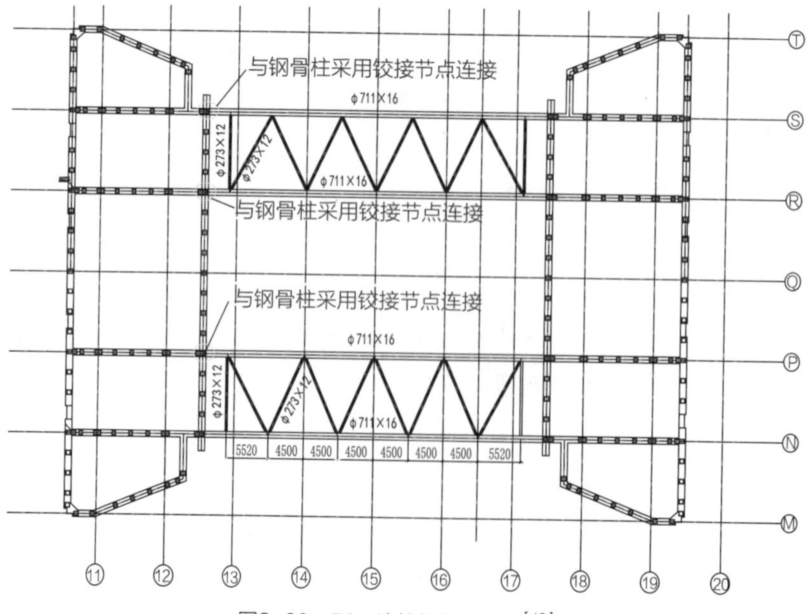

图9-38 79m连接桁架平面图[13]

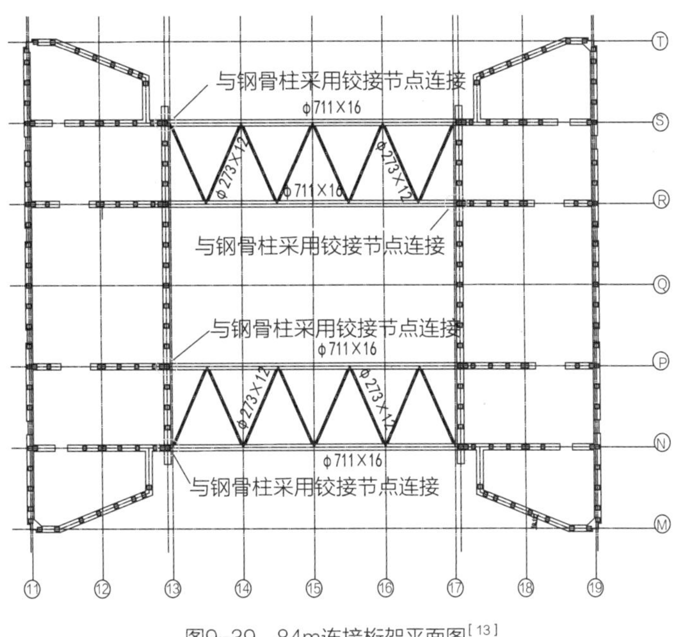

图9-39　84m连接桁架平面图[13]

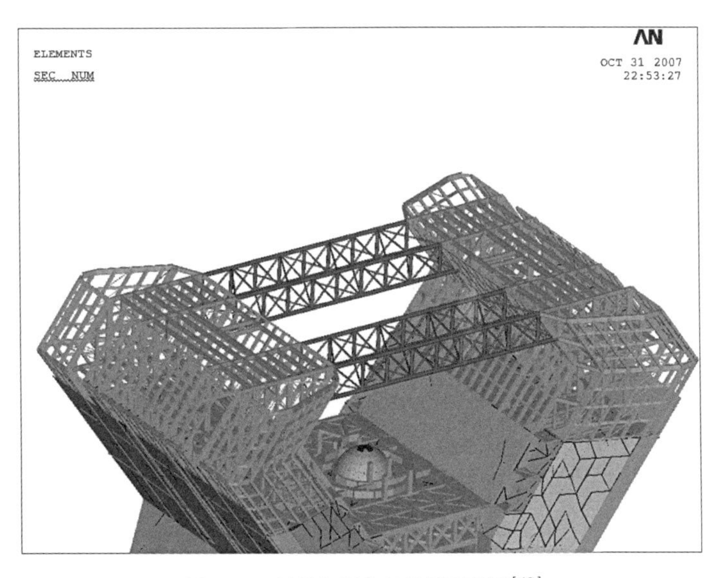

图9-40　连接加强桁架位置示意图[13]

3. 连接桁架计算假设

连接桁架与主体型钢柱连接均为铰接；连接桁架支管与主管连接均为刚接（相贯焊）；连接桁架与底部支撑格构柱为铰接；施工中，底部支撑格构柱应采取有效措施保证其稳定性要求。

9.8.2 连接桁架在施工过程中的变形分析

1. 79m标高位置

连接桁架位移输出点位置（图9-41）；位移输出点x、z轴唯一变化如图9-42、图9-43所示。

2. 84m标高位置

连接桁架位移输出点位置（图9-44）；位移输出点x、z轴唯一变化如图9-45、图9-46所示。

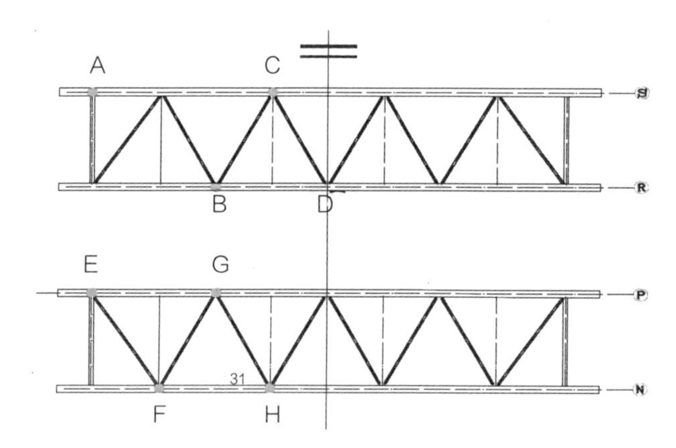

图9-41 连接加强桁架位移输出点位置示意图（79m标高）[13]

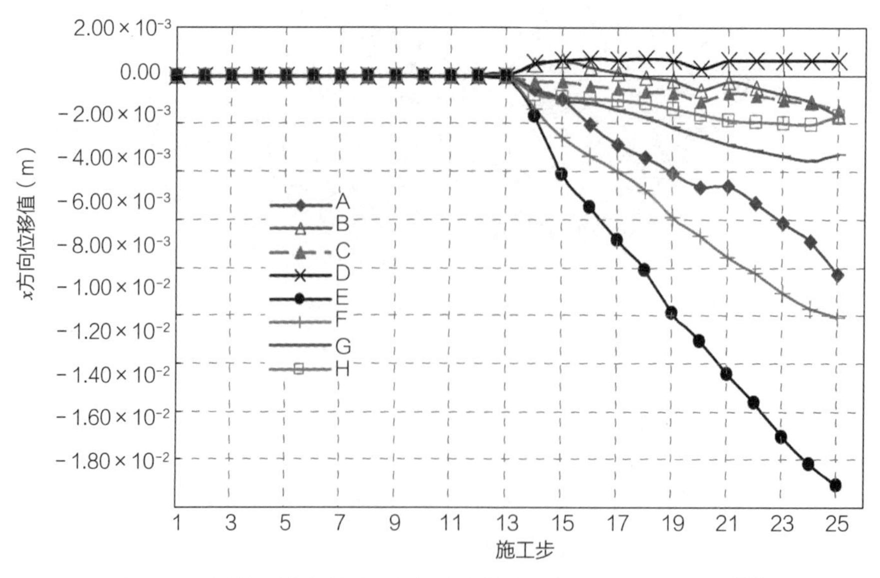

图9-42 连接加强桁架位移输出点x方向位移变化曲线（79m标高）[13]

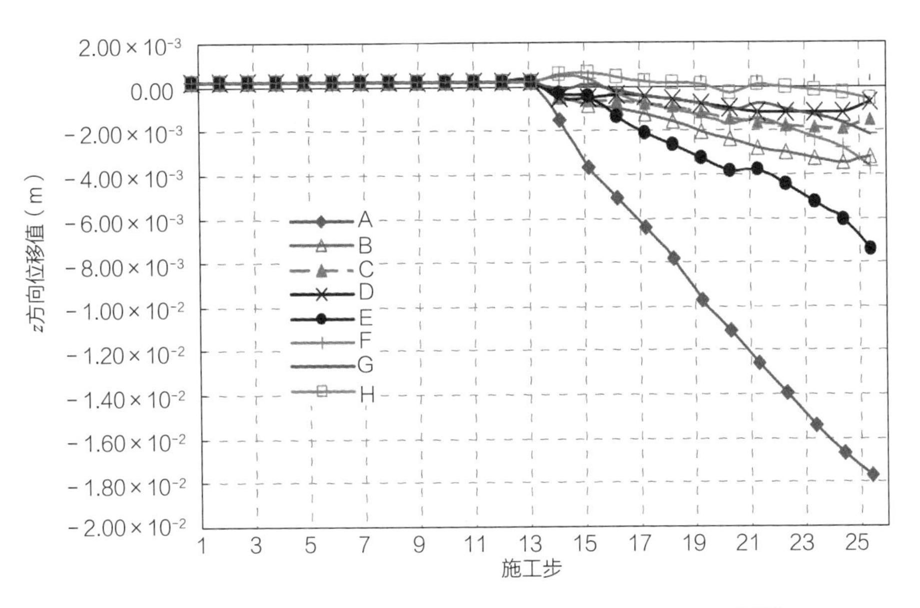

图9-43　连接加强桁架位移输出点z方向位移变化曲线（79m标高）[13]

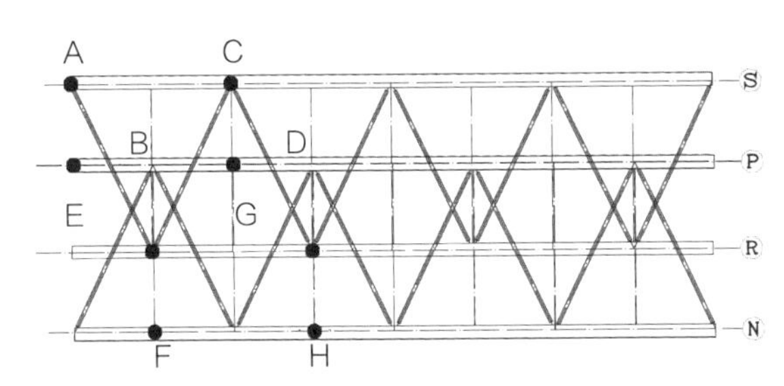

图9-44　连接加强桁架位移输出点位置示意图（84m标高）[13]

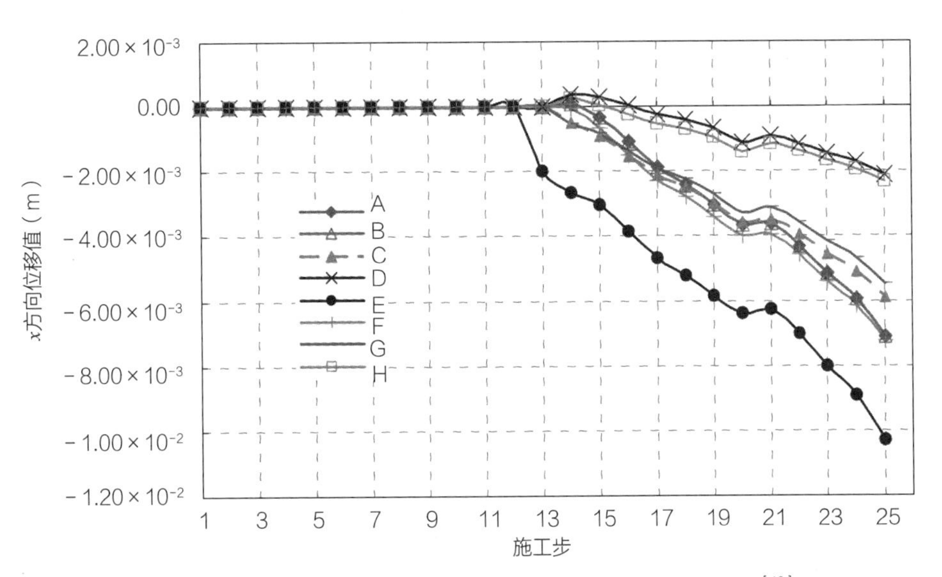

图9-45　连接加强桁架位移输出点x方向位移变化曲线（84m标高）[13]

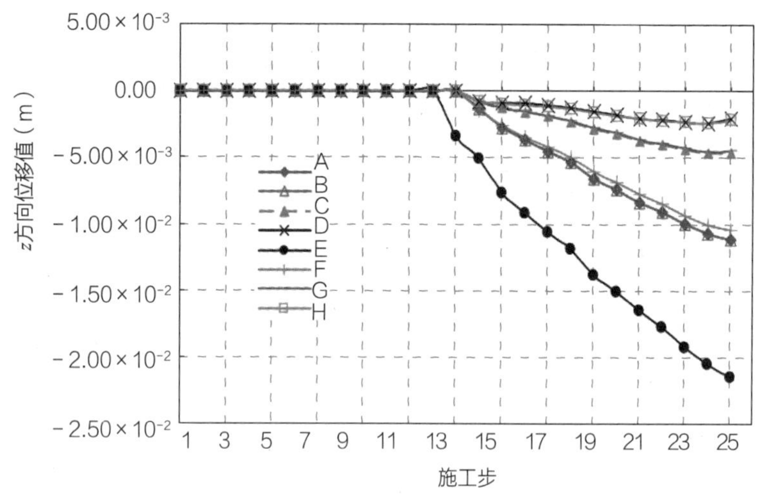

图9-46 连接加强桁架位移输出点z方向位移变化曲线（84m标高）[13]

9.8.3 连接桁架构件在施工过程中的应力分析（图9-47）

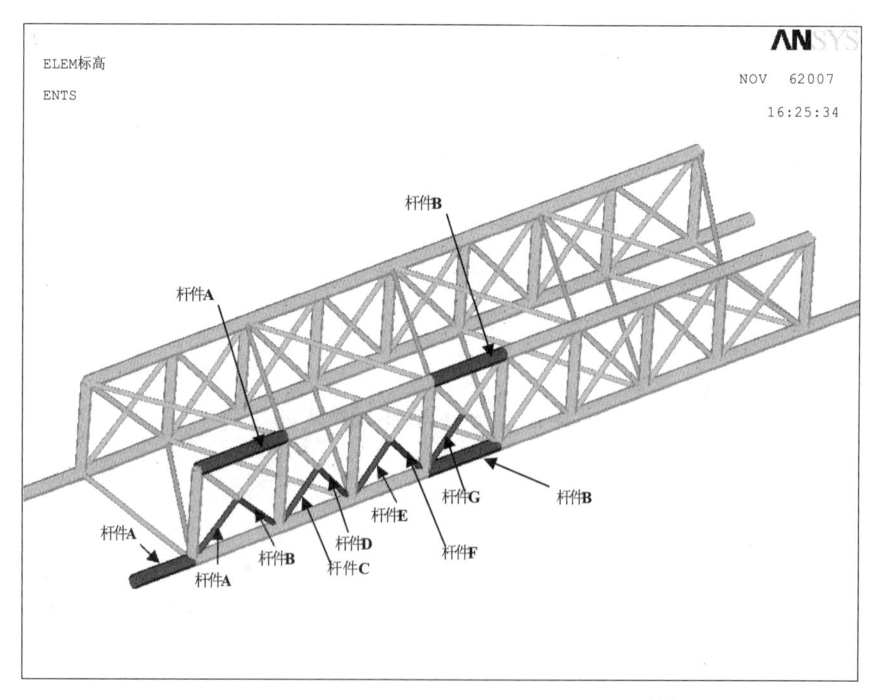

图9-47 连接加强桁架应力输出构件编号示意图[13]

1）下弦杆件（79m标高）构件应力情况见图9-48、图9-49。

2）上弦杆件（84m标高）构件应力情况见图9-50、图9-51。

3）斜撑杆件应力情况见图9-52～图9-58。

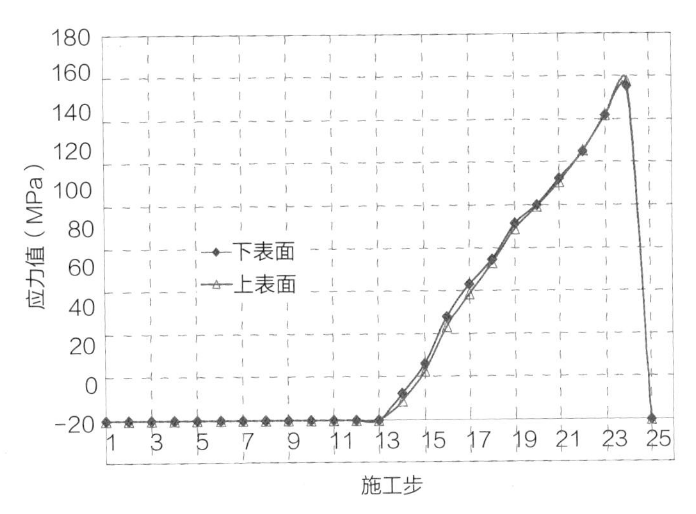

图9-48　构件A上、下表面应力变化曲线[13]

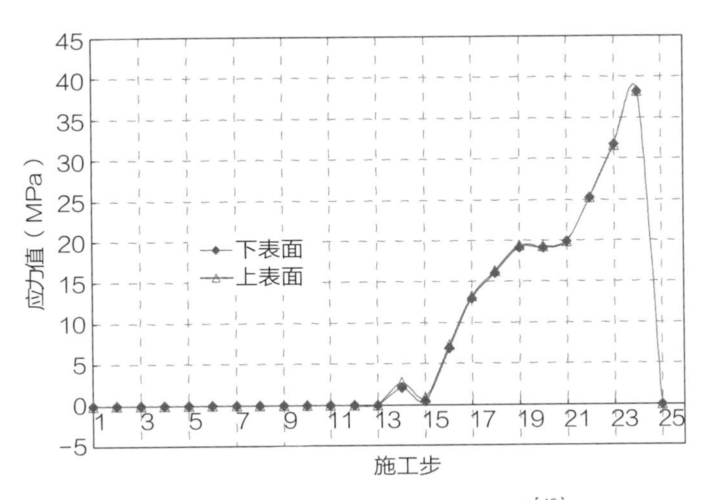

图9-49　构件B上、下表面应力变化曲线[13]

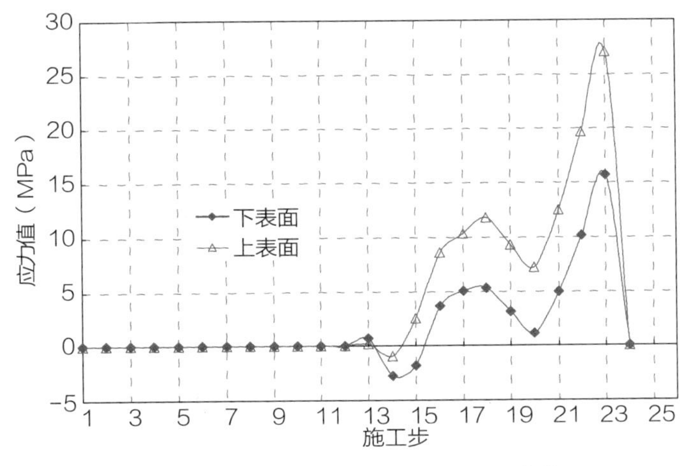

图9-50　构件A上、下表面应力变化曲线[13]

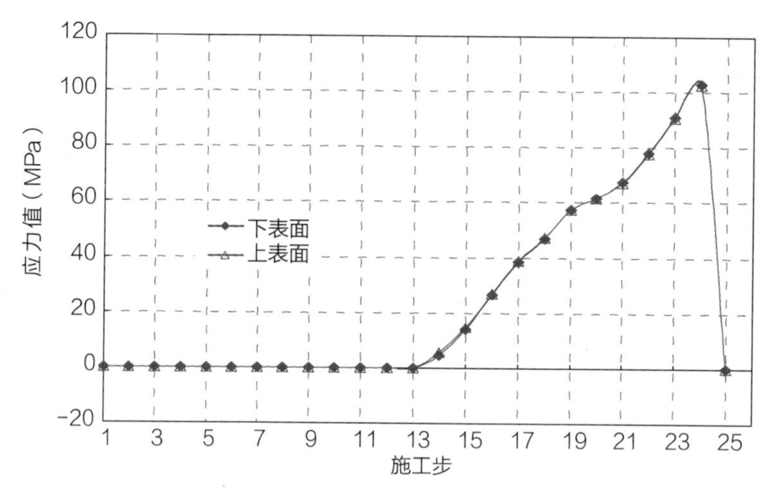

图9-51 构件B上、下表面应力变化曲线[13]

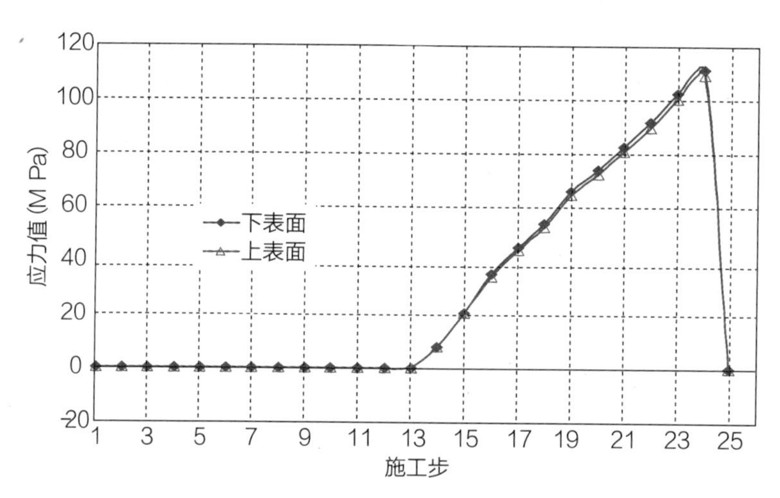

图9-52 构件A上、下表面应力变化曲线[13]

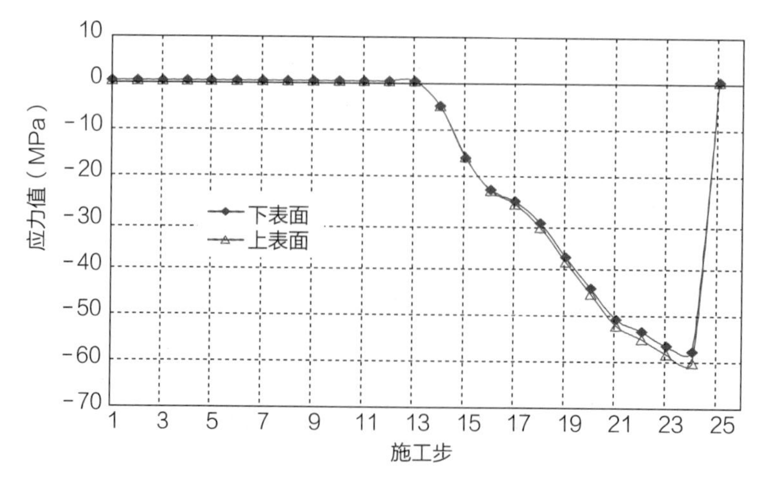

图9-53 构件B上、下表面应力变化曲线[13]

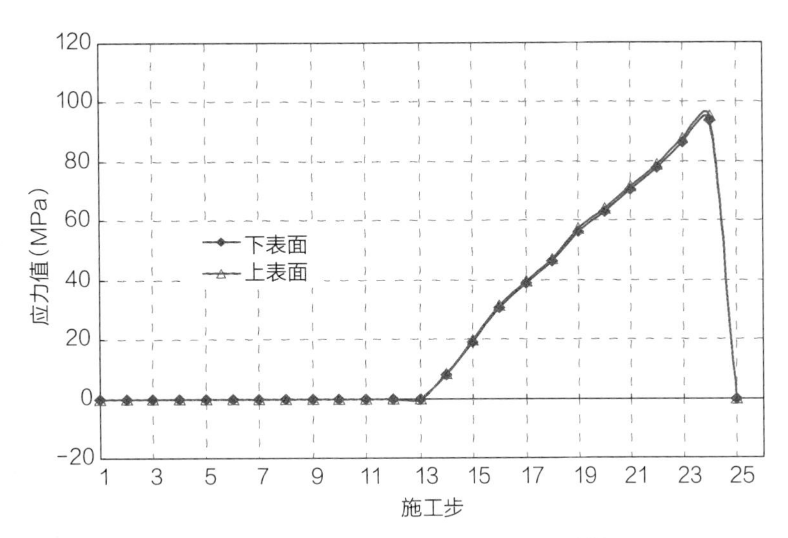

图9-54　构件C上、下表面应力变化曲线[13]

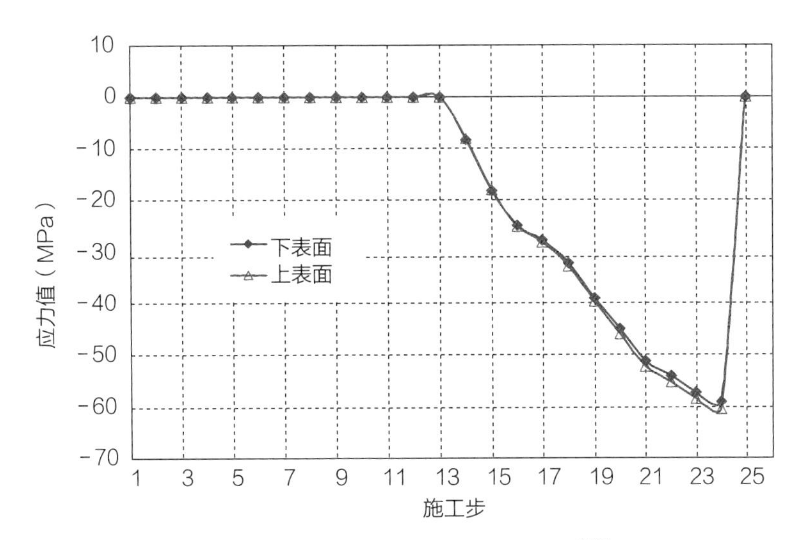

图9-55　构件D上、下表面应力变化曲线[13]

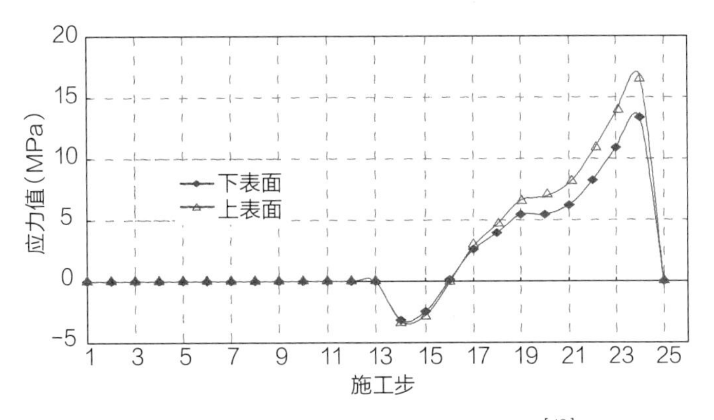

图9-56　构件E上、下表面应力变化曲线[13]

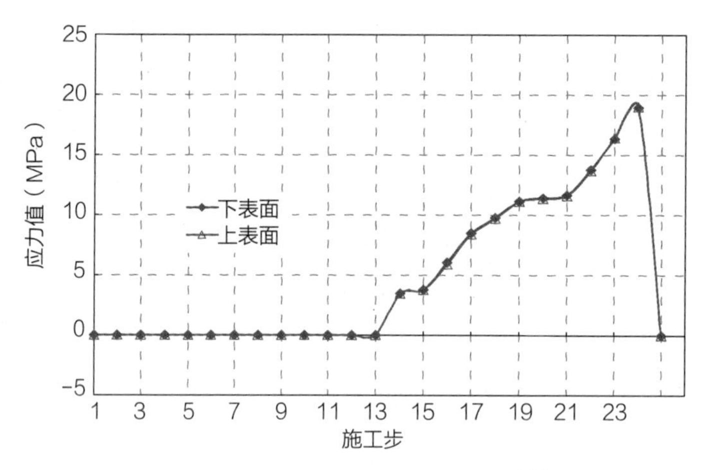

图9-57 构件F上、下表面应力变化曲线[13]

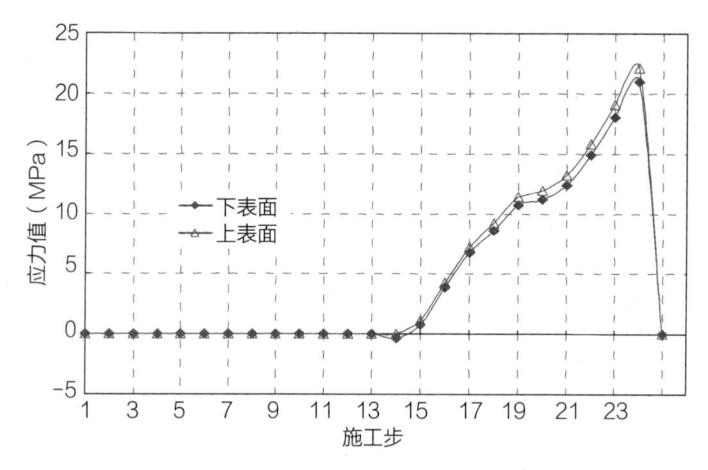

图9-58 构件G上、下表面应力变化曲线[13]

第 10 章

施工实录

10.1 工程效果图

参见图10-1～图10-5。

图10-1 法门寺佛文化景区效果图

图10-2 法门寺合十舍利塔效果图

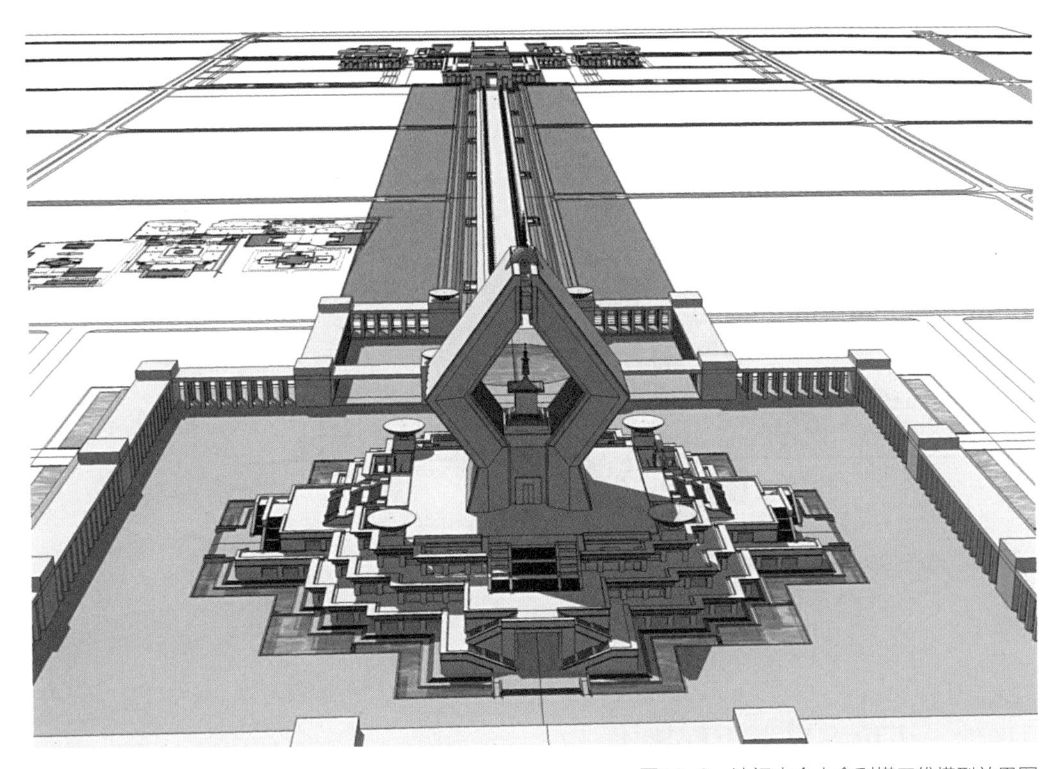

图10-3　法门寺合十舍利塔三维模型效果图

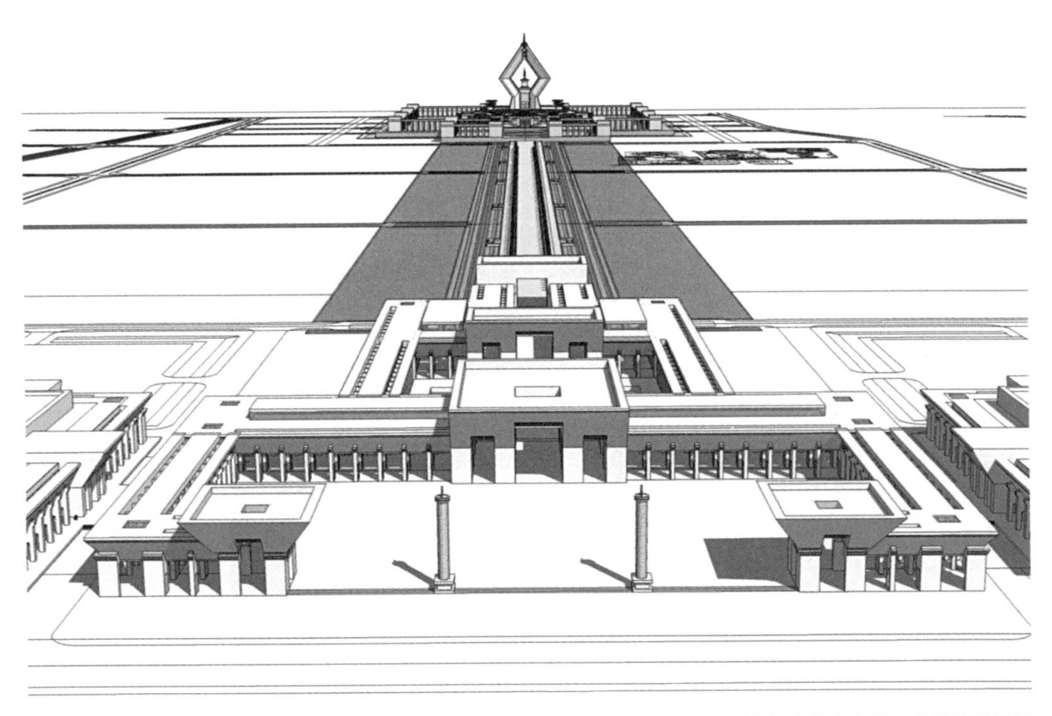

图10-4　法门寺佛光大道三维模型效果图

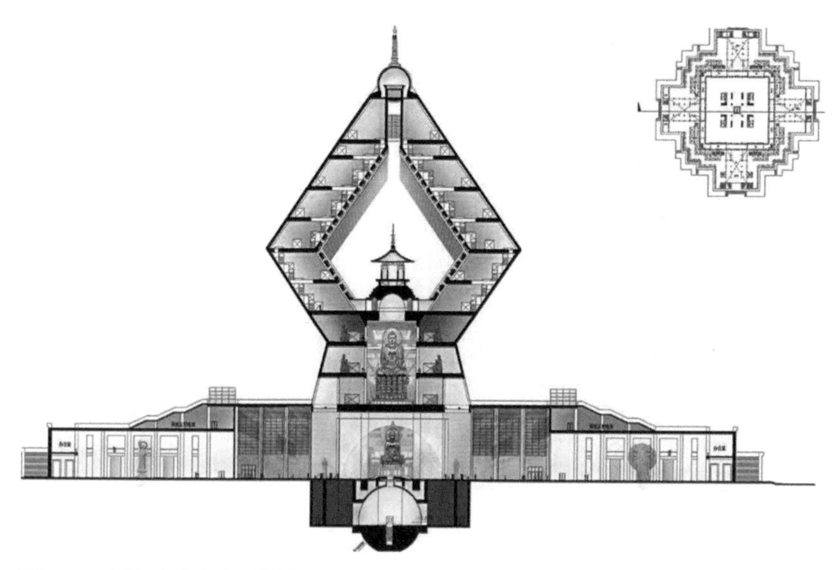

图10-5 法门寺合十舍利塔剖面图

10.2 正负零以下工程施工

1. 基础工程

参见图10-6~图10-8。

图10-6 主塔基础工程

图10-7　裙楼挤密桩施工

图10-8　基础施工全景

2. 防水工程

参见图10-9、图10-10。

图10-9　主塔自粘型橡胶沥青防水卷材施工

图10-10　北侧裙楼自粘型橡胶沥青防水卷材施工

3. 钢结构工程

参见图10-11～图10-16。

图10-11　地下室钢构吊装一

图10-12　地下室钢构吊装二

图10-13　地下室钢结构吊装三

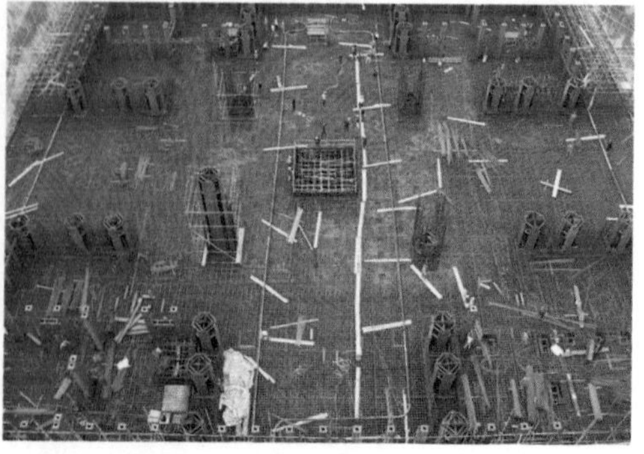

图10-14　地下室钢结构吊装四

图10-15　地下室钢结构吊装五

图10-16　地下室钢结构吊装六

4. 钢筋工程

参见图10-17 ~ 图10-19。

图10-17　地下室密室钢筋绑扎

图10-18　筏板钢筋支架

图10-19　地下室墙体防裂及防开裂网

10.3 正负零以上工程施工

1. 模板工程

0～24m独立墙体及柱模板参见图10-20。

图10-20 0～24m独立墙体及柱模板

2. 脚手架工程

参见图10-21～图10-23。

图10-21 0～54m外架

图10-22　54～74m外架

图10-23　74m以上外架

3. 钢结构工程

参见图10-24～图10-34。

（a）加强钢管桁架梁安装

（b）加强钢管桁架梁热熔放张

图10-24　加强钢管桁架梁的安装及拆除

图10-25 24m穹顶钢构安装

图10-26 44~54m钢结构安装

图10-27　钢结构安装

图10-28　钢结构焊接

图10-29　摩尼珠及塔刹

图10-30　群塔作业

图10-31　外角筒两向斜向型钢柱安装

图10-32　斜向型钢柱吊装

图10-33　型钢梁安装

（a）

（b）

图10-34　型钢柱吊装

4. 工程外景

参见图10-35～图10-37。

图10-35　104m工程外景图

图10-36　2008年1月8日127m主塔钢结构合龙

图10-37　作业面鸟瞰图

10.4 工程实景

参见图10-38～图10-43。

图10-38 佛光大道

图10-39 佛光门

图10-40 室内实景

图10-41 夜景灯光

图10-42　一层内景

图10-43 主塔外景

第 11 章

法门寺合十舍利塔工程建设大事记

2003年

2003年初，陕西省发展和改革委员会立项批复。

2005年

2005年5月15日（农历四月初八），中国宝鸡法门寺旅游景区核心工程——法门寺合十舍利塔，在陕西省宝鸡市扶风县法门镇举行隆重的开工奠基仪式。

2005年6月，法门寺合十舍利塔试验桩工程施工招标。法门寺佛塔中心区域试桩3根，直径为2m，桩长为65m，桩顶绝对标高为624.05m。

2006年

2006年1月，法门寺合十舍利塔桩基工程施工招标。工程有204根工程桩，桩长55m，直径1.2m，总投资约2000万元。

2006年10月10日，陕西省人民政府第八十六次专题会议研究决定成立陕西法门寺文化景区建设有限公司。

2007年

2007年1～2月，法门寺合十舍利塔±0.000m以下工程施工招标，招标分为A、B二个标段。A标段：主楼±0.000m以下土建工程，地下二层（不含桩基），占地面积54m×54m。B标段：裙楼4万多根素土挤密桩（长13m，桩径400mm），占地面积184m×184m（分B1、B2两段，每段各中标一个施工单位）。

2007年2月26日，法门寺合十舍利塔主楼±0.000m以下土建工程开标，陕西建工集团总公司中标。

2007年4月10日，建设单位按照建设程序召开举行由建设、设计、勘察、检测、施工、总包、监理等单位和宝鸡市建设工程质量安全监督站参加的桩基工程验收及基坑验槽会议，桩基施工单位与陕西建工集团总公司进行现场移交，工程正式开工。陕西建工集团总公司开始±0.000m以下施工。

2007年4月16日，主塔地下室600余立方米混凝土垫层浇筑完成。

2007年4月18日，主塔地下室4000余平方米防水工程完工。

2007年4月27日，主塔地下室密室-22.9～-19.9m标高混凝土浇筑。

2007年5月7日，主塔地下室密室-19.9～-16.9m标高混凝土浇筑。

2007年5月7日，完成工程南北地下室170000m^{3}土方开挖，基坑支护10000m^2；完成主塔密室2800m^{3}混凝土浇筑。

2007年5月15日，主塔地下室筏板钢筋绑扎开始。

2007年5月26日，主塔地下室筏板钢筋绑扎完成，110根型钢柱全面开始安装。

2007年6月1日，主塔型钢柱吊装出±0.000m以上1.3m。

2007年6月3日，连续4天，完成主塔基础筏板浇筑–16.9 ~ –14.9m标高8200m^3混凝土。

2007年6月27日，主塔地下室安装完成型钢柱2000吨，至±0.000m以上1.30m。

2007年6月29日，主塔±0.000m以上及附属工程施工招标开标会召开，陕西建工集团总公司为第一中标人。

2007年7月9日，陕西建工集团总公司接到法门寺合十舍利塔主塔±0.000m以上及附属工程施工中标通知书。

2007年7月22日，建设单位召开法门寺合十舍利塔±0.000m以上施工方案专家论证会。设计单位、施工单位、监理单位和宝鸡市建设工程质量安全监督站参加，邀请省内外知名专家，确定施工方案的可行性。

2007年7月26日，主塔±0.000m钢筋绑扎。

2007年7月27日，主塔±0.000m混凝土浇筑。

2007年7月28日，法门寺合十舍利塔主塔基础封顶。

2007年7月29日，主塔24m标高以下型钢柱安装。

2007年8月27日，主塔34m标高钢结构、型钢柱、型钢梁、横撑脚安装完成。法门寺合十舍利塔项目总体方案专家评审会在西安举行。

2007年9月1日，主塔24m标高结构梁板、钢筋、模板、混凝土浇筑完成。

2007年9月10日，主塔29m标高以下混凝土浇筑完成。主塔30m标高以下外墙挑架完成。主塔34m标高以下剪力墙钢筋绑扎完成。主塔44m标高型钢柱安装完成90%，型钢梁安装完成。裙楼开始施工，裙楼满堂脚手架搭设。

2007年9月26日，主塔49.00 ~ 54.00m标高桁架顺利完成吊装。

2007年10月9日，主塔±0.000m以上及附属工程施工合同签约仪式在西安举行。

2007年10月9日，主塔54m标高外筒斜柱安装。

2007年10月15日，主塔64m标高钢结构安装。

2007年10月23日，主塔54m标高梁、穹顶钢筋绑扎。

2007年10月29日，主塔54m标高混凝土浇筑，主塔74m标高钢结构安装。

2007年11月1日，主塔74m标高梁、墙钢筋绑扎。

2007年11月25日，全国建筑施工现场管理与项目文化建设研讨会在法门寺项目召开。

2007年12月15日，主塔117m标高型钢柱吊装。

2007年12月22日，主塔许愿桥桁架安装。

2008年

2008年1月8日，法门寺合十舍利塔主塔钢结构工程合龙封顶暨大型纪录片《法门寺》

开机仪式在现场隆重召开。

2008年1月12日，主塔钢结构吊装焊接127m标高摩尼珠下半球联系柱。

2008年2月4日，法门寺合十舍利塔主塔西段127.2m标高混凝土结构封顶。

2008年2月16日，主塔摩尼珠塔刹安装完毕。

2008年5月12日14时28分04秒，汶川大地震，里氏震级8.0Ms。正在施工的法门寺合十舍利塔经受了考验。

2009年

2009年4月17日，建设单位组织各建设主体单位进行工程竣工验收。

2009年5月9日上午，陕西省隆重举行法门寺合十舍利塔落成暨佛指舍利安奉大典，海内外有三万多位高僧大德、社会贤达、四方弟子、八方信众等参加庆典。

法门寺文化景区开业盛典，新的法门寺景区展现在世人面前。

参考文献

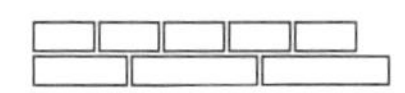

[1] 聂建国. 21世纪技术与工程著作系列. 土木工程：钢-混凝土组合结构原理与实例［M］. 北京：科学出版社，2009.

[2] 陈世鸣. 土木工程专业研究生系列教材：钢-混凝土组合结构［M］. 北京：中国建筑工业出版社，2013.

[3] 刘维亚. 建筑结构设计系列手册：型钢混凝土组合结构构造与计算手册［M］. 北京：中国建筑工业出版社，2014.

[4] 中国建筑股份有限公司. 钢-混凝土组合结构施工技术指南［M］. 北京：中国建筑工业出版社，2015.

[5] 中国建筑第八工程局有限公司. 钢-混凝土组合结构工程施工技术标准ZJQ08-SGJB 012-2017［M］. 北京：中国建筑工业出版社，2015.

[6] 建学建筑与工程设计所有限公司. 法门寺合十舍利塔设计纪实（结构设计篇）［M］. 北京：中国建筑工业出版社，2012.

[7] 建研科技股份有限公司. 陕西法门寺合十舍利塔施工过程结构稳定性及施工预变性分析报告［Z］，2007.

[8] 陕西建工集团总公司. 法门寺合十舍利塔工程结构施工关键技术研究报告［Z］，2009.

[9] 田占岭. 型钢混凝土组合结构施工技术［D］. 西安：西安建筑科技大学，2008.

[10] 陈亮. 大型复杂结构施工全过程模拟分析［D］. 西安：长安大学，2009.

[11] 曾凡奎. 法门寺合十舍利塔施工关键技术研究［D］. 西安：西安建筑科技大学，2009.

[12] 赵跃亭. 考虑基础与上部结构共同作用的施工模拟分析［D］. 太原：太原理工大学，2009.

[13] 王小东. 建筑工程质量管理与评价研究——以法门寺合十舍利塔为例［D］. 西安：西安建筑科技大学. 2011.

[14] 刘家鑫. 复杂结构施工水平连接桁架监测与模拟分析［D］. 西安：长安大学，2011.

[15] 王瑞乐. 型钢混凝土组合结构施工技术研究［D］. 淮南：安徽理工大学，2014.

[16] 时炜. 法门寺合十舍利塔工程结构施工关键技术研究与应用［D］. 西安：西安建筑科技大学，2016.

[17] Jamshid Mohammadi, Amir Zamani Heydari. Seismic and Wind Load Considerations for Temporary Structures［J］. Practice Periodical on Structural Design and

Construction, ASCE, 2008, 13 (3): 128-134

[18] F.Yue, Y.Yuan, G.Q. Li. Wind Load on Integral-Lift Scaffolds for Tall Building Construction [J]. Journal of Structural Engineering, ASCE, 2005, 131 (5): 816-824

[19] P.J.S.Cruz, etc. Nonlinear time-dependent-analysis-of-segmentally-construeted structures [J]. Journal of Struetural Engineering ASCE, 1998, Vo1.124 (3): 278-287.

[20] AntonioR. Mari. Numerical Simulation of the Segmental Construction of Three Dimensional Conerete Fames [J]. Engineering Structures. 2000, Vo1.22 (6): 585-596.

[21] Juan J. Moragues Joaquin Catala, Eugenio Pellicer. An Analysis of Concrete Framed Structure During the Construction Process. Conerete International, 1996 (11): 44-8.

[22] Building, The structural design of Tall and Special Buildings, 2005, Vo1.14 (2): 173-190.

[23] 郭彦林，刘学武. 钢结构施工力学状态非线性分析方法 [J]. 工程力学，2008 (10): 19-24.

[24] 徐自国，马宏睿，刘军进，等. 陕西法门寺合十舍利塔的施工过程模拟及施工预变形分析 [C] //第二届全国钢结构施工技术交流会论文集，广州，2008: 05-10.

[25] 颜卫亨，陈亮，张宣关. 某复杂结构施工过程模拟的关键问题研究 [C] //庆祝刘锡良教授八十华诞暨全国现代结构工程学术研讨会，2008: 07-01.

[26] 胡长明，曾凡奎，李永辉，等. 法门寺合十舍利塔施工过程模拟与实测分析 [J]. 工程力学，2009 (S1): 153-157.

[27] 冯康曾，张竟乐，徐长海，等. 法门寺合十舍利塔主塔结构设计 [J]. 建筑结构，2010 (6): 29-34.

[28] 李增福. 法门寺合十舍利塔工程异形钢结构的加工制作 [J]. 安装，2010 (10): 32-34.

[29] 卜延渭，李存良. 法门寺合十舍利塔工程钢结构吊装设备选型 [C] //中国工程机械工业协会2008年施工机械化新技术交流会，2008.

[30] 雷文秀，李存良，刘金荣，等. 法门寺合十舍利塔钢结构安装技术 [J]. 施工技术，2008，37 (5): 66-68.

[31] 雷文秀. 塔式建筑临时支撑桁架水平卸载施工方法 [P]. 国家发明专利CN 101435264A.2008.12.1授权.

[32] 胡长明，曾凡奎，郑毅，等. 法门寺合十舍利塔临时连接桁架拆除方案分析 [J]. 建筑结构学报，2010 (S1): 159-162.

[33] 张宣关，薛永武，李存良. 法门寺合十舍利塔施工连接钢桁架卸载应力测试与

研究 [J]. 陕西建筑，2010 (9)：39-42.

[34] 李存良，薛永武，张宣关，等. 法门寺合十舍利塔钢骨结构负温焊接工艺 [J]. 施工技术，2009，38 (10)：24-26.

[35] 周明，刘翔，万磊. 超厚大体积大掺量粉煤灰混凝土筏板施工裂缝控制技术研究 [J]. 膨胀剂与膨胀混凝土，2009 (4).

[36] 时炜，周明，谢鹏. 法门寺合十舍利塔C60高性能混凝土耐久性施工技术 [C] //建设工程混凝土应用新技术，2009.

[37] 崔庆怡，薛永武，陈社生，等. 混凝土新技术在法门寺合十舍利塔工程中的应用 [C] // “全国特种混凝土技术及工程应用”学术交流会暨2008年混凝土质量专业委员会年会论文集，2008.

[38] 崔庆怡，陈社生，黄沛增，等. 宝鸡Ⅱ级粉煤灰在高强高性能混凝土中的应用 [J]. 粉煤灰，2010，22 (3)：26-28.

[39] 韩超，万磊. C60高性能混凝土在法门寺合十舍利塔工程的应用 [C] //全国高强与高性能混凝土学术交流会，2010.

[40] 万磊，韩超. 超厚大体积大掺量粉煤灰底板混凝土 [C] //全国高强与高性能混凝土学术交流会，2010.

后记

2019年，初春时节，这部凝聚着每一位法门寺合十舍利塔工程建设者智慧和汗水的书籍总算可以展现在读者面前。在完成最后的统稿和编写的深夜，回顾逝去的时光，法门寺工程落成开放已经有十个春秋过去，但激动人心的施工场面却还历历在目，跃然眼前。

整理编著一部介绍复杂型钢混凝土组合结构关键施工技术——以法门寺合十舍利塔工程科技创新成果为典型案例的书，这一想法发轫于2007年年初工程伊始。随着法门寺合十舍利塔工程落成开放，我的这一设想越发迫切和强烈。

2010年年底，随着工作岗位的变化，我也有了时间和精力来实现这一设想，但同时又面临着海量的工程技术资料的收集和繁杂的书稿整理工作。有同道相助之幸，陕西建工第三建设集团有限公司原参与项目建设的诸多同仁，还有已调离企业的同志，都是发自共同的心愿，才使这项工作得以展开。

作为工程建设的全程经历和参与者，我负责大纲制定和部分章节的整理编著，并负责书稿最后的统稿，刘翔、万磊、谢鹏负责部分章节的编写，谢鹏负责施工实录遴选编辑，万磊、谢鹏、韩超、刘铭等参与了相关参考资料的收集整理。

每位参与编写的同志都是利用工作之余，放弃休息时间。为了一种承诺，做出一份承担。经过艰辛的资料收集和编著工作，前缘后果，书稿始成。

在此书编著过程中，借鉴了许多相关参考文献和项目科研课题成果，多位同仁提供了一些极有价值的文献资料，安喜、李浩二位同志提供了大量工程照片资料，书中作了选录。没有这些成果和资料的研究基础，是不可能有这本书的出版。同时，感谢张风亮、李凤红、胡晨曦、鱼江婷等同志在编写过程中提供的帮助。

书稿已成，我又想起已经去世的陕西省机械施工公司经理助理兼生产处处长、时任项目经理雷文秀同志。在施工现场，我们经常秉烛夜谈，讨论问题，不知疲倦。老同志高度的敬业精神和忘我的工作热情，使我倍感激励和感染。至今，我还常回想起我们共事的岁月，十分怀念雷总。

在此，我向所有为这部书的完成提供帮助的同志和朋友，表示由衷的谢意和感激，同时也以此书向法门寺合十舍利塔所有建设者致敬。不能勒石为纪，在此心香可续。

这部书籍的出版还得力于陕西建工第三建设集团有限公司刘翔同志的热心支持和友情资助。刘翔同志是原陕西省第三建筑工程公司法门寺项目经理部项目经理，全面负责工程施工管理，在现场我们共同栉风沐雨、殚精竭虑、砥砺相行。

书中难免有不足和遗漏之处，敬请读者指正。

是为记。

时　炜

2019年3月15日